中国建筑学会室内设计分会推荐
高等院校环境设计专业指导教材

室内项目设计·上·

（居室类）第二版

全进　李沙　主编

中国建筑工业出版社

图书在版编目(CIP)数据

室内项目设计·上·(居室类)/全进，李沙主编. —2版.
北京：中国建筑工业出版社，2014.7
中国建筑学会室内设计分会推荐. 高等院校环境设计专
业指导教材
ISBN 978-7-112-16878-1

Ⅰ.①室… Ⅱ.①全… ②李… Ⅲ.①住宅-室内装饰设
计-高等学校-教材 Ⅳ.①TU238

中国版本图书馆CIP数据核字(2014)第102222号

《室内项目设计》(居室类)是"高等院校环境设计专业指导教材"之一，是针对环境设计和室内设计专业的通用教材。内容包括居住空间室内设计的基本概念，深刻分析了居室中各类空间的特点以及设计处理要求。除阐述居住空间基础设计要点之外，还对居室设计的生态与环保和可持续发展等进行了深入浅出的论述。本教材摒弃了狭隘的居住装饰观念，从居住与生理和心理健康的角度入手，从人的不同层面需求出发，提出了创造安全、舒适、优美、健康居住环境的设计方法。与此同时，贯彻"以人为本"的设计理念，对与人们生活密切相关的各种要素及尺度作了详尽的阐述，更对有关残障人士设施的设计予以足够的关注。书中汲取了建设行业的最新的标准以及当代最新的住宅室内设计概念，具有实用价值。

本教材收录了优秀的设计图纸和大量经典住宅室内设计项目的插图，可供大专院校环境设计专业学生或自学者学习参考，将对培养学生全新的居室设计观念将起到引导作用。

责任编辑：郭洪兰
责任设计：董建平
责任校对：姜小莲 关 健

中国建筑学会室内设计分会推荐
高等院校环境设计专业指导教材
室内项目设计·上·
(居室类)第二版
全进 李沙 主编
*
中国建筑工业出版社出版、发行(北京西郊百万庄)
各地新华书店、建筑书店经销
北京科地亚盟排版公司制版
北京云浩印刷有限责任公司印刷
*
开本：787×1092毫米 1/16 印张：17¾ 字数：427千字
2015年1月第二版 2015年1月第六次印刷
定价：**43.00**元
ISBN 978-7-112-16878-1
(25667)

再版说明（第二版）

作为我国高等院校环境设计专业指导教材《室内项目设计．上》（居室类）出版七年后，作者进行了重新修订。根据教育部2012年9月14日颁布的《普通高等学校本科专业目录（2012）》，增设了艺术学门类，环境设计（130503）正式作为二级学科出现。由此，对于环境设计的高校专业教学而言，提出了更高的要求，为了使环境设计的专业教材更好地适应城乡建设的环境设计发展，作者对原教材进行了认真审视，在原教材基础上增加了许多新内容，并对原参考图部分进行了调整，使其能与最新的居住空间设计理念和设计规范接轨，从而带给学生和设计师以最前沿的观念。

居住空间设计与住宅建筑设计密不可分，随着经济的转型，住宅建筑设计正趋于向绿色、环保、低碳、节能的方向发展。而作为住宅建筑设计的延续、深化与完善，居住空间室内设计必然贯彻与前者相一致的设计理念，即在遵循绿色、环保、低碳、节能原则的基础上，进行深层次的创意和精细化的设计，而对住宅建筑内部的完善则更需遵循从功能出发，以人为本的原则，从而创造出健康、舒适、高效、节能的物质环境与精神环境，满足人们的生理需求和心理需求。由此可见，重视生态、环保、节能及可持续发展是在环境设计教育方面应予提倡的设计理念。

居住空间设计从属于住宅建筑设计，因此更强调其与人的关系。其中包括清晰的功能分区，宜人的空间尺度，充足的自然光和顺畅的通风，均是保证人的生理健康的重要因素。与此同时，与人的心理健康的相关因素也必须得到重视。其中涉及视觉审美环境的营造，私密氛围的构建等。自1995年，美国绿色建筑协会倡导绿色建筑，随即推出“能源与环境设计先锋奖”标准，即众所周知的LEED认证标准（Leadership in Energy and Environmental Design）迄今已更新到V4版本。绿色建筑标准逐步提高，已在全球建筑设计界广泛被采纳。由LEED认证标准引导的绿色建筑趋势，正在对室内设计产生深远影响。室内设计师在关注视觉审美的同时，已经采用更多的新材料、新技术、新工艺，在满足居住功能和审美功能的基础上将所消耗的资源、能源最小化。于是，高效、低耗、节能的设计理念渐渐为更多有识之士所接受并付诸实践。

无线网络通信环境下的移动终端革命改变了全球的互联网及电脑应用技术发展轨迹，并迅速辐射到建筑和室内设计领域。智能建筑以及恒温、恒湿、恒氧智能居住空间设计理念正在动摇着固有的设计模式。这一宏观设计趋势导致了居住空间微观功能设计的转变。大处着眼，小处着手，在细微之处为使用者带来实在的愉悦、舒适应该是每一项设计或课题的最终目标。

根据不同人群的不同需求做出恰当的设计是必要的，盲目追求肤浅的高端、大气、上档次而忽视适用性，由此而表现出来的相互攀比的心态和自我炫耀的浮躁心态，均源于文化素养的缺失和价值观的混乱。室内设计应在掌握先进的设计技术，更新设计观念的同时，注意提升文化素养和艺术品位，以创造出高品位、个性化的居住空间形象。

培养具备专业素养又有责任感的室内设计人才是大学教育的目标之一，也是逐步提升我国室内设计实力的前提，希望此书可以成为设计学专业的学生以及从事室内设计相关领域人士实用的参考资料。

李沙
于北京建筑大学
2014 年 2 月

出版说明

中国的室内设计教育已经走过了四十多年的历程。1957年在中国北京中央工艺美术学院（现清华大学美术学院）第一次设立室内设计专业，当时的专业名称为“室内装饰”。1958年北京兴建十大建筑，受此影响，装饰的概念向建筑拓展，至1961年专业名称改为“建筑装饰”。实行改革开放后的1984年，顺应世界专业发展的潮流又更名为“室内设计”，之后在1988年室内设计又进而拓展为“环境艺术设计”专业。据不完全统计，到2004年，全国已有600多所高等院校设立与室内设计相关的各类专业。

一方面，以装饰为主要概念的室内装修行业在我们的国家波澜壮阔般地向前推进，成为国民经济支柱性产业。而另一方面，在我们高等教育的专业目录中却始终没有出现“室内设计”的称谓。从某种意义上来讲，也许是20世纪80年代末环境艺术设计概念的提出相对于我们的国情过于超前。虽然十数年间以环境艺术设计称谓的艺术设计专业，在全国数百所各类学校中设立，但发展却极不平衡，认识也极不相同。反映为理论研究相对滞后，专业师资与教材缺乏，各校间教学体系与教学水平存在着较大的差异，造成了目前这种多元化的局面。出现这样的情况也毫不奇怪，因为我们的艺术设计教育事业始终与国家的经济建设和社会的体制改革发展同步，尚都处于转型期的调整之中。

设计教育诞生于发达国家现代设计行业建立之后，本身具有艺术与科学的双重属性，兼具文科和理科教育的特点，属于典型的边缘学科。由于我们的国情特点，设计教育基本上是脱胎于美术教育。以中央工艺美术学院（现清华大学美术学院）为例，自1956年建校之初就力戒美术教育的单一模式，但时至今日仍然难以摆脱这种模式的束缚。而具有鲜明理工特征的我国建筑类院校，在创办艺术设计类专业时又显然缺乏艺术的支撑，可以说两者都处于过渡期的阵痛中。

艺术素质不是象牙之塔的贡品，而是人人都必须具有的基本素质。艺术教育是高等教育整个系统中不可或缺的重要环节，是完善人格培养的美育的重要内容。艺术设计虽然是以艺术教育为出发点，具有人文学科的主要特点，但它是横跨艺术与科学之间的桥梁学科，也是以教授工作方法为主要内容，兼具思维开拓与技能培养的双重训练性专业。所以，只有在国家的高等学校专业目录中：将“艺术”定位于学科门类，与“文学”等同；将“艺术设计”定位于一级学科，与“美术”等同。随之，按照现有的社会相关行业分类，在艺术设计专业下设置相应的二级学科，环境艺术设计才能够得到与之相适应的社会专业定位，惟有这样才能赶上迅猛发展的时代步伐。

由于社会发展现状的制约，高等教育的艺术设计专业尚没有国家权威的管理指导机构。“中国建筑学会室内设计分会教育工作委员会”是目前中国唯一能够担负起指导环境艺术设计教育的专业机构。教育工作委员会近年来组织了一系列全国范围的专业交流活动。在活动中，各校的代表都提出了编写相对统一的专业教材的愿望。因为目前已经出版的几套教材都是以单个学校或学校集团的教学系统为蓝本，在具体的使用中缺乏普遍的指导意义，适应性较弱。为此，教育工作委员会组织全国相关院校的环境艺术设计专业教育专家，编写了这套具有指导意义的符合目前国情现状的实用型专业教材。

中国建筑学会室内设计分会教育工作委员会

前　言

艺术设计专业是横跨于艺术与科学之间的综合性、边缘性学科。艺术设计产生于工业文明高速发展的20世纪。具有独立知识产权的各类设计产品，成为艺术设计成果的象征。艺术设计的每个专业方向在国民经济中都对应着一个庞大的产业，如建筑室内装饰行业、服装行业、广告与包装行业等。每个专业方向在自己的发展过程中无不形成极强的个性，并通过这种个性的创造，以产品的形式实现其自身的社会价值。从环境生态学的认识角度出发，任何一门艺术设计专业方向的发展都需要相应的时空，需要相对丰厚的资源配置和适宜的社会政治、经济、技术条件。面对信息时代和经济全球化，世界呈现时空越来越小的趋势，人工环境无限制扩张，导致自然环境日益恶化。在这样的情况下，专业学科发展如不以环境生态意识为先导，走集约型协调综合发展的道路，势必走入死胡同。

随着20世纪后期由工业文明向生态文明的转化，可持续发展思想在世界范围内得到共识并逐渐成为各国发展决策的理论基础。环境艺术设计的概念正是在这样的历史背景下从艺术设计专业中脱颖而出的，其基本理念在于设计从单纯的商业产品意识向环境生态意识的转换，在可持续发展战略总体布局中，处于协调人工环境与自然环境关系的重要位置。环境艺术设计最终要实现的目标是人类生存状态的绿色设计，其核心概念就是创造符合生态环境良性循环规律的设计系统。

环境艺术设计所遵循的绿色设计理念成为相关行业依靠科技进步实施可持续发展战略的核心环节。

国内学术界最早在艺术设计领域提出环境艺术设计的概念是在20世纪80年代初期。在世界范围内，日本学术界在艺术设计领域的环境生态意识觉醒得较早，这与其狭小的国土、匮乏的资源、相对拥挤的人口有着直接的关系。进入80年代后期国内艺术设计界的环境意识空前高涨，于是催生了环境艺术设计专业的建立。1988年当时的国家教育委员会决定在我国高等院校设立环境艺术设计专业，1998年成为艺术设计专业下属的专业方向。据不完全统计，在短短的十数年间，全国有400余所各类高等院校建立了环境艺术设计专业方向。进入21世纪，与环境艺术设计相关的行业年产值就高达人民币数千亿元。

由于发展过快，而相应的理论研究滞后，致使社会创作实践有其名而无其实。决策层对环境艺术设计专业理论缺乏基本的了解。虽然从专业设计者到行政领导都在谈论可持续发展和绿色设计，然而在立项实施的各类与环境有关的工程项目中却完全与环境生态的绿色概念背道而驰。导致我们的城市景观、建筑与室内装饰建设背离了既定的目标。毫无疑问，迄今为止我们人工环境（包括城市、建筑、室内环境）的发展是以对自然环境的损耗作为代价的。例如：光污染的城市亮丽工程；破坏生态平衡的大树进城；耗费土地资源的小城市大广场；浪费自然资源的过度装修等。

党的十六大将“可持续性发展能力不断增强，生态环境得到改善，资源利用效率显著提高，促进人与自然的和谐，推动整个社会走上生产发展、生活富裕、生态良好的文明发展道路”作为全面建设小康社会奋斗目标的生态文明之路。环境艺术设计正是从艺术设计学科的角度，为实现宏大的战略目标而落实于具体的重要社会实践。

“环境艺术”这种人为的艺术环境创造，可以自在于自然界美的环境之外，但是它又不可能脱离自然环境本体，它必须植根于特定的环境，成为融合其中与之有机共生的艺术。可以这样说，环境艺术是人类生存环境的美的创造。

“环境设计”是建立在客观物质基础上，以现代环境科学研究成果为指导，创造理想生存空间的工作过程。人类理想的环境应该是生态系统的良性循环，社会制度的文明进步，自然资源的合理配置，生存空间的科学建设。这中间包含了自然科学和社会科学涉及的所有研究领域。

环境设计以原在的自然环境为出发点，以科学与艺术的手段协调自然、人工、社会三类环境之间的关系，使其达到一种最佳的运行状态。环境设计具有相当广的含义，它不仅包括空间实体形态的布局营造，而且更重视人在时间状态下的行为环境的调节控制。

环境设计比之环境艺术具有更为完整的意义。环境艺术应该是从属于环境设计的子系统。

环境艺术品创作有别于单纯的艺术品创作。环境艺术品的概念源于环境生态的概念，即它与环境互为依存的循环特征。几乎所有的艺术与工艺美术门类，以及它们的产品都可以列入环境艺术品的范围，但只要加上环境二字，它的创作就将受到环境的限定和制约，以达到与所处环境的和谐统一。

“环境艺术”与“环境设计”的概念体现了生态文明的原则。我们所讲的“环境艺术设计”包括了环境艺术与环境设计的全部概念。将其上升为“设计艺术的环境生态学”，才能为我们的社会发展决策奠定坚实的理论基础。

环境艺术设计立足于环境概念的艺术设计，以“环境艺术的存在，将柔化技术主宰的人间，沟通人与人、人与社会、人与自然间和谐的、欢愉的情感。这里，物（实在）的创造，以他的美的存在形式在感染人，空间（虚在）的创造，以他的亲切、柔美的气氛在慰藉人[1]。”显然，环境艺术所营造的是一种空间的氛围，将环境艺术的理念融入环境设计所形成的环境艺术设计，其主旨在于空间功能的艺术协调。“如 Gorden Cullen 在他的名著《Townscape》一书中所说，这是一种‘关系的艺术’(art of relationship)，其目的是利用一切要素创造环境：房屋、树木、大自然、水、交通、广告以及诸如此类的东西，以戏剧的表演方式将它们编织在一起[2]。”诚然，环境艺术设计并不一定要创造凌驾于环境之上的人工自然物，它的设计工作状态更像是乐团的指挥、电影的导演。选择是它设计的方法，减法是它技术的长项，协调是它工作的主题。可见这样一种艺术设计系统是符合于生态文明社会形态的需求。

目前，最能够体现环境艺术设计理念的文本，莫过于联合国教科文组织实施的《保护世界文化和自然遗产合约》。在这份文件中，文化遗产的界定在于：自然环境与人工环境、美学与科学高度融汇基础上的物质与非物质独特个性体现。文化遗产必须是“自然与人类的共同作品”。人类的社会活动及其创造物有机融入自然并成为和谐的整体，是体现其环

[1] 潘昌侯：我对“环境艺术”的理解，《环境艺术》第1期5页，北京：中国城市经济社会出版社，1988年版。
[2] 程里尧：环境艺术是大众的艺术，《环境艺术》第1期4页，北京：中国城市经济社会出版社，1988年版。

境意义的核心内容。

根据《保护世界文化和自然遗产合约》的表述：文化遗产主要体现于人工环境，以文物、建筑群和遗址为《世界遗产名录》的录入内容；自然遗产主要体现于自然环境，以美学的突出个性与科学的普遍价值所涵盖的同地质生物结构、动植物物种生态区和天然名胜为《世界遗产名录》的录入内容。两类遗产有着极为严格的收录标准。这个标准实际上成为以人为中心理想环境状态的界定。

文化遗产界定的环境意义，即：环境系统存在的多样特征；环境系统发展的动态特征；环境系统关系的协调特征；环境系统美学的个性特征。

环境系统存在的多样特征：在一个特定的环境场所，存在着物质与非物质的多样信息传递。自然与人工要素同时作用于有限的时空，实体的物象与思想的感悟在场所中交汇，从而产生物质场所的精神寄托。文化的底蕴正是通过环境场所的这种多样特征得以体现。

环境系统发展的动态特征：任何一个环境场所都不可能永远不变，变化是永恒的，不变则是暂时的，环境总是处于动态的发展之中。特定历史条件下形成的人居文化环境一旦毁坏，必定造成无法逆转的后果。如果总是追随变化的潮流，终有一天生存的空间会变成文化的沙漠。努力地维持文化遗产的本原，实质上就是为人类留下了丰富的文化源流。

环境系统关系的协调特征：环境系统的关系体现于三个层面，自然环境要素之间的关系；人工环境要素之间的关系；自然与人工的环境要素之间的关系。自然环境要素是经过优胜劣汰的天然选择而产生的，相互的关系自然是协调的；人工环境要素如果规划适度、设计得当也能够做到相互的协调；惟有自然与人工的环境要素之间要做到相互关系的协调则十分不易。所以在世界遗产名录中享有文化景观名义的双重遗产凤毛麟角。

环境系统美学的个性特征：无论是自然环境系统还是人工环境系统，如果没有个性突出的美学特征，就很难取得赏心悦目的场所感受。虽然人在视觉与情感上愉悦的美感，不能替代环境场所中行为功能的需求。然而在人为建设与环境评价的过程中，美学的因素往往处于优先考虑的位置。

在全部的世界遗产概念中，文化景观标准的理念与环境艺术设计的创作观念比较一致。如果从视觉艺术的概念出发，环境艺术设计基本上就是以文化景观的标准在进行创作。

文化景观标准所反映的观点，是在肯定了自然与文化的双重含义外，更加强调了人为有意的因素。所以说，文化景观标准与环境艺术设计的基本概念相通。

文化景观标准至少有以下三点与环境艺术设计相关的含义：

第一，环境艺术设计是人为有意的设计，完全是人类出于内在主观愿望的满足，对外在客观世界生存环境进行优化的设计。

第二，环境艺术设计的原在出发点是“艺术”，首先要满足人对环境的视觉审美，也就是说美学的标准是放在首位的，离开美的界定就不存在设计本质的内容。

第三，环境艺术设计是协调关系的设计，环境场所中的每一个单体都与其他的单体发生着关系，设计的目的就是使所有的单体都能够相互协调，并能够在任意的位置都以最佳的视觉景观示人。

以上理念基本构成了环境艺术设计理论的内涵。

鉴于中国目前的国情，要真正完成环境艺术设计从书本理论到社会实践的过渡，还是一个十分艰巨的任务。目前高等学校的环境艺术设计专业教学，基本是以“室内设计”和“景观设计”作为实施的专业方向。尽管学术界对这两个专业方向的定位和理论概念还存在着不尽统一的认识，但是迅猛发展的社会是等不及笔墨官司有了结果才前进的。高等教育的专业理念超前于社会发展也是符合逻辑的。因此，呈现在面前的这套教材，是立足于高等教育环境艺术设计专业教学的现状来编写的，基本可以满足一个阶段内专业教学的需求。

中国建筑学会室内设计分会
教育工作委员会主任：郑曙旸

目　　录

第一章　概　　述

第一节　居住空间的定位

居住、工作、交通、旅游娱乐及购物是人们生活行为的主要四项内容，而居住空间作为人类的栖息地，在我们生活之中扮演着重要角色，特别是在生活节奏日益加快的今天，它比以往任何时候更加受到关注。

居住空间为人们提供了身体保护，不但免受伤害，还有助我们的身心成长与健康，改善个人形象。居室让人们能从外部激烈的生存竞争压力中解脱出来，让人感到在属于个人的温馨空间中，能发挥自己的潜能，从而给个人的创造性发挥提供一条途径。居住空间至少能够将环境中的一小部分置于个人的规划安排之下，也为社会交往提供一个平台。总之，居住空间被认为是满足人类各层次需要的核心地带。

根据马斯洛（Abraham Maslow）的“需要层次理论”人的需求由低向高分为生理、安全、社交、自尊、实现五个层次。

在低层次得到满足之后，才追求更高层次的要求。人们对居住空间的要求是最基本的生理要求。在此得到满足之后，才渴望更高层次的要求。以致更宽敞、更舒适、更富有个性化的居所，进而获得自尊，实现自我价值。总之，上述较高层次的需求，必须是建立在身体健康、安全等基本需求得到保障的基础上的。

因此，住宅是人类的安身之所、安神之所和修身养性之所，是意识的内部环境，具有物质空间与文化空间的双重属性场所。作为室内设计的一个领域，居住空间设计主要研究人们在居住生活使用中如何对室内空间环境进行组织和利用。居住空间设计是为了满足人们生活休息、社交工作的物质要求和精神要求所进行的理想内容的环境设计，具有室内设计的一般性规律。但相对于公共空间，居住空间有其自身特点，即空间相对紧凑、功能集中、尺度亲切、实用性与舒适性并重等。

当今的社会生活瞬息万变，每个人在一生中会经历许多改变。其中包括物质条件的变化，地理位置的变更，还有年龄的增长，社会角色和家庭角色的改变。所以，居住空间的类型和位置也会随之发生改变。但对于家庭来说，它永远是首先满足人们最基本生理需要的空间。它在个人生活和社交活动中能起到举足轻重的作用。同时，包括人体工程学、文化及心理学因素也对居住空间发生着影响。

一、满足基本生理需要

从“需要层次理论”的五个方面分析，生理需要无疑是最基本最直接的，也是首先要达到的要求。为了抵御来自自然界包括恶劣天气和灾害在内的威胁，为了不受他人的侵扰，拥有一个安全、舒适而有益健康的空间是人们的必然需求。因为居住者需要用餐，休息，需要避免可能伤害自己的危险发生，需要隔离噪声污染、光污染、空气中传播的细菌污染和 pm2.5 以上可吸入颗粒物等。

居住空间设计要满足上述要求，就必须慎重分析处理居住空间的功能，关注和解决空气质量、人体舒适度与温度湿度以及声环境等问题。这就需要设计师熟悉掌握国家相关法规和行业标准，发挥创造性思维，针对居住者的使用需要，设身处地地为居住者着想，以设计师的聪明才智去完善居住空间的基本功能，提供既舒适又方便实用的居住空间。

二、确保安全与私密需要

在满足生理需要的基础上，确保居住者的安全，有利于身心健康，并具有一定的私密性，则是第二项要达到的要求。所涉及的内容包括：

（1）保持建筑结构构件的完整性和安全性。大量事例说明，随意拆改原住宅建筑包括承重墙在内的建筑结构，将严重损害其结构性能，有可能带来重大的安全隐患。

（2）防止装饰构造坠落坍塌。确保室内装修所做吊顶及隔墙构造的牢固，确保吊灯等其他悬挂装饰结构的牢固可靠。

（3）防止因地面材料光滑摔伤人。

（4）确保栏杆的牢固可靠。落地窗和飘窗护栏、楼梯扶手等安全装置应达到要求的高度及荷载标准。

（5）确保燃气装置、电器设施、上下水系统等室内设备的安全可靠。

（6）采用通过国家标准验证的，甲醛等有害物质排放低于国家标准的绿色环保型装饰材料，防止装饰材料对人体的伤害。

（7）装修的安全细节同样不可忽视。避免装饰构造尖角及锋口的出现，防止柜门、门窗夹手，以及未妥善加工处理的玻璃、石材或瓷砖的立边伤人。

设计师要事先采取有效的防范措施，考虑到每一安全细节，以使居住空间能满足人们的安全需要。不仅是物质上的，还包括精神上的私密感和安全感。譬如利用性能良好的隔声材料、色彩温馨的双层窗帘，以保证隔离室外噪声和光污染，从而营造出宁静的私密空间。

三、形式美与个性化

塑造一个优美的居住环境是第三项要达到的要求。尽管美的标准难以统一，但根据不同的经济投入和不同的居住标准，创造多种类型、风格各异、富有个性的居住空间是设计师应尽的责任。同时又是对设计师审美能力、造型水平、装饰和装修手法以及色彩控制力等综合表现能力的考验。

装饰是指“在身体或物体表面增加附属的东西，使其美观”，装修是指“在房屋工程上抹面、粉刷并安装门窗、水电等设备”，室内装修是建筑主体结构完成以后，对墙体、地面进行具体施工和内部各项设备安装的具体实践操作过程。对居住空间进行合理布置和装饰装修几乎是人们与生俱来的习惯。但是，室内装饰与装修不完全是室内设计的全部内容和意义，居住空间设计在发展过程中，人们的关注重点已逐步由原来的单纯装饰转向以空间规划、功能和结构设计以及室内装饰技术方面，如音响与照明设计。它是与现代建筑运动紧密联系在一起，在设计中主张采用新材料、新技术和新创意，在关注居室的功能需求的同时，还强调其形式美和个性化的张扬。

设计要能满足不同收入阶层，不同文化水平人群的需要，无论设计对象是面向“工薪阶层”还是“富人”，都需将美学和心理学等方面的需求综合起来考虑。通过对居住空间的因地制宜设计过程，将美的创意表现出来，让美充满整个空间，为人们提供个性化的居住环境。

第二节　居住空间的分类

家庭是社会的细胞，也是人们生活单位的一种典型类型。国家建设主管部门相关标准指出，“住宅是供家庭居住使用的建筑（含与其他功能空间处于同一建筑中的住宅部分）”。而广义的居住空间承载了人们生活起居的所有内容，它是以居住为目的，供人们临时、短期或长期生活的建筑空间。按照使用方式不同，可以分为以个人为生活单位的集体宿舍；供家庭或个人短暂居住并提供服务的旅馆；以家庭为生活单位长期居住的公寓或住宅。本书讲述的居住空间是指以家庭为生活单位的住宅室内空间。

住宅是居住空间的物质载体，主要按以下四种方式进行分类。

一、按住宅建筑高度分类

主要分为低层、多层、中高层、高层、超高层等。根据《住宅设计规范》，民用建筑高度与层数的划分为：1～3 层为低层住宅；4～6 层为多层住宅；7～10 层为中高层住宅；11～30 层为高层住宅；30 层（不包括 30 层）以上为超高层住宅。

（1）低层住宅主要是指（一户）独立式住宅、（二户）联立式住宅和（多户）联排式住宅。与多层和高层住宅相比，低层住宅最具有自然的亲和性（其往往设有住户专用庭院），适合有儿童或老人的家庭；住户间干扰少，有宜人的居住氛围。这种住宅虽然为居民所喜爱，但受到土地价格与利用效率、市政及配套设施、规模、位置等客观条件的制约，在供应总量上有限。

（2）多层住宅主要是借助公共楼梯垂直交通，相联系的是一种最具有代表性的城市集合住宅。它与小高层和高层住宅相比有其特点：

a. 在建设投资上，多层住宅不需要像中高层和高层住宅那样增加电梯、高压水泵、公共走道等方面的投资。

b. 在户型设计上，多层住宅户型设计空间比较大，居住舒适度较高。

c. 在结构施工上，多层住宅通常采用砖混结构，因而多层住宅的建筑造价一般较低。

d. 底层和顶层的居住条件不算理想，底层住户的安全性、采光性差；顶层住户因不设电梯而上下楼不便。此外屋顶隔热性、防水性差。

e. 难以创新。由于设计和建筑工艺定型，使得多层住宅在结构上、建材选择上、空间布局上难以创新，形成“千楼一面、千家一样”的弊端。

（3）中高层住宅从高度上说具有多层住宅的氛围，但又是较低的高层住宅，故称为中高层。中高层较之多层住宅有它自己的特点：

a. 建筑容积率高于多层住宅，节约土地，土建投资成本较多层住宅有所降低。

b. 小高层住宅的建筑结构大多采用钢筋混凝土结构，从建筑结构的平面布置角度来看，则大多采用板式结构，在户型方面有较大的设计空间。

c. 由于设计了电梯，楼层又不是很高，增加了居住的舒适感。

(4) 高层住宅是城市化、工业现代化的产物，高层住宅的土地使用率高，有较大的室外公共空间和设施，眺望性好，建在城区具有良好的生活便利性。依据外部形体可将其分为塔楼和板楼。

塔楼是一梯多户，一般是以一梯 4～12 户共同围绕或者环绕一组公共竖向交通通道形成的楼层平面。优点：塔楼多采用框架结构，除少数承重梁之外，户内分隔墙基本都可以拆改，某些塔楼甚至可以将整层楼面打通，灵活分隔户型。缺点：a. 均好性差。塔楼每层很难实现所有户型的朝向、采光、通风、景观等条件都合理，户型朝向条件由好到差的依次排序为：东南角、西南角、东北角、西北角。b. 居住密度高，但使用率不高，存在“灰色空间”。塔楼户型的使用率普遍低于板楼 10 个百分点左右，而且户型内部的厨房、餐厅与洗手间往往不可直接采光、通风，这样的地方被称为灰色空间。

板楼的优点：a. 一梯两户，均好性强。楼层每一户型朝向，采光、通风条件好。b. 户型布局合理，住户使用率高。板楼户型的使用率通常高达 90％以上，而塔楼户型的使用率通常仅为 75％，因为塔楼内的电梯井、候梯厅、变配电机房等都将作为公共面积摊到每个业主的头上。同样是购买建筑面积 $100m^2$ 的住房，板楼户型的使用面积往往高出塔楼住户约 $10m^2$。缺点：板楼的户型格局不宜改造，特别是砖混结构的板楼，户内多数墙体起承重作用，不可以拆改，空间分割的灵活性差。

(5) 超高层住宅一般层数达到 40 层以上（高度 100m 以上）。若建在市中心或景观较好地区，虽然住户可欣赏到美景，但对整个地区来讲却不协调。因此，许多国家并不提倡多建超高层住宅。

二、按楼体承重结构形式分类

住宅按楼体承重结构形式分类主要分为砖木结构、砖混结构、钢混框架结构等。

砖木结构住宅指建筑物中承重结构的墙、柱采用砖砌筑或砖块砌筑，楼板结构、屋架用木结构共同构筑成的房屋。

砖混结构住宅指建筑物中竖向承重结构的墙、柱等采用砖或砌块砌筑，柱、梁、楼板、屋面板、桁架等采用钢筋混凝土结构。砖混结构即是以小部分钢筋混凝土及大部分砖墙承重的结构。砖混结构住宅中的“砖”，指的是一种统一尺寸的建筑材料，也有其他尺寸的异型黏土砖，如空心砖等。“混”是指由钢筋、水泥、砂石、水按一定比例配制的钢筋混凝土配料，包括楼板、过梁、楼梯、阳台、排檐等。这些配件与砖做的承重墙相结合，可以称为砖混结构住宅；由于抗震的要求，砖混住宅一般在 5 层、6 层以下。

钢筋混凝土结构住宅是指房屋的主要承重结构如柱、梁、板、楼梯、屋盖用钢筋混凝土制作，墙用砖或其他材料填充。这种结构抗震性能好，整体性强，抗腐蚀，耐火能力强，经久耐用，多用于高层住宅。具体又分框架、框架剪刀墙结构等。

三、按房屋类型分类

从房屋类型的角度，住宅主要有单体式住宅、联体式住宅、单元式住宅。单元式住宅除了普通单元式住宅以外还包括复式住宅、跃层式住宅、错层式住宅等。

1. 单体式住宅

单体式住宅属于低密度住宅的高级形式。低密度住宅一般是指建筑容积率在 0.9 以下，单体别墅容积率在0.3至0.5，绿地率不能低于10%的住宅。单体式住宅也就是我们常说的独栋式别墅，花园洋房式住宅。

作为住宅的一种重要的形式，在西方发达国家，尤其是在郊区、小城市和乡村，单体式住宅相当普遍。改革开放以来，这种形式在我国的发展也非常迅猛。单体式住宅一般具有半私密庭院、车库和宽敞的内部空间，内部居住功能完备。因而它能更好地满足人对私密性的要求，使人的活动更自由，建筑形象更具个性化。

单体式住宅是住宅类型的重要组成部分，其技术含量要求比高层住宅要求更高，价格非常昂贵，一般是供高收入者使用。因而这类住宅的开发、经营和设计应注意创造更加舒适、安全的居住环境，使建筑形象与空间更加别致新颖，有独特的个性，设备、设施、档次与配套水平高。住宅内部的水、电、暖供给一应俱全，户外道路、通信、购物、绿化也都有较高的标准。单体式住宅室内空间设计以完备的居住功能为前提，追求高舒适度的居住体验，装饰与装修要体现出高层次的文化品位和审美追求，以彰显业主的社会地位和经济实力。

2. 联体式住宅

随着住宅商品化的发展，多样的居住水准必然有各种档次、类型、套型的住宅的需求。低密度住宅的形式也是多种多样的，除了单体式住宅，联体式住宅也是低密度住宅的一种，容积率一般在0.6至0.8。

联体式住宅的组合方式变化很多，有拼联成排的，也有拼联成团的。例如，现在比较受欢迎的TOWNHOUSE住宅。联体式住宅的边墙与相邻房屋毗连，既有独立结构的私密性，较独立式住宅而言又较为经济，每套住宅有三面或两面临空，有一字排开，也有围合式的连接形式。联体式住宅具有单体式住宅的许多优点，各户在房前房后有专用的院子，可供户外活动及家务操作之用。日照及通风条件都比较好。既有独立性，又能节约用地，价格相对单体式住宅也要低一些。

联体式住宅也是属于低密度住宅形式，其居住空间设计要有丰富的功能设施，追求较高的舒适度，以体现出业主较高的生活品质的和精神追求。

3. 单元式住宅

单元式住宅是相对于单体式住宅而言的住宅形式，它可以容纳更多的住户。单元式住宅又称梯间式住宅，是目前在我国大量兴建的多层和高层住宅中应用最广的一种住宅建筑形式。单元式住宅的基本特点有：

（1）每层以楼梯为中心，每层安排户数较少，各户自成一体。

（2）户内生活设施完善，既减少了住户之间的相互干扰，又能适应多种气候条件。

（3）建筑面积较小，户型相对简单，便于标准化建造，造价经济合理。

（4）保留有公共使用面积，楼梯、电梯、走道等，保证了邻里交往，有助于改善人际关系。

单元式住宅是最常见的住宅形式，室内设计应本着造价经济的原则，积极提高人们的生活品质的和精神追求，追求实用性与舒适性并重的设计。除了普通户型之外，单元式住宅也有跃层式、复式、错层式、小户型和超小户型的不同形式，其特点如下：

3.1 跃层式住宅

跃层式住宅是指住宅占有上下两个楼面，卧室、起居室、客厅、卫生间、厨房及其他辅助空间可以分层布置，上下层之间不通过公共楼梯而采用户内独用小楼梯连接。优点是：a. 每户都有较大的采光面，通风较好；b. 户内居住面积和辅助面积较大；c. 布局紧凑，功能明确，相互干扰较小。

3.2 复式住宅

复式住宅是指每户住宅在较高的楼层中增建一个夹层，两层合计的层高要大大低于跃层式住宅（复式为3.3m，而一般跃层式为5.6m），其下层供起居用，如炊事、进餐、洗浴等；上层供休息睡眠和贮藏用。优点是：a. 平面利用系数高，通过设置夹层可使住宅的使用面积提高50%～70%；b. 户内隔层为木结构，将隔断、家具、装饰融为一体，既是墙又是楼板、床、柜，降低了综合造价；c. 上层采用推拉窗户，通风采光好，与一般层高和面积相同住宅相比，土地利用率可提高40%。不足在于：a. 复式住宅面宽大、进深小，如采用内廊式平面组合必然导致一部分户型朝向不佳，自然通风、采光较差；b. 层高过低，如厨房只有2m高度，长期使用易产生局促、憋气的不适感；贮藏间较大，但层高只有1.2m，很难充分利用；c. 由于室内的隔断、楼板均采用轻薄的木隔断，木材的成本较高且隔声、防火功能差，房间的私密性、安全性相对较差。

3.3 错层式住宅

错层式住宅是单元式住宅衍生出来的又一种形式，主要是指一套房子的不同区域不处于同一地平面，即房内的厅、卧、卫、厨、阳台处于几个高度不同的平面上。错层和复式房屋的区别在于尽管两种房屋均处于不同层面，但复式的层高往往比较高，而错层式的层高较低，人站立在第一层面平视可看到第二层面。另外，复式的两个楼面往往垂直投影，上下面积大小一致；而错层式两个（或三个）楼面并非垂直相叠，而是互相以不等高形式错开。

3.4 小户型和超小户型住宅

小户型住宅设计的概念，目前根据相关的户型面积政策，一般把平面紧凑、居住空间较少的精巧户型或建筑面积小于90m^{2}的户型统称为小户型，然而这样的概念甚是模糊。应从以下三个方面界定小户型的概念：

（1）以房间数量界定

房间数量不超过三个，即两室一厅、一室一厅或单室户型。房间数量的多少直接影响到住宅功能的复杂程度。当房间数量较少时，家庭生活结构趋向简单，住宅的功能也可简化。目前市场上销售的小户型大致有三种类型：单身公寓，一居室和二居室户型，其房间数量一般在三个之内。

（2）以面积界定

建筑面积小于90m^2。小户型的基本空间包括卧室、起居室、厨房、卫浴间等，各种居住空间的大小不仅要满足人体工程学的基本尺度，还应该考虑居住的舒适度。

（3）以居住主体的类型界定

小户型的受欢迎与时下年轻人的生活方式息息相关。许多年轻人在参加工作后，独立性越来越强，选择小户型的人群多以单身青年或年轻夫妻家庭为主，家庭人员大多数为1～3人。小户型不仅是面积上相对小，更体现了青年人追求高效、舒适和简约时尚的生活方式。以居住主体来界定小户型的概念，才能抓住小户型的本质，从而从根本上区别于普通住宅。

超小户型住宅的定义是：套内使用面积在15～30m^{2}左右，但“麻雀虽小，五脏俱全”在室内，卧室、客厅、厨房、卫浴间具备。由于户型过小，一般只能放一张床和基本的家具，有的没有厨房、阳台，有的厨房只是简易设置，如采用电灶。

小户型和超小户型最明显的优势是将有限的空间资源加以科学配置，体现了使用者的居住品位与居住观念的进步。其设计要求最大限度地满足居住条件，装修风格尽量简洁大方，突出整体感，空间划分尽量避免使用硬性隔断，考虑选择灵活可变的家具等。

四、按使用方式分类

从使用方式看，住宅有公寓式住宅、两代居住宅、商住两用住宅和小户型住宅（超小户型）等。由于使用者的使用方式和目的的不同，对于居住的追求有各自的侧重点，住宅室内空间设计应平衡好各种功能关系，最大限度满足人们不同层次的追求。

4.1　公寓式住宅

公寓式住宅最早是舶来品，一般建在大城市，标准较高，大多数是高层。每一层内有若干供独户独用的套房，包括卧室、起居室、客厅、卫浴间、厨房、阳台等等。室内提供家具等设施，主要供一些常来常往的中外客商及其家眷的中短期租用，也有一部分附设于旅馆酒店之内供短期租用。此外，公寓式住宅还可以供不同类型的人定期居住，如青年公寓、老年人公寓、学生公寓等，一般是几家合住，采用共用厨卫的居住模式。

4.2　两代居住宅

两代居住宅是指包括两套相邻而又独立的，各自拥有完备的卧室、厨卫等生活设施的住宅。每套拥有各自独立的户门，但室内又有门户相通。

“两代居”住宅的产生，适应了我国人口老龄化发展趋势在居住方面的需要。这种住宅既考虑到老年人与青年人在生活习惯、兴趣爱好等方面的差异，保留了相对的私密性和适当的距离，同时又考虑到就近照顾老人的便利。

4.3　商住两用住宅

如今，我们已经进入了一个“足不出户，便知天下事”的信息时代，居住空间的传统观念也受到了新思维的挑战。商住两用住宅又可称商务住宅，是SOHO（居家办公）住宅观念的一种延伸，与前面形式相比，它的功能不是简单的“居住”，而是将居住与办公活动结合起来。它既属于住宅，同时又融入写字楼的诸多硬件设施，尤其是强大的网络功能，使居住的同时又能从事商业活动。商住住宅适合于小型公司以及依赖网络进行社会活动的人群，是近年来出现的一种极具个性化和功能性的空间形式。

商住两用住宅以一种全新的面貌出现，给人们带来了新的居家办公理念，适用于那些需要长期在家办公的特殊人群。设计可以做到既不亚于高档写字楼的豪华尊贵，商务配套和生活配套也让用户耳目一新。

近年来出现的“SOHO”、“LOFT”空间就是商住两用住宅的具体形态体现。“SOHO”是英文“small office home office”的缩写，从字面理解是小型家庭办公一体化的意思。“LOFT”英语的意思是指工厂或仓库的楼层，现指没有内墙隔断的开敞式平面布置住宅。LOFT发源于20世纪60、70年代美国纽约的建筑，逐渐演化成为一种时尚的居住与生活方式。它的定义要素主要包括：高大而开敞的空间，上下双层的复式结构，类似戏剧舞台效果的楼梯和横梁；流动性，户内无障碍；透明性，减少私密程度；开放性，户内空间全方位组合；艺术性，通常是业主自行决定所有风格和格局。“LOFT”是同时支持商住两用的形态，所以既可显示主要消费群体个性的同时满足其功能需求。作为功能上的考虑，一些比较需要空间高度的，比如电视台演播厅、公司产品展示厅等；作为个性上的考虑，许多年轻人以及艺术家都是“LOFT”的消费群体，甚至包括一些IT企业人士。

商住两用住宅的室内空间设计要求使住所兼容居住和办公两重功能。为进一步减少干扰，利用跃层本身的优势，将私密空间设计在二层，实现居住与办公功能分离。还可以考虑用推拉活动隔墙灵活分隔的手法，使得办公与其他功能空间形成可分可合的关系，当主人需要安静或有客来访时，可能封闭办公空间，不干扰家人生活；而当主人闲暇之余，可以打开隔墙使办公空间与居室融为一体。因此住宅的公共部分是一种流动的空间形式，这种流动空间围绕起居、客厅和办公三个功能，人置身于此，将深感办公的自由和乐趣，生活的方便和安逸，再加上室内环境的设计，使 SOHO 住宅空间充满个性化的表现。

第三节　居住空间设计风格概述

一、哥特风格

欧洲哥特风格源于法国，以著名的彩色玻璃镶嵌窗和尖拱形窗口，以及火焰形线脚装饰，卷蔓、螺形装饰纹样为主要特点，从而创造出崇高向上的空间氛围。家具从形体到装饰均受天主教堂的影响，造型细高，以强调垂直线的对称式为主，尽显尖拱、束柱等特点。结构方式为框架式，在框中插入镶板，镶板上雕刻复杂浮雕或透雕。图案主要包括卷涡、S 形花纹、火焰纹等。椅子是由箱柜发展而成，兼有坐和收纳的功能。

图 1-1　英国：哥特风格室内设计

二、文艺复兴风格

起源于意大利的文艺复兴风格在古希腊和古罗马文化再认识的基础上，具有古典式样再生和充实的意义。意大利文艺复兴的家具不露结构部件，强调表面雕饰，以细密雕琢方式达到丰裕华丽的效果。其室内以人体雕塑、壁画来装饰。将几何形式用作室内装饰的母题则是文艺复兴风格的主要特征之一。

图 1-2 意大利：维琴察，文艺复兴风格的 Allegri 别墅

三、巴洛克风格

巴洛克风格在文艺复兴风格的基础上，追求自由奔放、复杂多变、装饰华丽、金碧辉

煌，并且充满欢快的阳刚格调。这些特征不但表现在教堂、广场等公共空间，而且也呈现在别墅、官邸等居住空间。巴洛克风格的特点：1. 无论是平面还是立面图形中，都表现出椭圆形、曲线和曲面；2. 建筑空间与雕塑及绘画完美地融合为一体，相互渗透。柱子、墙面、壁龛、门窗等建筑构件成为一个集绘画、雕塑和建筑的有机体。带有蓝天白云及飞翔的天使等内容的顶篷画尤为引人注目；3. 色彩设计追求艳丽奢华，多采用鲜艳颜色和金箔、宝石等进行装饰。

图 1-3　法国：巴洛克风格的凡尔赛宫和平厅

四、洛可可风格

洛可可风格是在巴洛克风格基础上，在法国发展起来的室内装饰风格。其呈现出柔软、细腻、妩媚、琐碎的阴柔格调。追求华丽、轻盈、精致而复杂的艺术格调。具体特点：1. 模仿自然的装饰题材，不对称的卷草和缠枝；2. 浅浮雕；3. 娇艳和柔和的色彩并存，既有玫瑰、粉红，也有粉绿以及金银色的线脚；4. 镜子、钟表、烛台和蜡烛型吊灯，青花瓷等陈设盛行；5. 呈现东方装饰元素和东方人物形象。

图 1-4　德国：柏林，洛可可风格的弗雷德里克二世夏宫

五、新古典主义风格

由于对巴洛克和洛可可风格的厌倦，18 世纪中叶在法国又兴起了以复兴古典文化为宗旨的新古典主义风格。它推崇和复兴欧洲古典文化，体现理性和秩序，呈现冷静的美，从理性的原则和逻辑中寻求没得规律。其特点是：追求室内空间的布局合理，立面比例匀称。充分体现严格、纯净的古典精神。在家具设计方面，当时在法国形成帝国风格，装饰上使用古典题材，多用镀金的铜质装饰件，色调华丽而沉着，家具以直线为造型构架，即便是曲线也用正圆、椭圆或弧线，整体逐渐向简洁、单纯的方向发展。

图 1-5　美国：纽约，新古典主义风格的联排住宅

六、新艺术运动风格

起源于 19 世纪 80 年代比利时的布鲁塞尔新艺术运动，积极运用工业时代的新材料和新技术。在室内设计中追求工业时代精神的简化装饰。其特点是以自然界植物形态作

为模仿对象，以流畅的线条表现自然。由霍塔（Victor Horta）设计的布鲁塞尔都灵路12号住宅，成为新艺术运动室内设计风格的典范。特别是楼梯栏杆的优美曲线表现出的律动，伴以轻盈的色彩，令空间充满优雅的灵性。高迪（Antani Gaudi）则成功地将大自然和建筑、室内与景观有机地结合在一起，构成诗情画意。他以细腻夸张扭曲甚至荒诞让人叹为观止，因此，已蕴含了现代主义设计的元素。可以说新艺术运动是现代主义设计的前夜。

图1-6　西班牙：巴塞罗那，新艺术运动风格的 Torre Belleguard. 高迪设计

七、艺术装饰风格

艺术装饰风格（Art Deco）始于20世界20年代的法国，是新艺术运动风格的延续，代表豪华的设计取向。灵感则源于古埃及出土的图坦卡蒙墓中的绚丽古典艺术文物，具有简单几何图案，用金色与黑白色彩系列。通过商业化运作这一风格实现了设计与工业生产的结合。其呈现出以下鲜明特点：1. 放射状的太阳光与喷泉形式，呈阶梯状收分垂直线条；2. V形图案，色彩绚丽；3. 使用奢华材料，注重装饰，炫耀财富；4. 流畅锐利的线条，强调数字性和动能感。

图 1-7　美国：好莱坞，艺术装饰风格的室内设计

八、现代主义风格

第一次世界大战结束后，在德国出现了反传统的艺术风格，被称之为现代主义的设计风格。它主张设计抛弃繁琐的装饰，为大众服务，而不是为少数贵族商人。现代主义设计旗手柯布西耶将房子定义为“居住的机器”，将椅子定义为“坐的机器”，甚至是“休息的机器”。其设计的核心内容并非简单的几何形式，而是以简洁形式反映出缜密的设计思考和属于现代工业社会美感的神奇的精密度。这就是以包豪斯为代表的现代主义风格。

图 1-8　法国：巴黎，现代主义风格的瑞士学生公寓 勒·柯布西耶设计

九、国际主义风格

第二次世界大战结束后，在美国以密斯为主导的国际主义风格势头强劲。采用“少就

图 1-9　美国：伊利诺伊州，国际主义风格的范斯沃斯住宅 密斯·凡·德罗设计

是多”的极简主义原则，讲究结构精密、简洁利落，注重细节处理。设计关注满足人的心理需求，即秩序感等美的因素，以及给生活增加乐趣的形态。注重功能和建筑工业化的特点，摒弃虚伪的装饰。室内自由开敞、内外通透、简洁流畅。家具、灯具、陈设等质地纯洁，工艺精湛，改变了现代主义风格单调、刻板的面貌。

十、后现代风格

后现代主义风格产生于20世纪60年代的美国。主张以装饰的手法达到视觉上的丰富，设计讲究历史文脉、隐喻和装饰。后现代主义风格领军人物，美国建筑师文丘里（Robert Venturi）提出要折中地使用历史风格、波普艺术，追求形式的矛盾性与复杂性，以戏谑的表现手法再现古希腊和古罗马形式的片段，如以变形、错位、断裂和扭曲的方式将古典元素组合在新的环境中，从而取代单调刻板、冷漠乏味的国际主义风格，进而拓宽了设计的美学领域。

图1-10　美国：迪士尼，后现代主义风格的天鹅酒店大堂喷泉 格雷夫斯设计

十一、新中式风格

新中式风格强调中国传统文化特色或民族风格的设计倾向，提倡发扬民族化的设计原则，同时尽量使用地方材料和做法，并与当地风土环境相融合。设计从中国传统建筑和家具中提取设计元素，同时将现代材料和工艺巧妙融合，传统家具、窗棂、布艺床品等相互辉映。室内多采用对称式的布局，格调高雅，造型简朴优美，色彩浓重而成熟。中国传统室内陈设包括字画、匾幅、挂屏、盆景、瓷器、古玩、屏风、博古架等，再现了深厚的中国传统文化意蕴。

图 1-11　中国：北京，新中式风格的千章之家会所　吴为设计

十二、和式风格

和式风格即日本传统设计风格。日本古代文化曾受中国汉唐宋文化全面而深刻的影响。古代住房分为高床住宅和竖穴房屋两种。高床住宅有高基架、木构，人们脱履而入。隋唐时代，佛教传入日本，唐风寺院兴建及高床建筑向寝殿建筑发展，在此基础上，发展成为室内推拉门扇分割空间，跪坐使用家具的和式风格，它将自然界的材质大量运用于室内设计中，其空间呈现淡雅节制、深邃禅意的效果。

图 1-12　日本：京都，和式风格的室内设计

十三、伊斯兰风格

伊斯兰风格室内设计的特点，首先是拱券和穹顶的多种花式，其次是大面积表面图案装饰。券的形式有双圆心的尖券、马蹄形券、火焰式券及花瓣形券等。装饰图案则以花卉为主，以蔷薇、风信子、郁金香、菖蒲等植物为题材，曲线匀整，呈几何图形。其中《古兰经》中的经文也以图案形式呈现。室外墙面常以花式镂空砌筑形成装饰，又陆续出现浅浮雕式彩绘和玻璃面砖装饰。室内用石膏作大面积浮雕。色彩丰富以蓝色系为主导。室内陈设多采用壁毯和地毯。

十四、地中海风格

地中海风格的建筑多采用拱门与半拱门、马蹄状的门窗，非承重墙运用半穿凿或全穿凿的方式来塑造室内的景中窗，成为地中海风格的情趣特色。地中海风格概括了西班牙蔚蓝色的海岸与白色沙滩和希腊的白色村庄在碧海蓝天下的意境。

按照地域及自然环境，地中海风格出现三种典型的色彩搭配：1. 蓝与白：这是比较典型的地中海颜色搭配；2. 黄、蓝紫和绿：南意大利的向日葵、南法的薰衣草花田的金黄与蓝紫的花卉与绿叶相映；3. 土黄及红褐：北非特有的沙漠、岩石、泥、沙等天然景观的颜色。

图 1-13　英国：布莱顿，伊斯兰风格的皇家别墅

图 1-14　美国：佛罗里达，地中海风格的博卡拉顿别墅

在构成了基本空间形态后，地中海风格的装饰手法也有鲜明的特征。家具采用低色度、线条简单且修边浑圆的木质家具。地面则多铺赤陶或石板。马赛克镶嵌、拼贴成华丽的装饰效果。主要利用小石子、瓷砖、贝类、玻璃片、玻璃珠等，切割后再进行创意组合。在室内，窗帘、桌巾、沙发套、灯罩等均采用低彩度色调和棉织品。以素雅的小细花条纹格子图案为主，伴以独特的锻造铁艺家具，同时辅以爬藤类植物的绿化。

十五、美国殖民地风格

在美国独立之前，室内设计风格多采用欧洲式样。这些由殖民者设计建造的房屋式样被称为殖民地风格。其中主要是英格兰式。然而门厅、壁炉、镜面、壁板等部分则具有地方特色。室内设计强调要创造自由而明朗的氛围。家具则有英国洛可可的特征。椅子前腿常为猫爪形，重要部位以贝壳形装饰，但室内陈设和家具形式均在英国洛可可风格基础上予以简化。

图 1-15　美国：殖民地风格的室内设计

十六、美式乡村风格

美式乡村风格属于自然风格的一支。其倡导“回归自然”，室内环境宽敞而富有历史气息，力求表现悠闲、舒畅、自然的田园生活情趣。也常运用天然木、石、藤、竹等材质质朴的纹理。巧于设置室内绿化，从而创造自然、简朴、高雅的氛围。餐厅基本上都与厨房相连，厨房的面积较大，操作方便、功能强大。在与餐厅相对的厨房的另一侧，一般都有一个不太大的便餐区。厨房的多功能还体现在家庭内部的人际交流多在这里进行。这两个区域会同起居室连成一个大区域，成为家庭生活的中心。

图 1-16　美国：美式乡村风格的室内设计

思考题

1. 如何理解马斯洛的“需要层次理论”？
2. 居住空间的基本形式有哪些？
3. 哪些设计风格属于古典类型？它们有何共同特点？各有何区别？
4. 哪些设计风格属于现代类型？它们有何共同特点？各有何区别？
5. 哪些设计风格属于民族类型？它们有何共同特点？各有何区别？

第二章　居住空间设计原理

第一节　居住行为学

居住行为学主要研究人类居住行为的动机、情绪、行为与居住环境之间的关系。它认为支配人们行为的，除物质因素外，还包括人类学、人体工程学、文化影响及心理和社会需要。该学科研究经过设计的空间和使用这个空间的人之间的相互作用。研究空间设计与人文因素相关性的跨学科部分。

从居住行为学的研究我们注意到，居住环境设计，对满足人的生理需要，对人的行为和身心健康有很大影响。因为人的一生中的大部分时间是在居所中度过的。所以以居住行为学的研究成果对居住空间的设计决策予以指导是很有必要的。

一、人体工程学

为了使居住空间及家具设计更为人性化，有效利用率更高，设计就必须符合人体的尺寸和运动规律。包括为特定的活动设计合理的空间，家具和空间分隔的规格及形状应该令人感到舒适方便；物品存取自如；照明光线充足但不眩目；家庭音响设备处理便于聆听等。

室内设计师根据人体测量的平均数据、生理机能和私密空间等等心理因素结合起来，以优化人与居住环境的相互关系。因为人与环境之间有着重要的相互影响作用。例如将人与温度、湿度、声音和光线的反应与人体工程学的测量数据以及人体力学结合起来，便有助于设计出既具人性化又实用方便的空间、设备和家具，从而大大提高人对居住环境的满意度。

二、民族文化

文化这一概念所涉及的内容非常复杂广泛，在广义上是指人类在社会实践过程中所获的物质、精神的生产能力和创造物质、精神财富的总和；在狭义上是指精神生产能力和精神产品，包括一切社会意识形态：自然科学、技术科学、社会意识形态。民族文化体现了一个民族的世界观和审美标准。设计上反映其各自的设计观念，如希腊人认为家庭处于他们世界内在的中心。因此，带有绝对的逻辑色彩，他们的住宅景观设计均面向内部。而从外部看则不加任何修饰，入口只不过是简单的门洞，而内部却设计成一个安静和愉快的私密空间。希腊人在这样环境里学习、生活、交流、陶冶成就了高超的艺术。建筑师莫斯·拉波特曾经指出，即使对原始人来说，住宅也不仅是栖息地。它是理想生活的象征并受文化观念的影响，其形成依赖于人们共同拥有的民族文化，共同的目标和价值观。

不同的民族文化所形成的居住行为习惯会有很大的差异。比如我们中华民族在家要坐椅子，睡觉要上床，而日本民族则坐卧均在地席上。日式浴缸是短深型，因为他们习惯坐进去洗澡，水的深度要没到脖子。日式住宅都具有多功能的特点。其空间分隔并不是一成不变的，而是采用可轻松开启与闭合的屏风或活动隔板，使空间灵活组合以适应不同的功能需要。白天还是“餐厅”或“起居室”，到晚上就成了“卧室”。传统上爱尔兰的浴缸长度要比美国短很多，这是因为，爱尔兰人洗澡时不习惯伸直身体。所以同一个空间具有多重使用功能，随着需要而改变。这即是民族文化对居住行为的影响。

灵活多变的室内空间给我们带来有益的启示。要求设计出既富有民族文化特点，又符合个人需要的居住空间。目前我国过快增长的房地产价格和稀缺的土地资源，都使人们更加关注灵活有效地利用空间。

三、心理和社会需要

居住空间应该为使用者带来更舒适、更有效率、更美妙的生活体验。这个空间必须是实用的，并以巧妙优美的形式去改善居住空间的功能。例如：起居室中的家具布置要能够有助于社交谈话轻松自如地进行。卧室则更需要强调私密性和灯光控制，才能满足其私密性和安全方面的心理要求。

环境心理学研究物质环境如何影响人类行为，以及如何创造最有利于我们生活的环境。其中将心理学、社会学、生物学、人类学和生态学等科学与建筑学、室内设计和景观设计等学科结合了起来。如此一来使空间设计不再是纯粹出于形式美的考虑或纯专业化设计，使环境设计同时也具备人文学和生态学的观点。进一步讲，设计师有责任主动塑造适于居住的优雅环境，创造人与环境的友好界面，而不是要人们被动地去适应和忍受那些拙劣的设计和恶劣的环境。

究竟环境与人的心理是什么样的关系？据专家分析：私密性、个人空间、领地和拥挤是四个心理概念。私密性指一个属于个人的空间和领地的心理概念。在其范围内别人很难接近或能更亲密地接近。如果个人空间和领地未达到人们预期的私密程度，会导致过多不情愿的社会交往，人们就会感到拥挤。

（一）居室的私密性

围合室内的墙体界面为人们提供了身体保护。阻断了视觉和听觉的侵扰。室内的私密性程度可由主人调控。门、窗、窗帘及屏风的开启与闭合正是以主人的意愿来控制的，于是人们的私密感才得以满足。

（二）个人空间——场

人与周围环境的关系中其实存在着“场”的现象。这个“场”虽然看不见摸不着，但每个人都能实实在在地感觉到。例如两个同学同时出现在阅览室，他俩必然是各自坐到离对方相对最远的位置。若是三个或三个以上同时在场，他们也会保持相对最远距离，当然亲密关系除外。然而公共汽车和电梯里乘客的个人空间是被强行挤压了的。这种情景大家是出自不情愿而无奈的选择，其结果就出现拥挤现象。任何对这个无形个人“场”的侵犯都被看作是威胁性的，给人带来压力和心理不适。

个人的空间“场”是因个人和社会环境的变化而扩大或缩小的。例如，在热恋中的情侣，相互间的距离则是越小越好。两个“场”因吸引而重叠，甚至相融。

因此，在霍尔（Edward. T. Hall）的人际距离研究成果中，指出了私密到社交的空间关系模式（表 2-1）。

私密与社交的空间关系模式表 **表 2-1**

	近距离（mm）	远距离（mm）	近距离相互作用	远距离相互作用
亲密距离	0～150	150～500	身体接触；视线模糊，嗅觉、热量和肌肉运动知觉增强，话语交流最少	彼此可以很容易触及对方的手；视线清楚，能看到清晰的面部特征；低声或耳语交流；肌肉可能绷紧，在公众场合眼睛凝视远方
个人距离	500～800	800～1200	伸手可及；没有视觉扭曲，脸部形象和肌肉非常清晰；说话声音温和，举止亲切；站立的距离显示相互之间的关系	一臂之远的距离，恰好接触不到，身体控制区的边缘；脸部形象清晰，手处于边缘方位；没有嗅觉和温度感觉；说话音量适中
社交距离	1200～2000	2000～4000	身体控制区域之外，若非刻意，身体没有接触；脸部表情等看不仔细，但能看到整个身体；说话音量正常	交往更为正式，交谈时眼神的接触很重要，能看到在场的其他人；说话声音较大，邻近区域也能听到
公共距离	4000～8000	8000 或更远	飞行距离；物体开始看不清楚；说话声音响亮，但还未达到竭力叫喊的程度，交流更为正式，措辞小心	公共场合的人之间的距离，只有在受到邀请时方可进入，看到物体/人位于背景中；说话声音和动作有些夸张，非言语交流很重要

室内设计师根据人与人之间不同的行为需要，有的放矢地安排家具位置，在不同的私密程度中找到最佳环境的选择，令人际交往更为自然得体，恰如其分，从而促进交往，避免妨碍人际交往的情况发生。

（三）领地

如前所述，自己的居住空间被认为是可以避开日常工作压力和复杂人际关系的避风港，而且还与保护私密性的心理有关。领地是特定的一个环境。在这块领地内，人们会有某种安全感，自我认同感增强，觉得一切都是可控的。通常在居住小区范围内，由保护性边界标志来界定，使其个人化。如标记、房间标牌等。而在自己住宅内，领地的心理认同则是体现在个人物品和家具的占有感上。

家庭成员同样也应有特定的始终不受侵犯的领地。在住房条件允许的前提下，家庭成员可以要求拥有一间完整的卧室，即使在目前仍不具备条件的家庭，家庭成员也对那些属于自己的家具、衣橱、工作和学习空间拥有领地感。如果某些部分与他人共用，当然也会感到不方便。甚至在更小的空间中，一张椅子常常属于固定的人，餐桌的座位经常也是固定的。在居住空间中，如果每人都有那块相对属于自己的“地盘”，这种领属习惯则会使整个居住空间平静、稳定，使家庭成员的私密性心理得到满足。

（四）拥挤

从居住行为学角度看，人们都希望拥有属于自己的天地。然而在现实中，却常常在不情愿的条件下，被迫与别人共处于狭小的空间中。由此，给人们带来心理和生理上的压力。我们能容忍上下班高峰时段公交车和地铁里的拥挤，因为这毕竟属于暂时的过程，我们早已学会了个人空间被短时间侵犯。同时，由于人的自控能力的作用，这种心理的不适都被理性所压抑而未显现。然而经过长期积累，有可能对人的身心造成更不利的影响。若较长时间被困在拥挤的电梯无法出来，心理压力便会很快增大。常常有人在春运高峰拥挤的列车上，因环境及心理压力过大，超过了人们心理调节的临界点，导致精神崩溃，甚至跳车。由此可见，不同的距离和空间模式，必然给人带来不同的心理感受，那么涉及人与人合理距离参数的室内平面布局，便会对人们的心理发生很大的影响。

在住宅空间布置上，若一个人坐在两米长的三人沙发中间，他有可能感到不自然，不舒服。像模特一样坐在一圈人中间，也会让人产生像被困在笼中的烦躁感。而较为人性化的平面，三人沙发、双人沙发、单人沙发及脚踏等有机地组合起来，令大家的活动更灵活自由些，从而更自如地调节亲密距离或社交距离，由此便会形成和谐的空间环境气氛。

第二节　居住行为的空间秩序

居住空间设计是建立在人与居住空间相互作用基础之上的。就居住空间而言，通过对人们生活行为的分析，总结出居住空间内生活行为分类（表 2-2）。生活行为包括生理要求层面与精神需求层面。首先，抓住生活行为的基本要素以及要素之间的相互关系。其次，研究人们所具有的个性，有针对性地设计与其对应的空间。因此，优秀的居住空间设计应充分联系生活的实际与相应的空间关系，并将两者有机地联系起来。也就是说，既是设计居住空间，更是设计生活方式。

居住空间内生活行为分类表　　表 2-2

居住空间 / 行为的种类		室内空间类型												
大分类	小分类	卫浴间	厨房	储藏空间	门厅	走廊	整体浴室	卧室	书房	餐厅	起居室	起居室、餐厅	阳台	庭院
就寝	就寝							●						
	休息							●			●	●		
清洗更衣化妆	淋浴	●					●							
	洗面	●					●							
	化妆	●					●	●						
	更衣	●						●						
	修饰	●						●						
家务	育儿	●						●			●	●		
	扫除	●	●	●	●	●	●	●	●	●	●	●	●	●
	洗涤、熨衣	●											●	●
	裁缝							●		●	●	●		
	收拾、整理		●	●									●	●
	管理						●	●						
	烹调		●										●	●
饮食	就餐									●		●	●	●
	喝茶、饮酒							●		●	●	●	●	●

续表

居住空间 / 行为的种类		室内空间类型												
大分类	小分类	卫浴间	厨房	储藏空间	门厅	走廊	整体浴室	卧室	书房	餐厅	起居室	起居室、餐厅	阳台	庭院
社交	谈话									●	●	●	●	●
	会客									●	●	●		
	游戏									●	●	●	●	●
	鉴赏									●	●	●		
学习	学习、思考							●	●					
	工作（写作）							●	●					
娱乐消遣	游戏										●	●		●
	鉴赏								●	●	●	●		
	手工创作								●					
	读书报									●	●	●		
	园艺、饲养									●	●	●	●	●
移动	搬运					●							●	●
	通行					●							●	●
	出入				●								●	●

根据生活行为分类，居住空间内部活动区域可以归纳为：个人活动空间、公共活动空间、家务活动空间、辅助活动空间。它们在居住空间环境中既具有一定的独立性，彼此又有一定关联。（图 2-1）

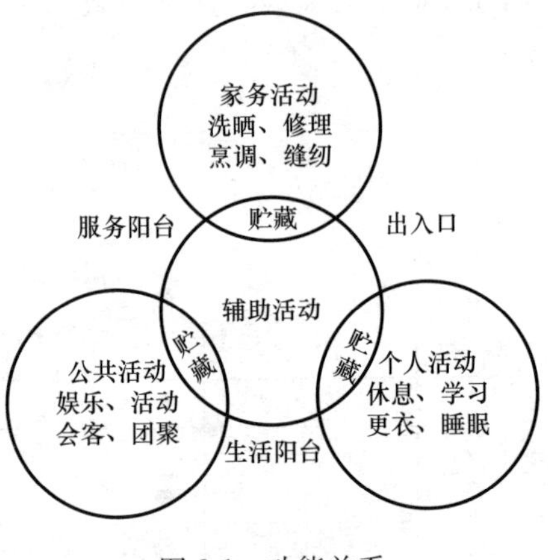

图 2-1　功能关系

一、居住空间的公共区域

家庭公共的活动场所称为群体生活区域，是供家人共享以及亲友团聚的日常活动空间。其功能不仅可适当调剂身心，陶冶情操，而且可沟通情感，增进幸福，既是全家生活聚集的中心，又是家庭与外界交际的场所，象征着合作和友善。家庭活动主要内容即：谈聚、视听、阅读、用餐、户外活动、娱乐及儿童游戏等内容。其活动规律和状态因家庭结构和家庭特点以及年龄段而各不相同。设计上可从空间功能上依据需求的不同而定义出：门厅、起居室、餐厅、游戏室、视听空间等家庭公共空间。

二、居住空间的私密区域

私密空间是家庭成员各自进行私密行为的空间。它能充分满足人的个性需求，其中有成人享受私密权利的禁地、子女健康而不被干扰的成长摇篮以及老年人安全适宜的幸福空间。设置私密空间是家庭和谐的主要基础之一，其作用是使家庭成员之间能在亲密之外保持适度的距离，从而维护各自必要的自由和尊严，消除精神负担和心理压力，获得自我表现和自由抒发的乐趣和满足，避免干扰，促进家庭的和谐。私密性空间主要包括卧室、书房和卫浴间等。卧室和卫浴间提供了个人休息、睡眠、梳妆、更衣、沐浴等活动的私密空间，其特点是针对多数人的共同需要，按个体生理与心理的差异，根据个体的爱好和品味而设计；书房和工作间是个人工作思考等突出独自行动的空间。针对个性化而设计是这类空间的特点，强调性别、年龄、性格、喜好等人性因素。目的是要创造出具有休闲性、安全性，独创性的，令家人自我平衡、自我调整、自我袒露的空间区域。

三、居住空间的操作区域

为了适应人们生活、休息、工作、娱乐等一系列的要求，需要设计一系列设施完整的空间系统来满足家务操作行为的空间，从而解决清洗、烹饪、养殖等问题。家务活动的工作场地和设施的合理设置，将给人们节省大量的时间和精力，充分享受其他方面的有益活动，使家庭生活更舒适、优美而且方便。家务活动主要以准备膳食、洗涤餐具、衣物、清洁环境等为内容，它所需的设备包括厨房操作台、洗碗机、吸尘器、洗衣机以及储存设备：冰箱、冷柜、衣橱、碗柜等。

家务操作行为中有一部分属于家庭服务行为。为一系列家务活动提供必要的空间，以使这些行为不致影响居住空间中的其他使用功能。同时，设计合理的家务操作空间有利于提高工作效率，使有关膳食调理、衣物洗熨、维护清洁等复杂事务都会在省时、省力的原则下顺利完成。而家务操作区的设计应当首先对相关行为顺序进行科学地分析，给出相应的位置，然后根据设备尺寸及操作者人体工程学的要求，设计出合理的尺度，在条件允许的前提下，使用智能科技产品，令家务操作行为成为一个舒适方便、富有美感的操作过程。

第三节　功能空间分布与组合

在居住空间中，功能区域的划分与组合是否合理直接关系到人们的生活水平和质量。现代社会中人们的生活需求是多种多样的，设计师要从分析生活行为开始入手，认真对待细节，如果做到了这一点，即使在固定了平面形状的单元户型中，也可以创造出个性化的布局。

如果从功能方面分析居住空间，便可将各种特定用途的空间排列组合起来，这就是平面布置与交通动线的处理。动线是建筑与室内设计的专业用语之一。意指人在室内室外移动的点，联系起来就成为动线。优良的动线设计在居住空间中是重要的一环，长久居住在这个室内空间的人，会产生相当复杂的动线。例如主妇进门以后走到厨房的路线就可能有好几条，如何考量动线的便捷性是需要深入设计的。设计时涉及具体的空间大小、平面面积和空间高度、空间相互之间的位置关系和高度关系，以及家庭成员的身心状况、活动需求、习惯嗜好等都是动线设计时应考虑的基本因素。往往交通动线设计好了，就大致决定了空间配置。

居住空间的动线可划分为家务流线、家人流线和访客流线。三条线不能交叉，这是理想的住宅动线关系的基本原则。如果三条动线交叉，就说明住宅的功能区域混乱，动静不分、内外不分，有限的空间会被零散分割，住宅面积被浪费，家具的布置也会受到极大的限制。三条动线的具体设计要点如下。

第一条，家务流线。家务流线是指入户门到厨房的活动路线。为了方便主人买菜后可直接进入厨房，一般都将厨房设在靠入户大门处，因此家务流线是三条流线中最短的。同时，在厨房内部，储藏柜、冰箱、水槽、炉具的顺序安排，决定了炊事操作流线。依据储存、清洗、料理这三道程序进行规划，就不会有多绕圈子浪费时间或是在忙乱中打翻碗碟的现象。除考虑个人下厨的习惯外，还应充分考虑流线形状。比如以L形流线安排设计厨房用品的摆设，会是女主人最轻松的下厨流线。一般家庭中的厨房可能较狭窄，流线通常排成一直线，即使如此，顺序不当还是会引起使用上的不便。

第二条，家人流线。家人流线主要存在于卧室、卫生间、书房等私密性较强的空间中。这种流线设计要充分满足主人的生活习惯，尊重主人的生活格调。目前流行的在卧室里面设计一个独立的卫浴间，就是家人流线要求私密的性质所决定的，为人们夜间起居提供便利。而床、梳妆台、衣柜的摆放要适当，不要形成空间死角，让人感觉无所适从。

第三条，访客流线。访客流线主要指由入户门进入客厅区域的行动路线。访客流线不应与家人流线和家务流线交叉，以免在客人拜访的时候影响家人休息或工作。客厅周边的门是保证流线合理、形成袋形空间的关键。客厅里的门太多会形成动线干扰，影响客厅里的活动，而流线作为功能分区的分隔线则可划分出主人的接待区和休息区。

居住空间布局设计上一般应体现以起居室为全家活动中心的原则，应注意合理安排起居室的位置。各功能空间应有良好的空间尺度和视觉效果，功能明确，各得其所。为保证居住的安全与舒适，各行为空间应有合理的空间关系，实现公私分离、食宿分离、动静分离，各空间之间交通顺畅，并尽量减少相互穿行干扰。合理组织各功能区的关系，合理安排设备、设施和家具，并保证稳定的布置格局。要有足够的贮藏空间，应设置室内外过渡空间，用以换衣、换鞋、放置雨具等。

从现代人和社会人的角度，居住空间的功能区域是由门厅、起居室、卧室、餐厅、厨房、卫浴间等基本空间组成，以保证一般生活的需要。另外，可以根据整套住宅面积的大小设置子女室、客房、工人房、更衣间、贮藏间、影音室、健身房等功能区域，以满足不同层次人的不同的生活需求。在设计上首先决定各个空间的位置、面积、方向等基本因素。如起居室、卧室、餐厅等区域要优先考虑设置在朝向、通风、采光都比较好的位置，同时需把握交通动线的因素，做到动静分区合理，以使各个空间的关系顺畅有序（图 2-2）。

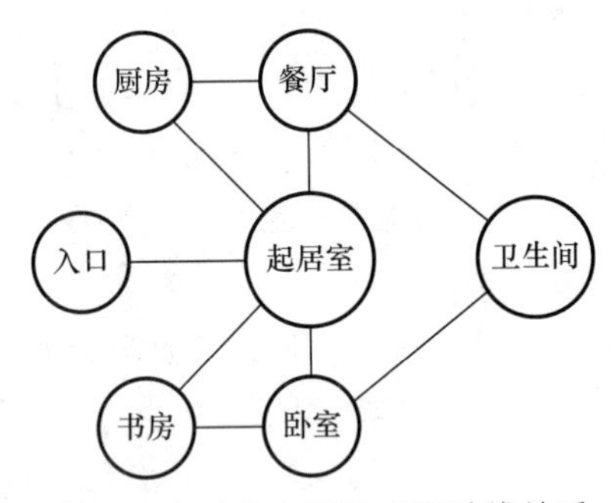

图 2-2　各功能空间的交通动线关系

思考题：

1. 环境心理学对居住空间设计中的指导意义有哪些方面？
2. 人体尺度和人体动作区域对居住空间设计有哪些要求？
3. 居住空间的功能分布与组合原则是什么？
4. 什么是交通动线？居住空间中理想的动线关系应是怎样的？

第三章　起居室设计

第一节　功能分析

起居室是居住空间中的公共区域，也是家庭活动的中心，即家庭成员团聚、畅谈、娱乐及会客的空间。起居室的概念源于西方，在我国的早期一般住宅中，起居室与客厅多是不严格区分的，其功能是综合的。起居室有时兼备用餐、学习和工作的功能，它往往还兼作套内的交通枢纽。因此，它是居住空间内活动最为集中、使用频率最高的核心空间。在设计上是整体居住空间的重点，因其人流较为集中，与其他空间的联系紧密，所以要强调动静分区，流线畅通。由于人们在起居室内活动的多样性，它的功能也就是综合性的。从图 3-1 可以看到，起居室几乎涵盖了家庭中 80％的生活内容，同时，也成为家庭与外界沟通的一座桥梁。

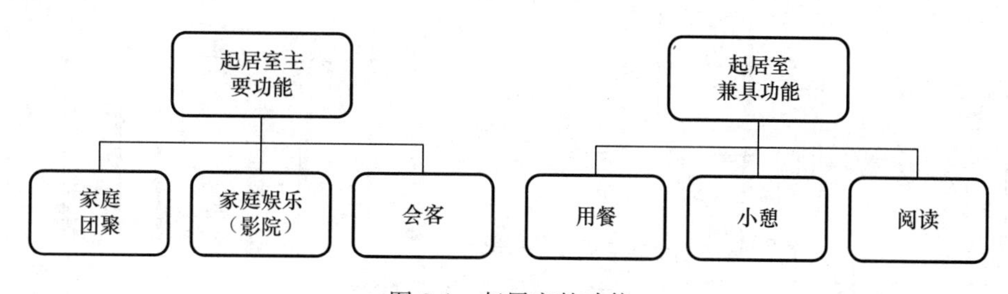

图 3-1　起居室的功能

一、会客交谈

起居室兼顾了客厅的功能，既是对外交流又是家庭成员团聚交流的场所，是一个家庭对外交流的窗口，具有核心主体地位。设计中往往通过一组沙发或座椅进行围合形成一个亲切交流的场所。在布局上要注意符合会客交谈的距离和主客位置上的要求，在形式上要创造适宜的气氛，表达出家庭的性质及主人的品位，达到对外展示的效果（图 3-2）。在西方，传统起居室是以壁炉为中心展开布置的，温暖而精美的壁炉构筑了起居室的视觉中心，而现代壁炉则成为一种纯粹的装饰（图 3-3）。我国传统住宅中会客区域是方向感较强的矩形空间，视觉中心是中堂画和八仙桌，主客双方分列八仙桌两侧。在现代家庭中空间格局要轻松随意得多，通常电视墙、电视柜、沙发和茶几取代传统的布局形式成为现代起居室的视觉中心。围绕起居室还可设置一些艺术灯具、植物、艺术陈设品调节气氛，家庭的团聚和接待客人以此为背景展开休闲、娱乐、聊天、饮茶等活动，形成一种亲切而温馨的氛围（图 3-4、图 3-5）。

图 3-2 对称式布局为起居空间营造出庄重、典雅的气氛

图 3-3 以造型简洁的壁炉为视觉中心的现代风格起居室

满足会客交谈需要的注意事项：

1. 空间必须满足人体尺度，包括一些家具的标准尺寸和净高，备有舒适的座位空间，座位和桌子一般被安排成椭圆形或圆形，避免其他人来往走动影响谈话。

2. 照明强度适中，关键区域有重点照明。柔和细腻的普通照明有助于营造亲切的气氛，而重点照明则令人精神振作。

图 3-4　由电视、沙发和茶几等围合的聚谈空间

图 3-5　以木制屏风、画框装饰为背景的聚谈空间

3. 交谈区要与门口和通往居住空间其他部分的走道隔开，宽敞的空间中可以为几个人提供一个座位组或活动中心，它一般面积要集中，额外的家具可以安排两把扶手椅，一张茶几，一盏台灯或者是一架钢琴等等。

二、阅读

在家庭各类休闲活动中，阅读占有很大的比重。轻松的阅读活动没有明确的目的性，时间安排也自在随意，因此不一定要在书房进行，也可在起居室中存在。其位置不固定，往往随光线、时间和场合而变动。如白天人们爱靠近阳光充沛的地方阅读，晚上则希望到台灯或落地灯旁阅读，因此，对于阅读区的照明和座椅以及存放书的设施设计需准确把握。具体设计要求如下：

1. 座椅要有弹性，但不要让人昏昏欲睡，给背部以及颈部和胳膊以足够的支撑。

2. 光线来自侧上方。无论是强度适当的自然光还是人工照明，通常都能照亮整个房间，把漫射光线集中在阅读材料上。虽然并非整个房间都需要强烈的光线，但除了阅读照明的光线外，其他地方也不应都处在黑暗之中。

3. 创造安静的氛围，需要不受外界干扰和家人走动的影响。柔和的音乐能舒缓地减弱家庭噪声的影响，但同时也不会分散阅读时的注意力。

4. 在阅读区附近可以增加若干台面或搁架来放置书和杂志，创造便利的阅读条件（图 3-6），甚至可以利用起居室的一个完整墙面设计成整体书柜，以提升空间的文化气质（图 3-7）。

图 3-6　带阅读功能的起居室布局

三、视听

听音乐和观赏表演是人们生活中不可缺少的部分。西方传统的居室中往往布置有钢琴，而我国传统的厅堂中常常能满足听曲看戏的需要。人们生活方式随数字化时代到来而发生着彻底变化，把剧院、电影院、音乐厅带回家的做法已经明显地改变了休闲和家庭生活的模式，尤其是网络电视机顶盒、具备蓝牙功能的立体声设备以及家庭影院，已经成为家庭娱乐的重要角色。现代视听装置的出现对家居空间室内布局提出了更加新的要求。音响设备的质量以及最终造成的室内听觉体验也是衡量室内设计成功与否的重要标准。要将它们与总体设计结合起来，需要专业的规划（图 3-8）。

图 3-7　整体式书柜为起居室提升空间品质

图 3-8　有影音设备的起居空间基本布置格局

1. 座位的要求与谈话区域要求类似，只是应放置在与屏幕中心成 30°角的扇形空间范围内，以免视觉效果变形。还可以提供搬动方便的沙发椅或转椅，提供观看的灵活性；设在地板上的靠背或垫子增大了空间的容纳量，长沙发使观者可以有多种观看姿势的选择（图 3-9）。

2. 电视机的位置与座位的安排应该满足观赏者的视线要求。屏幕的高度应该尽可能

图 3-9 视听室配置长沙发可使观者有多种观看姿势

接近观赏者眼睛的高度，观赏者眼睛与屏幕中心的夹角不要超过 15°，这样的观看视野最舒适。对于大多数成年人来讲，眼睛离地板的高度约 1.2m（坐姿）。

3. 照明亮度适中，平均照度为 100lx。光线应主要照射在观看角度之外，既不能照到屏幕上也不能照在人眼睛上产生眩光。灯具在房间里需要灵活的开关控制。屏幕周围的区域的光线应该比观看区域暗些。还要注意电视机与窗的位置关系，一般要避免逆光以及自然光在屏幕上形成的反光，这些对视频体验会产生负面影响。

4. 音视频环境的布置涉及多媒体设备及基础声学理论。其中音视频信号源的质量、解码质量、放大解析度、音箱的布局、声场环境的处理都会对音质有影响。音箱的布局对于音质有显著的影响。音箱的布置要形成声学上的动态和立体效果，应该按照杜比实验室建议的方式安装（图 3-9）。书架音箱不能放在地板上，也不能高于听者坐着时耳朵的高度。低音炮放在角落里或靠近角落或与墙和地板接近都会增强低音效果。不要把音箱放在厚帘子或带软垫的大件家具后面，因为这些物体会吸收音箱发出的高频声音。当布置只有两个音箱的 HiFi 环境时，把它们放在房间较短的墙一侧，两个音箱和听者之间构成 60°等边三角形关系，这样声音最和谐，音频的保真度也是相对高的。在音箱与听音区域铺设一层地毯，以减少声音的过度反射，令声音温暖和谐。

5. 音视频环境的装修材料要根据音响效果来选择。反射声音的材料（如石材和玻璃）属于声音反射型或"弹性"材料；吸收声音的材料（如厚布料、加软垫的家具、地毯、书籍、软木等）属于声音吸收型或"无弹性"材料。弹性材料过多，声音的放大和反射会非常刺耳；相反，无弹性材料太多，会有损音色的丰满逼真。要达到最好的视听体验，应该将弹性材料用在无弹性材料的对面。

四、娱乐

起居室中的娱乐活动主要包括棋牌、卡拉 OK、演奏、游戏机等休闲活动。根据主人的不同爱好，应当在布局中考虑到娱乐区域的划分，根据每一种娱乐项目的特点，以不同的家具布置和设施来满足娱乐功能要求。如卡拉 OK 可以根据实际情况单独设置，也可以和会客区域结合考虑，使空间兼具多种功能。而棋牌活动则需要设置专门的桌椅，照明也要满足 300lx 的照度要求，根据实际情况可以处理成为和餐桌、椅相结合的形式（图 3-10）。游戏的情况较为复杂，一般如果是围绕电视机进行的，交流空间可以兼作游戏空间。规模较大的娱乐如跳舞、台球、健身等活动则需要划分出较大的区域。设计还需注意控制噪声、满足照明要求并提供足够的储藏空间。

图 3-10　棋牌娱乐活动需要设置专门的桌椅

第二节　设计要点

起居室是家庭群体生活的主要活动空间，应该充分利用自然条件、现有住宅元素以及环境设备等人为因素加以综合考虑，以保障家庭成员各种活动的需要。人为因素方面包括合理的照明方式、良好的隔声处理，适宜的温度、湿度，充分的储藏空间、舒适的家具等等。各个活动设备必须设在正确有利的空间位置，建立自然顺畅的连接关系。在视觉上，起居室的形式要体现家庭个性，充分发挥“窗口”的作用。

一、空间布局要求

（一）主次分明，相对独立

根据功能分析，起居室是一个家庭的核心，可以容纳多种活动，形成若干区域，但是众多活动区域中必然是以一个区域为主的，以此形成起居室的空间核心地位。在起居室中通常以聚谈、会客空间为主体，辅助以其他区域而形成主次分明的空间布局。而聚谈、会客空间的形式通常是通过沙发、座椅、茶几、电视柜等围合形成。沙发的布置可有“一”形、“L”形、“U”形等多种围合方式，常见的沙发组合有“1＋2＋3”形式，既正面摆放三位沙发，两个侧面各摆放双位沙发和单位沙发，取得多样的组合变化。还可以运用装饰风格一致的地毯、灯具以及顶棚造型进行呼应来强化空间的中心地位（图 3-11～图 3-14）。

图 3-11　自由的围合方式使居住氛围更加轻松、舒适

图 3-12　对称式的起居室布局

在现实中，起居室往往直接与门厅相连，有些因设计不当，形成在门开启同时，使人对起居室内的活动一目了然，严重地破坏了居住的“私密性”、“安全感”和“稳定感”。起居室与餐厅共用一个空间时，客人的来访也会对家庭生活有较大影响，使人心理上产生不适。因此在空间布局时，必须采取一定的措施进行空间分隔来有效地阻挡外来人的视线，形成相对独立的起居室空间。如在户门与起居室之间，起居室与餐厅之间设置屏风、家具等隔断形式（图 3-15）。尤其像屏风这样的形式既起到装饰的作用，又能通过移动或调整其位置，把空间灵活分隔成为大小适宜的区域，使空间隔而不断，当不需要时还能折叠起来靠在墙边。屏风的样式品种繁多，选择透光性较好的材质还可以满足采光的需要。当其他房间的门与起居室相对时，可以转变门的角度或凹入，以增加隐蔽感来满足人们的心理需求。

（二）平面形态与交通路线

居住空间的平面形式往往影响起居室的布局形态。通常矩形的平面是最容易布置家具的平面形式，在此前提下适当面积和比例的空间即能提供多样的布局可能性。L 形的平面（即有两个呈 L 形的实体墙面）是比较开敞的布局方式，可以通过地面高差的条件，隔断

图 3-13　家具的布局方式满足了人们的聚谈需要，强化了交谈的氛围

图 3-14　中轴对称式的布局使会客空间更加庄重、大气

图 3-15　利用家具划分空间，使空间隔而不断

和顶棚造型等方法划分出起居室的不同功能区域，从而在开放的空间中对不同功能领域有所限定（图 3-16、图 3-17）。正方形起居室不宜于家具的布置，而正多边形、圆形等形状因为平面本身具有强烈的向心性，因而在室内设计中和家具布局上容易形成中心感。不规则的平面形状（比如局部是弧形的矩形平面），则可能造就比较活跃的空间气氛。

图 3-16　错层式住宅内，会客区域与用餐区域利用地面高差加以区分

图 3-17　利用“电视墙”将大空间划分出了两个不同功能区域

作为居住空间的中心，起居室是交通体系的枢纽，它通常与门厅、过道以及各房间相联系。一般设计多采用穿套形式。如果设计不当就会造成过多的斜穿流线，增加空间动态干扰，使起居室的空间完整性和独立性受到极大的破坏。因此设计时，尤其在空间布局上一定要注意对动线的研究，尽量避免人流的斜穿，避免造成长而复杂的室内交通路线。解决的方法需因地制宜，如调整户门的位置，或利用家具或软隔断等进行巧妙的围合和分隔空间，以保证区域空间的完整性。

（三）通风防尘

要保持良好的室内环境质量必须提供整洁干净、空气清新、有益人体健康的室内环境。驱除异味、花粉、灰尘及烟雾等对室内空气的污染，保证空气流通是必要手段。良好的通风需要机械通风与自然通风共同完成。在炎热的夏天或通风条件差的空间，必须利用机械通风来保持室内温度，机械通风能够对自然通风的不足进行补偿，同时要注意因家具布置不当而形成的死角对空调功效产生的不良影响。起居室不仅是交通枢纽，而且是室内组织自然通风的中枢，不可因隔断、屏风的设置影响起居室内空气的流通，一般只要在视线上遮挡而不隔死就不会影响通风。

防尘也是保持室内清洁的重要措施。由于起居室直接联系入户门，具有门厅功能，同时又直接通向卧室，还兼有过道功能，因此在起居室与入户门之间要采取必要防尘措施，提高门窗的密封度，还可通过设置脚垫等，增加过渡空间。

二、装饰装修设计

（一）空间界面的装饰

（1）顶棚

起居室的顶棚受住宅建筑层高的限制，一般低于 3m 的空间不宜设置吊顶及灯槽，以简洁大方为主，必要时可以考虑局部吊顶的形式。当然，在层高不受限制的情况下，吊顶能为顶棚带来更多的趣味。顶棚的处理形式如下。

吊平顶：可以使屋顶显得更生动，这样的顶棚可以非常方便地安装隐蔽的照明设备，以提供柔和的灯光效果，它们还能将空间划分为不同的区域。例如起居室与餐厅的吊顶处理成不同的高度，突出空间的对比效果。穹隆顶是墙面与顶棚用曲面或斜面相连的顶棚形式，典型的有圆顶和拱形顶，其可以提升空间的环绕感；

格子平顶：大多由矩形或方形框架和镶在其中的矿棉吸音板组成，需注意的是若层高不足会带来一定的空间压抑感；

单坡屋顶：能够提供良好的声音效果，并能将人的注意力吸引到空间较高的部位，这个部位往往要装饰得生动一些；

双坡顶或尖顶：这种顶棚一般常见于复式别墅的空间中，它能使起居室空间显得气派而生动。如果横梁露在顶棚的话，可以引导视线。例如，斜顶上从房屋一端纵向延伸到另一端的横梁可以突出空间的宽度而降低空间的视觉高度。而顺着倾斜顶棚方向的大梁可以有效地突出空间的高度。四坡顶或复折式屋顶可以有四个斜面顶，向心感强；

雕塑形顶棚：其表现形式有很多，比如用裸露的木材和钢筋构造构成一种发散式的顶棚装饰，展现了结构的美感。西班牙建筑师安东尼奥·高迪设计的巴塞罗那米拉公寓具有其浓烈而独特的个人风格，居住空间内的顶棚与墙体保持统一的彩色，顶棚采用浅浮雕的形式处理得非常含蓄又富有装饰感（图 3-18）。

图 3-18　米拉公寓起居室空间——高迪设计

（2）地面

地面材质选择品种丰富，如地毯、陶瓷地砖、石材、木地板、塑胶地板等等，其肌理和色彩选择要与空间整体色调风格相协调，针对不同区域可以采用不同材质搭配取得对比效果。值得注意的是铺设柔软的地毯能带来温暖、安静的感受，但要考虑到清洁的方便，故一般不适合在起居室大面积使用（图 3-19～图 3-21）。

图 3-19　带有完整图案的地毯能够强化空间的中心地位

图 3-20　地毯图案的选择要与空间整体色调风格相协调

图 3-21　局部铺设地毯能够打破地砖的材质生硬感

（3）墙面

墙面是起居室装饰中的重点部位，它决定了整个空间的风格。现代居室中对墙面的装饰可以从主人兴趣、爱好、品位出发，体现不同家庭的风格特点与个性。首先应从整体入手综合考虑门窗的位置、色彩的搭配、风格的统一等问题。墙面作为空间的背景，装饰手法不能过于繁琐，应以简洁为主，色调最好采用明度高的色彩，使空间显得明亮开敞。在此基础上，应该注意对一个主要墙面进行重点装饰以形成视线中心。西方传统起居室是以壁炉为视觉中心的主要墙面进行重点装饰，同时壁炉上摆放瓷器、相框、小雕塑等工艺品，壁炉上方悬挂绘画或浮雕、兽头、刀剑、盾牌等进行装饰，有的在墙面上做出造型（图 3-22）。而我国传统民居中是以正屋一进门的北立面作为装饰中心，悬挂中堂、字画、对联、匾额，有些还做出各种落地罩、隔扇或设立屏风等进行装饰以强调庄重的气氛。现代居室中通常以电视墙作为装饰中心（图 3-23、图 3-24），也可以设置壁龛，悬挂绘画、书法，摆放艺术品，或利用构成手法形成肌理对比来取得丰富的视觉效果。总之，设计时要从每个家庭的特殊性出发，发挥创意，形成最好的装饰效果（图 3-25～图 3-27）。

（二）陈设品装饰

陈设品装饰能够更好地表现空间的文化性与个性，是对空间魅力的提升。从传统到现代居室空间中都非常注重陈设品装饰。在欧式风格中，陈设以雕塑、金银、油画等为主；在中式风格中，陈设以瓷器、扇、字画、盆景等为主。古典风格的起居室中，陈设艺术品讲究精美细腻、形态比例典雅，如写实的油画，精巧的餐具、烛台，华丽的水晶吊灯等，而现代起居室中陈设艺术品则追求语言简练、抽象、对比、夸张。

陈设品品种丰富，大致分类如下。装饰织物包括小地毯、窗帘、陈设覆盖织物、靠垫、壁挂、顶棚织物、织物屏风等。织物柔软、触感舒适，能够有效地柔化空间。织物在

图 3-22　以壁炉为视觉中心的墙面装饰

图 3-23　现代起居室一般以电视背景墙作为装饰重点

图 3-24 电视背景墙面利用材质、色块对比营造出简约大气的现代感

空间中的覆盖面大，决定室内的气氛、格调、意境等。如带有完整图案的地毯可以划分出会客聚谈的区域，壁毯能在墙面上形成视觉中心使人产生无穷想象，沙发靠垫能调节空间整体色调的节奏感。起居室中陈设艺术品还包括：灯具、家具、动物标本、壁画、字画、油画、钟表、陶瓷、现代工艺品、古玩、青铜器、书籍以及一切可以用来装饰的材料如石头、铁艺、彩绘等等。

图 3-25 起居室的墙面装饰利用重复构成形成节奏感

图 3-26　利用组画进行墙面装饰可以减少墙面构图的机械感

图 3-27　起居室的墙面处理可以利用材质对比形成丰富的视觉效果

总之，对于陈设艺术品的选择注意要与室内整体色调、风格相协调一致，否则会产生凌乱的感觉。摆放时要从视觉需要出发，结合空间形态，遵循统一变化原则合理配置（图 3-28～图 3-31）。

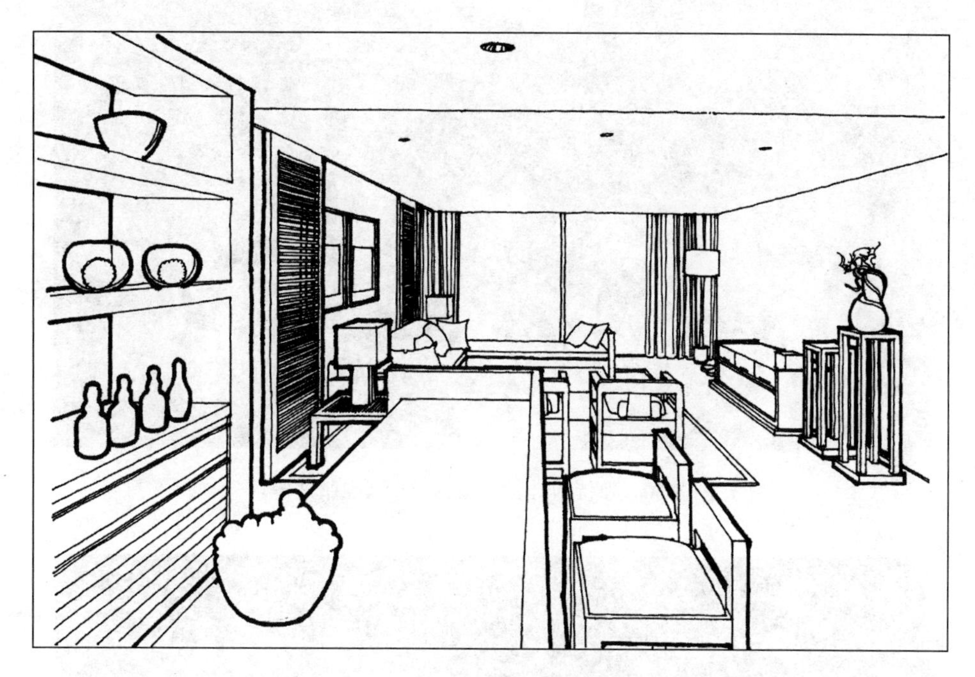

图 3-28　起居室空间的装饰与陈设

图 3-29　唐纳德·沙伯格住宅——赖特设计

图 3-30　独特的灯具造型成为空间点睛之笔

图 3-31　陈设品要与室内整体色调、风格相协调一致

（三）采光与照明要求

起居室功能较复杂，既是家庭成员的活动中心，又是接待客人的交际场所，环境气氛具有外向性。光环境应明朗、高雅、轻松，给人留下深刻印象。根据起居室的特点，一般采用整体照明与局部照明相结合的方式，布置灯具既要考虑到不同用途的照明要求，又要配合居室整体装饰效果，注重灯具的装饰性。主光源可采用节能型日光灯，由于裸露的光源容易产生直接眩光，而且光线比较简单，可以配以乳白色透明玻璃灯罩，或者采用二次

反射的间接照明。

要力求在起居室中营造宽松的照明氛围，与其使房间整体明亮，倒不如突出强调的部分，使周围与视觉作业面有明暗的对比。因此墙壁照明比顶棚板照明更重要，选用偏暖的白炽灯光可以营造与环境相和谐的气氛。照明的配置要符合活动区的特点而富有变化，如会客时，光线应明亮、柔和，可采用散射式灯槽和整体照明；看电视时，可利用座位后面设置的落地灯提供微弱的光线；听音乐时，可采用二次反射的间接照明，也可使用壁灯；阅读时，可使用台灯的光源等等。

此外，由于起居室在家居空间中的重要性，还要保证良好的自然采光。值得注意的是，很多情况下，直接自然采光并不是获得自然光线的最后及最佳效果，而应对其进行修正、调节改变其方向或者从其他方面进行控制。例如，直射的阳光由于与室内的昏暗产生过于强烈的对比而可能引起热量过多和刺眼的效果，会令人感到不适。为了使光线在空间内的分布更为均匀，窗帘遮阳功能十分重要。另外，还要尽可能选择室外景观良好的位置，这样不仅可以享受大自然的美景，更能舒展人的视觉空间效果（图 3-32）。

图 3-32　起居室应保证良好的自然采光

思考题：

1. 起居室的功能有哪些？起居室的空间布局特点有哪些？
2. 东西方传统的起居室布局和装饰各有什么特点？
3. 起居室的布局原则和方法是什么？
4. 起居室的色彩和照明设计应从哪些方面考虑？

第四章　餐 厅 设 计

第一节　功 能 分 析

餐厅是家人日常进餐的主要场所，也是宴请亲友的活动空间。因其功能的重要性，每套居住空间都应设独立的进餐空间。餐厅的开放或封闭程度在很大程度上是由可用房间的数量和家庭的生活方式决定的（图 4-1）。

餐厅的设置方式主要有三种：独立餐室、客厅兼餐室和厨房兼餐室。当餐厅处于一个闭合空间之内，为创造出适宜的就餐气氛，其表现形式便可自由发挥，然而完全隔离的餐厅在空间灵活性上较差；如果是开放型布局，应与其共处的相关区域保持设计风格上的统一（图 4-2）。若空间条件不具备时，也应在起居室或厨房设置一个开放式或半独立的用餐区位。我们通常所见的客厅兼餐室就是起居室与餐厅共用一个空间的形式，中间可以采用柱子、矮柜或隔断等构件作区域上的划分（图 4-3～图 4-5）。

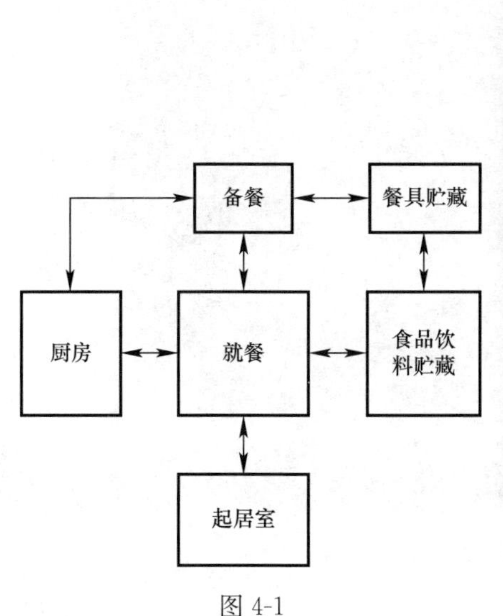

图 4-1

图 4-2　餐厅与客厅利用柱子划分功能区域但设计风格一致

图 4-3　就餐与会客区域运用吊顶的手法加以二次划分

图 4-4　就餐与会客区域运用暗藏灯带的手法进行划分

图 4-5　餐厅与客厅利用地面高差变化和柱子划分功能区域

餐厅的位置设在厨房与起居室之间是最合理的，这样可以使交通路线便捷，便于上菜和收拾整理餐具。餐厅与厨房设在同一空间时，只需要在空间布置上具有各自独立性就可以，不必做硬性的分隔（图 4-6）。

图 4-6　开放式厨房的餐厅与厨房共处一个空间，但空间布置各具独立性

第二节　设 计 要 点

（一）空间界面设计

1. 顶棚

餐厅的顶棚设计通常采取对称形式，并且富于变化。无论中餐还是西餐，无论圆桌还是方桌，就餐者总是围绕餐桌就座，形成了一个无形的中心空间环境。因此，顶棚的几何中心所对应的位置正是餐桌（图 4-7）。顶棚的造型也可以是非对称的自由形式，构图无论是对称还是非对称，其几何中心都应形成整个餐厅的中轴，这样有利于强调空间的秩序感（图 4-8）。由于人的就餐活动所需的空间不用很高，可以借助特殊的吊顶来丰富餐厅空间的视觉形态（图 4-9）。顶棚的形态与照明形式决定了整个就餐环境的氛围。顶棚的形态除了照明功能以外，主要是为了创造就餐的环境气氛，因此除了灯具本身的装饰以外，还可以悬挂一些垂幔装饰物进行装饰。

图 4-7　顶棚造型的几何中心应与餐桌相呼应

2. 地面

餐厅的地面处理因其功能的特殊性，应考虑便于清洁，同时还需要有一定的防水和防油污特性。可选择大理石、釉面砖、复合地板及实木地板等，做法上要考虑污渍不易附着于构造缝之内。地面的图案可与顶棚相呼应，均衡的、对称的、不规则的均可根据具体的情况加以灵活的设计。当然在地面材料的选择和图案的样式上需要考虑与空间整体的协调统一。

图 4-8　顶棚造型的几何中心与餐厅的中轴一致有利于强化空间的完整性和秩序感

3. 墙面

对墙面的装饰处理关系到空间整体的协调性，应该根据空间使用性质、所处位置及个人品位，运用现代科学技术、文化手段和艺术手法来创造舒适美观、轻松活泼、赏心悦目的空间环境，以满足人们的聚合心理（图 4-10、图 4-11）。

餐厅墙面的装饰手法很多，可以因地制宜加以采用。除了在墙面上挂装饰画或制作艺术壁龛的手法以外，对于面积小的餐厅空间可以在墙面上整体或局部安装镜面以增大视觉空间效果。出于凸显餐厅的个性的考虑还可以在墙面的材质上，利用不同肌理、质地的变化形成对比效果，如天然的木纹体现自然原始的气息、金属与皮革的搭配强调时尚的现代感、拉毛的或带规则纹理的水泥墙面表达出朴素的情感，只要富有创意，装饰的手法可以十分多样（图 4-12～图 4-14）。

图 4-9　借助木格栅吊顶丰富餐厅的视觉形态

图 4-10　餐厅的墙面装饰处理应考虑空间整体的协调性

图 4-11　装饰画成为餐厅墙面的视觉焦点

图 4-12　餐厅墙面利用中国汉字作为装饰元素

图 4-13　现代简约风格的餐厅墙面处理

图 4-14　墙上局部安装镜面玻璃可增大视觉空间效果

（二）照明与色彩要求

人们用餐时往往非常强调幽雅环境的气氛营造，设计时更要注重灯光的调节以及色彩的运用。在照明方式上，一般采用自然采光和人工照明结合。在人工照明的处理上，顶部的吊灯作为主光源构成了视觉中心。餐厅宜采用高显色性的照明光源，而不要采用彩色光源。以免改变食物自然的颜色。为了凸显烹饪的美味，一般主光源以 2700k 暖色光为佳，三基色荧光灯因优越的显色性也是不错的选择。吊灯的大小是长方形餐桌长度的 1/3 左右（圆形餐桌大约是直径的一半）。若 6～8 人使用的餐桌，可以选用 2～3 盏小型灯具，这样有利于视觉平衡（图 4-15）。注意当采用枝形吊灯或其他吊灯时，其高度不能太低，照度需达 150lx，以免影响目光交流或整理及铺设桌子时的活动空间（图 4-16）。

图 4-15　长方形餐桌可选择几盏灯具进行照明，有利于视觉平衡

餐桌上方不仅可以采用吊灯形式的主光源，在空间允许的前提下，还可以在主光源周围布设一些低照度的辅助灯具或灯槽，以丰富光线的层次，营造轻松愉快的用餐氛围（图 4-17）。这些散射光能减弱直接向下的照射主光源带来的刺眼感和进餐时脸上令人不舒服的阴影。另外，采用自下而上柔和的光线，如蜡烛光源或者从桌子上面反射的光线也是营造用餐氛围的上佳选择。

色彩对人们在就餐时的心理作用较大，色彩运用得恰当可以刺激人的食欲，若运用得不当则会产生负面效果。根据分析统计，橙色以及同色相的颜色是餐厅最适宜的色彩，不仅能带给人温馨的感觉，更能提高就餐者的兴致，促进人们之间的情感交流，活跃就餐气氛。因此，餐厅色彩不要过于沉重，应以轻松明朗的色调为主，并注意整体色彩的搭配。当然人们对色彩的认识和感知并不是一成不变的，人在不同的季节、不同心理状态下对同一种色彩都会产生不同的反应，这时我们可以利用其他手段来进行调整。如通过灯光的变

图 4-16　餐桌上方吊灯不能过低，应保持适当高度

图 4-17　主光源周围布设暗藏灯槽和筒灯能够形成丰富的照明层次

化、餐巾餐具的变化、装饰花卉的变化、窗帘的变化等等来加以调节。

（三）家具配置与尺度要求

在家具配置上，餐桌与餐椅是必不可少的，除根据家庭日常进餐人数来确定外，还要考虑宴请宾客的需要。根据用餐区域的大小与形状及用餐习惯，应选择尺度适宜的家具。在面积不足的情况下，可以采用折叠式桌椅，以增强在使用上的机动性。形式上一般采用长方形、正方形、圆形或椭圆形的餐桌，在空间有限的地方，圆形或椭圆形的桌子比相同外径的方桌或长桌更便于多人就座，空间会显更大一些。餐椅的造型与色彩要与餐桌相协调，并与整个餐厅格调一致。餐厅家具更要注意风格处理，显现天然纹理的原木餐桌椅子，透着自然淳朴的气息；金属电镀配以人造革或织物的钢管家具，线条优雅，具有时代感，突出表现质地对比效果；高档深色硬包镶家具显得典雅、气韵深沉，蕴涵东方情调等。餐厅中还要配置相应的餐柜或酒柜以供存放或陈列餐具、酒具、饮料、餐巾纸等就餐辅助用品。另外，还可以考虑设置临时存放食品用具的空间。考虑整体布局时，通常将桌子放在正中间，餐柜或酒柜靠着墙的角落摆放（图 4-18）。

图 4-18　空间布局时，应将餐桌放在正中间，餐柜或酒柜靠墙摆放

1. 餐桌尺寸

（1）方桌

760mm×760mm 的方桌和 1070mm×760mm 的长方形桌是常用的餐桌尺寸。如果椅子可以伸入桌底，即使是很小的角落也可以放一张六人座位的餐桌，用餐时只需将餐桌拉出一些即可。760mm 的餐桌宽度是标准尺寸，最小也不宜小于 700mm，否则，人在对坐时会因餐桌太窄而互相触碰到。餐桌的高度一般为 730～760mm，搭配 415mm 高度的座椅。

（2）圆桌

在一般中小型居住空间中，如采用直径 1200mm 的餐桌会显得过大，可采用直径

1140mm 的圆桌，同样可坐 8～9 人，但空间就开敞很多。如果采用直径约 900mm 的餐桌，虽然也可坐多人，但不宜摆放过多椅子，这种尺度可在需要时使用折叠椅。

（3）开合桌

开合桌又称伸展式餐桌，在特殊需要时，可以由一张 900mm 方桌或直径 1050mm 圆桌伸展变成 1350～1700mm 的长桌或椭圆桌。

2. 餐椅尺寸

餐椅太高或太低，吃饭时都会使人感到不舒适，餐椅高度一般以 410mm 左右为宜。

除了家具本身的尺寸以外，还要注意留出每个人所需的就餐空间。其相关尺度可见图 4-19、图 4-20 所示。

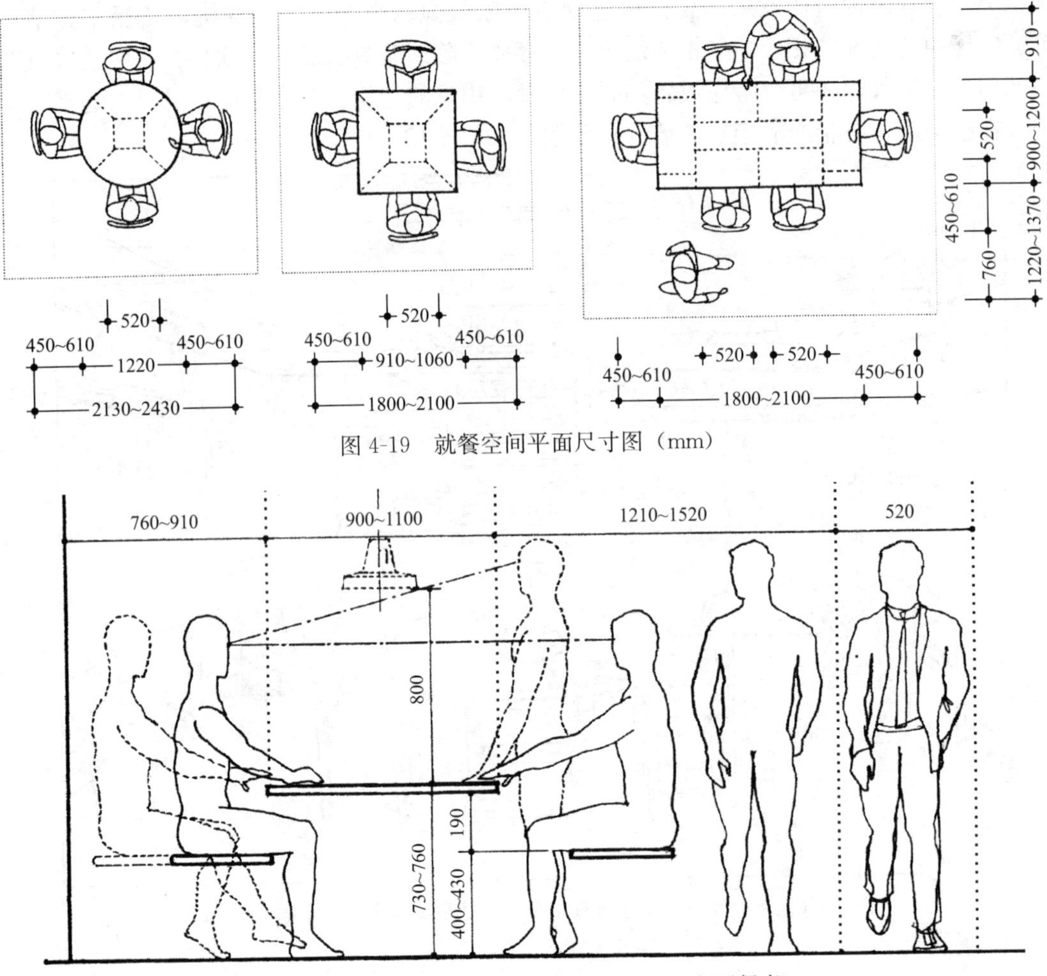

图 4-19　就餐空间平面尺寸图（mm）

图 4-20　就餐空间立面尺寸图（mm）（6 人西餐桌）

思考题：

1. 餐厅的功能和平面布置原则是什么？
2. 餐厅的家具布置合理性应包含哪些因素？
3. 餐厅的色彩设计应如何考虑？
4. 餐厅的照明设计应注重哪些方面？

第五章　卧 室 设 计

第一节　功能分析

从古至今休息和睡眠是人类的基本需求之一。原始人在能抵挡住恶劣天气影响的地方，在地面铺上一堆树叶或杂草席地而睡，千百年来随着人类进步，满足这一需求的方式日趋完善。当可以栖身的房屋出现以后，出现了为睡眠专门留出的空间。然而，将某个空间固定作为卧室的观念还是逐渐形成的。人们开始认为床的功能不仅仅限于实用，还可以利用枕头、被子、窗帘和顶棚等来寻求卧室的舒适、保暖甚至私密性。现代人更加注重在卧室空间里享受的愉悦、轻松、宜人的感受，对卧室的空间模式提出了越来越高的要求。除了强调其私密性外，卧室的配套设施及空间规模也在不断提高与扩展，卧室的种类也在不断细化，如主卧室、次卧室、老年人房间及以客房等功能对室内设计提出了更高的要求。卧室的设计要求从色彩、照明、家具布置、装修材料、艺术陈设等多方面入手，使不同性质的卧室空间表现其应有的定位关系、形态和特征。

卧室是确保不受他人妨碍的私密性空间。一方面，要使人们能安静地休息和睡眠，还要减轻铺床、整理等家务劳动，更要确保生活私密性，另一方面，要合乎休闲、工作、梳妆及卫生保健等综合要求。因此，除了睡眠以外，卧室实际兼具休闲、阅读、梳妆、盥洗、贮藏等综合功能（图 5-1）。

图 5-1　卧室中除睡眠外，可兼设有供梳妆、盥洗、储藏、更衣等功能的空间

第二节　设 计 要 点

（一）空间布局

根据卧室的功能分析，卧室的空间构成一般包括睡眠区、梳妆区、储藏区以及阅读区等，这些功能区既有分隔又有联系，共同构成一个完整的私密性空间。为了保证卧室休息、睡眠功能的实现，合理的室内空间组织，界面处理和陈设布置就显得极其重要。卧室空间完备的功能应该包括以下三个区域。

1. 睡眠区

睡眠是人们生活和生存所必需的活动内容之一。人的生命中有三分之一的时间是在床上度过的，而卧室最根本最重要的功能就是供人们睡眠和休息。因此卧室的平面布置一般是以床为中心的。床有单人床、双人床、特大床等，可以根据空间的大小来合理选择适用的类型，其尺寸如表 5-1 所示。图 5-2 表示的是由床的布局决定卧室必需的空间尺度。

各类床的规格和型号（单位：mm）　　　　**表 5-1**

<table>
<tr><th rowspan="2">型号</th><th colspan="3">双人床</th><th colspan="3">单人床</th><th colspan="3">小儿床</th><th colspan="3">双层床</th></tr>
<tr><th>长</th><th>宽</th><th>高</th><th>长</th><th>宽</th><th>高</th><th>长</th><th>宽</th><th>高</th><th>长</th><th>宽</th><th>高</th></tr>
<tr><td>大</td><td>2000</td><td>2000</td><td>480</td><td>2000</td><td>1200</td><td>480</td><td>1250</td><td>700</td><td>1100</td><td rowspan="3">1850～
2000</td><td rowspan="3">700～
900</td><td rowspan="3">420</td></tr>
<tr><td>中</td><td>2000</td><td>1800</td><td>440</td><td>2000</td><td>1000</td><td>440</td><td rowspan="2">1000</td><td rowspan="2">550</td><td rowspan="2">900</td></tr>
<tr><td>小</td><td>1920</td><td>1500</td><td>420</td><td>1920</td><td>900</td><td>420</td></tr>
</table>

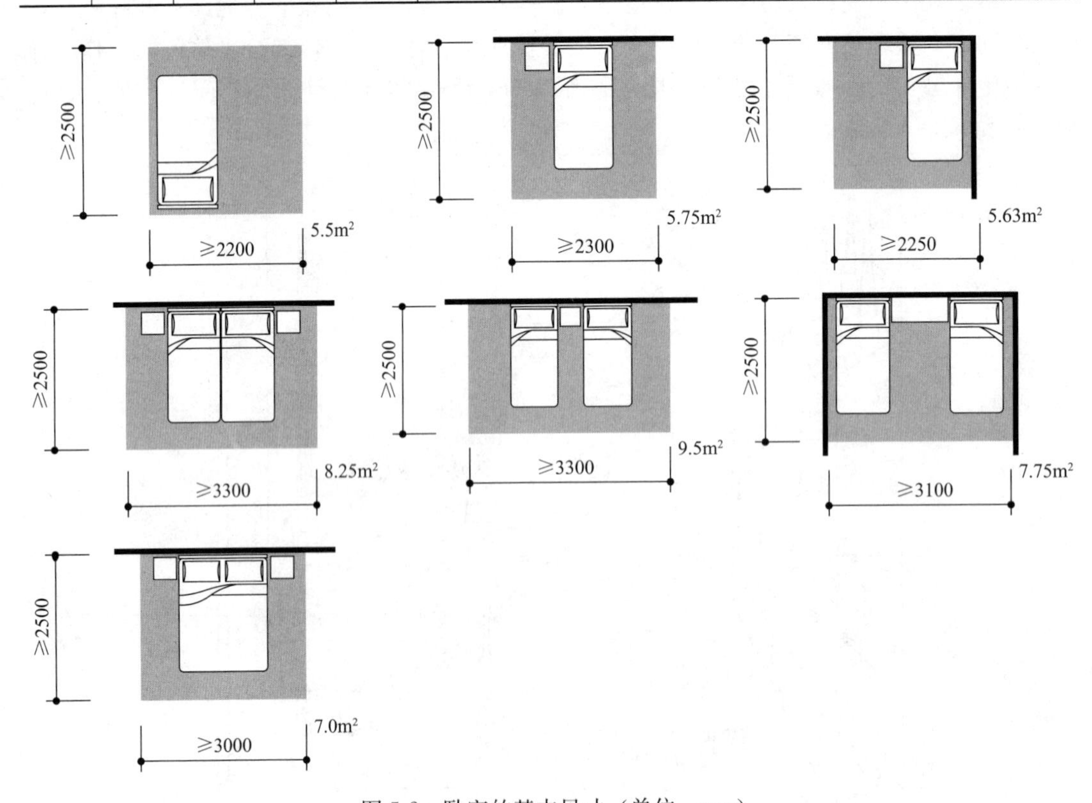

图 5-2　卧室的基本尺寸（单位：mm）

2. 休息梳妆区

以休息椅、床头柜、梳妆台为代表的休息、梳妆区，在条件允许时还可以放置沙发、电视柜及其他陈设小品。

3. 生活用品储藏区

卧室中用于储藏的用品一般是服装、被褥等，因此常见的形式一般是采用衣柜或衣橱存放，还可以设置独立的衣帽间供储藏和更衣之用。

以上三个区域的组织一般以睡眠区作为核心。首先考虑活动面积和保证私密性，切忌把床放在房中心或正对着门口。与床紧密相连系的是床头柜。在床上休息或阅读等活动是一部分人的习惯，因此有各种方式的设计，并常成为卧室内的重点。睡眠区位置决定之后，梳妆区和储藏区也就明确了。休息座位和梳妆台常设置在靠窗的明亮区，床的对面设置电视柜。在靠近门的一侧常为储藏区，布置衣橱。卧室家具的摆放应尽可能沿着墙体布置，给卧室中心留有足够的活动余地，并使睡眠区域相对安静（图 5-3）。

图 5-3　以床为中心的卧室布局

（二）装饰与陈设设计

卧室的地面要给人以柔软、温暖和舒适的感觉，所以不宜考虑选用冰冷、生硬的材质。以铺设木地板及地毯为宜，有时也可以在木地面基础上配置局部的地毯，这样既丰富地面材料的质感、色彩，同时又可以起到空间限定作用。卧室的顶棚、墙面均采用吸声性能较好的装修材料，一般采用壁纸、壁布、乳胶漆或局部的木饰等。墙面的装饰处理应尽量简洁，可以选择一个主要墙面加以重点设计（图 5-4～图 5-7）。在色彩上强调宁静和温馨的色调，以有利于营造良好的休息气氛，一般以蓝色调系列、粉色和米色调系列居多。

图 5-4　卧室墙面的装饰应尽量简洁，可以选择一个主要墙面加以重点设计

卧室的陈设主要包括窗帘、床上用品、灯具、适当的壁饰工艺品和绿化，对窗帘和床上用品（床单、床罩、枕套、靠枕），强调协调和配套，在色彩上和图案上遵循大协调小对比的原则。陈设品作为卧室中最重要的元素对卧室的装饰起着较大作用。壁饰包括画

图 5-5　以中式窗棂进行墙面装饰，赋予卧室一定的文化气息

图 5-6　卧室的主墙面利用布幔装饰形成视觉中心

图 5-7　运用带图案的壁纸作为卧室墙面装饰，并以框架限定空间

框、雕刻、壁毯等，对卧室的风格情调的形成起着画龙点睛的作用，因此要少而精，以品质为重（图 5-8、图 5-9）。

（三）照明设计

睡眠本来是不需要照明的，但值得一提的是，人们往往在睡觉以外的卧室活动中需要照明，所以卧室中采用局部或间接照明确保各类活动的进行（图 5-10）。在墙上设置壁灯或顶棚采用吸顶灯。床头柜最好放置伞形台灯满足床上阅读的需要（图 5-11、图 5-12）。对需要更加明亮照明的人来说，用聚光型筒灯或将配有反射罩的台灯放置在床边时，会让阅读的光线更加明亮。阅读照明的照度应保持 150lx。必须注意的是，无论采用哪一种照明，过分明亮都会妨碍睡眠，所以卧室整体照明要尽可能暗一些，整体照明的照度应保持 75lx。灯光要求亲切、温馨、柔和，在灯具的造型上强调与卧室的风格相协调（图 5-13）。

图 5-8　卧室装饰与陈设应少而精，以品质为重

图 5-9　卧室装饰与陈设对整体风格情调起到画龙点睛的作用

（四）卧室的类型

卧室的设计根据使用者的不同，要有针对性地进行分析，以下是卧室的几种主要类型及设计要求。

1. 主卧室

主卧室是住宅主人私人生活的空间，不仅要满足主人情感与志趣上的共同理想，而且也必须顾及主人的个性需求，要求有高度的私密感和安定感。在功能上，一方面要满足休

图 5-10　卧室照明一般不需要特别高的照度，因此可以考虑间接照明或局部照明

图 5-11　床头柜对称放置伞形台灯可满足床上阅读的需要

图 5-12　卧室常见的照明方式

图 5-13　卧室中选择灯具的造型应与整体风格相协调

息和睡眠等要求，另一方面，它必须满足休闲、工作、梳妆及卫生保健等综合要求。因此，主卧室实际上是具有睡眠、休闲、梳妆、盥洗、储藏等综合实用功能的活动空间。

睡眠区域的布置要从主人（夫妇）的婚姻观念、性格类型和生活习惯等方面综合考虑，从实际的环境条件出发，尊重主人身心的需求，寻求理想的解决方式。睡眠区因睡眠模式不同可分为两种布置形式，即“共享型”和“独立型”。前者是共用一个空间进行休息睡眠等活动，选用双人床或者对床。一般家庭的主卧都是安排双人床，但这样的方式容易造成相互的干扰，后者则是以同一区域的两个独立空间来处理睡眠和休息等活动，即设两个单人床，以减少相互干扰。以上两种睡眠模式各有利弊，但可以满足不同心理和生理需求的人们的要求不同。

在主卧室中设休闲区的目的是满足主人视听、阅读和思考等活动的需要，并配以相关的家具与设备。另外，梳妆与更衣也是主卧室两个相关功能，这两个活动可以分为组合式和分离式两种形式。一般以梳妆为中心的活动可以配置活动式、组合式或嵌入式梳妆家具，后两者既实用又节省空间，并增进整个卧室空间的统一感。更衣功能的处理可在适宜位置设立简单的更衣区域，一般可以设计成为步入式衣橱或在沿墙的一边放置衣柜，充分利用衣柜和衣橱高度上的空间还能储藏平时少用的被褥、衣物等。当然在面积允许的条件下，可于主卧室内单独设立步入式更衣间或更衣柜，其中安置旋转衣架、照明和座位。主卧室一般都配备专用的卫浴间，在下一节里将进行详述。

总之，主卧室的布置应达到隐蔽、私密、安静、合理、舒适及健康等要求。在充分表现个性需求的基础上，营造出优美的格调与温馨的气氛，使主人在优雅的生活环境中身心得到彻底放松和恢复。

2. 次卧室（子女卧室）

一般供子女使用的卧室可称为次卧室。子女拥有自己独立的私密空间，有助于其成长与发展，促进其个性的形成，锻炼其独立能力。在设计上要充分考虑到子女的年龄、性别、性格与爱好等个性因素。

人的一生特别是从婴幼儿到青少年时期，无论从心理上还是生理上是变化发展比较快的一个阶段，根据子女成长的过程，可将子女卧室大致分为以下五类。

（1）婴幼儿期卧室

婴儿期是指从出生到一周岁这一时期。原则上应单独设置婴儿室，但考虑到家人照看方便，大多是在父母房间内设置育婴区，主要设备是婴儿床、婴儿食品和用具的柜架等。对六个月以后的婴儿须添设造型丰富、色彩鲜艳的婴儿椅和玩具架等，以强化婴儿对形态和色彩的感知。

幼儿期是孩子在1～6岁之间的阶段。卧室在布置上应首先要保证安全和方便照顾，通常在临近父母卧室，并靠近厨房的地方比较理想。卧室的选择还要保证充足的阳光和新鲜的空气以及舒适的室内温度。在形式上须依据幼儿的性别、性格的特殊需求，采用富有想象力和创造性的设计。

（2）儿童期卧室

儿童期是指孩子从7～12岁之间的阶段。这一时期的孩子开始接受正规教育，各方面开始发展起来。因此安排睡眠区时，应赋予适度的成熟色彩，完善的学习区域，除了读写活动之外，根据其不同性别和兴趣，突出表现他们的爱好和个性。如设立手工制作台、实验台以及女孩梳妆等家具设施，使孩子在完善、合理的环境中实现自我表现和发展。

根据儿童的性格与心理特点，卧室设计基调必须简洁明快、新鲜活泼、富于想象，为儿童营造一个小天地。儿童房的装饰要注意以下几个方面。

首先是安全合理的尺度设计。为有益于孩子的健康成长，在选择家具时要充分考虑照顾儿童的年龄和形体特征。书桌和书架是儿童房的中心，书桌前的椅子最好能调节高度，以适应不同生长阶段中人体工程学方面的需要。还可以考虑采用多功能性的家具设计。鲜艳明快的家具颜色不仅可以使儿童保持活泼积极的心态，还能改善室内亮度，形成亲切的氛围。整体布局上要注意安全、合理，如床和家具尽量靠墙摆放，避免带有尖角的家具，提供开放性的搁架可以使孩子方便地取放物品。

其次，设有利于儿童身心发展的陈设与装饰。墙面装饰是发挥孩子个性爱好的最佳园地，既可布置色调明快的大幅装饰画，也可点缀一些卡通图片增添情趣，还可以悬挂名人名言以激励人的成长。桌面陈设兼顾观赏与实用，如台灯、闹钟、笔筒等实用工具充分体现儿童特点，以造型活泼，颜色鲜艳为主，陈设品要突出知识性与艺术性，如绒布玩具、地球仪、动植物标本等，或者放置体育用品、乐器以突出个人的兴趣与爱好。另外，在地面、桌上、床头、窗台等处点缀绿色植物或鲜花，让孩子自己去浇水、施肥、管理，可以培养他对大自然的热爱及动手能力，使空间更加富有春意。

最后，是要有丰富多样的色彩与图案。儿童的心理是新鲜活泼的，卧室的整体的色调应该是一种多彩度的色彩运用，即多色相，非单色的运用方式。一般儿童都喜欢明亮的色彩，如黄、橙、红、粉红等，这些色彩让人感觉轻松、无压迫感。当然，选择儿童房色彩不要一成不变，应随着孩子的成长，房间的色相随之变化，以适应孩子不断变化的性格爱好。一般儿童房宜选择大色块、暖色调的色彩进行搭配组合，对墙壁、屋顶、家具进行和谐的组织，使室内色彩既有对比又相互协调。另外，窗帘应选择色彩鲜艳、图案活泼的面料，床上用品可以选择带有英文字母或动物图案。家具的造型可考虑形态上的变化，增添视觉上的立体感、跳跃感，如梯形、波浪形、圆形等，以避免单调枯燥。

总之，儿童房的设计要在满足功能需要的前提下，根据他们的生理特点、心理特点和性格特点，尽量使他们的个性得以发挥，潜能得以挖掘（图 5-14～图 5-16）。

（3）青少年期卧室

青少年期是指孩子从 12～18 岁之间的阶段。这是一个长身体、长知识的黄金时期，为了使孩子在良好的环境中培养兴趣，陶冶情操，卧室设计必须兼顾学习与休闲的双重功能。青少年相对独立意识比较强，需要有朋友和社会交往，考虑一定的活动空间很有必要。青少年房的设计要注意以下几个方面。

房间布置要突出其爱好，以培养个性的形成。提供一个良好的学习环境是首要的。书桌和书架是青少年卧室的中心区域。青少年身体发育快，对桌椅等家具及活动空间的要求都有相应的变化，必须给予及时地调整，以免在生理上造成近视、驼背等不良影响。可以充分利用墙面的空间，在墙上安装搁板架。另外，采用组合柜和床结合的形式，能够使空间得到充分利用。另外，青少年被安排在朝北的房间或西晒的房间，很少见到阳光或阳光眩目，对其身心发展都是不利的，必要时应在设备设施也应有相应考虑。

在装饰陈设上为了体现青少年的成长风貌和特色，可以选择由他们自己完成的作品来进行装点，例如飞机模型、船模、手工艺品、小制作、书画作品等，将居室点缀得更有生活气息，更具个性。

图 5-14　儿童房的陈设与装饰应注重结合儿童心理特点

图 5-15　儿童房的装饰与陈设应以造型活泼、颜色鲜艳为主调

图 5-16 以海洋元素为装饰主题的儿童房设计

（4）青年期卧室

青年期是人在开始具备公民权以后的阶段，这是一个身心成熟的时期，卧室要充分体现学业与职业的特点，并结合自身的性格与爱好进行设计。

总之，子女卧室设计不仅应该为他们提供一个舒适优美的生活环境，使他们体会亲情，享受美好的童年时光，培养品格与修养，而且更要为他们规划正确的成长环境，启发智慧，学习技能，开拓人生理想。

3. 老年人卧室

随着人口老龄化的出现，老年人的居住条件也得到了社会越来越多的关注。在子女与父母同住的两代人或三代人家庭中，应设有老年人的单独房间。老年人由于体力衰弱、身材变矮、协调能力和反应速度的降低以及感官受损等原因，老年人卧室的设计要切实考虑老年人的心理和生理特点，做出特殊的布置和安排。

首先，要做好隔声，避免干扰，营造安静的生活环境。老年人好静，要求房间不受外界影响，隔声效果要好，尤其在门窗和墙体的设计上要充分考虑到密封性和隔声性。

第二，大多数老年人选择在大部分时间留在家中度过，对于老年人来说，日照有更高的要求。日照是保证老年人生命质量的一个重要条件，充足的日照能提供太阳光紫外线，消毒和提升室内空气质量，满足卧室卫生保健需要，提高居住质量。实践证明，老年人缺少充足的日照，有可能造成老年人骨质疏松等疾病。因此，老年人卧室安排朝南的意义重大。随着视力的降低，老年人对光线要求更加明亮，而眩目的灯光令人难以接受。夜间要设置柔和的照明，解决老年人视力不佳，起夜较勤等问题，确保安全。对于复式住宅，老年人房间必须安排在一层，以方便老年人的行动。

第三，考虑到老年人的身体状况，由于体能和灵活性降低，家具设计与布局应符合老年人生理特征。沙发不宜过低，座面不宜过软，以免起坐不便。沙发前面应有足够的空间，以满足老年人伸脚、起坐等需要。家具尺度要适宜，过高的橱柜或过低的抽屉都不合适。床需要足够的长宽，单人床一般为 1000～1100mm×2000mm，双人床一般为 1500～1800mm×2000mm，以保证休息睡眠时可以自由翻身，不至于拥挤和跌落床下。床的高度也要适中，使老年人上下床不至于过分吃力。室内应不设开启困难的门，避免使用推拉门、自动门。门把手应设在最舒适的高度，一般距离地面约 87～92cm 处，门把手的造型宜采用单手能握住且旋转臂较长的（大于 10cm）为好。要确保房间地面平整，地面材料具有防滑性能，最好选择富有弹性的木地板或地毯材料铺设，使其脚感柔软、舒适，并具有防滑、吸声、保温等功能。地面不设门槛，减少磕碰、扭伤与摔伤的概率。橱柜、茶几等家具的棱角应圆润细腻，要避免生硬、尖锐，还应尽可能避免使用玻璃、金属类的家具，以免造成划伤。

第四，在色彩的处理上应保持古朴、平和、稳重的基调，但又不要过于沉闷压抑。一般可以采用同一色系的深浅搭配，如木本色的天然色系，以色彩对比不强烈为宜。床上用品、窗帘和台布等一般选择色彩清新淡雅，图案简洁大方，与空间整体色调保持协调一致。墙壁的材料可以选择色彩柔和的涂料或素雅的壁纸、壁布。室内还可以放置植物、花卉进行适当地点缀，一方面使空间富有生气，另一方面可以调节房间湿度。

总之，老年人的居室布置格局应以他们的身体条件为依据，家具设置需满足其起居方便的要求，实用与美观相结合，以创造一个健康、亲切、舒适而优雅的环境。

4. 客人卧室

招待留宿客人是家庭日常交往中可能遇到的问题，因此，在条件允许的情况下，尤其是在高级别墅、度假别墅中为客人提供一个舒适的留宿空间也是很必要的。设计时要考虑留宿的客人同家人一样具有个人的空间，最好与活动区域相隔离，成为一个比较独立的区域。客卧一般面积不需要太大，卧室内除了睡眠与休息两种基本活动外，应包括客人梳妆、更衣、临时储藏，简单书写等功能，最好带有客人独立使用的卫生间。当然，在条件不允许的情况下，也可用书房兼作客房，可以考虑坐卧两用沙发床以解决空间不足的问题。

思考题：

1. 卧室的功能有哪些？应注重怎样设计原则？
2. 卧室的色彩设计应怎样考虑？
3. 卧室照明的设计应怎样考虑？卧室灯具应怎样选择？

第六章　书房设计

第一节　功能分析

书房的出现是人们基本居住条件满足后朝向高层次发展的一个体现，当今居住空间中，它越来越成为一个必不可少的空间。书房是用来阅读、书写、工作、密谈和操作计算机的空间，它是居住空间中私密性较强的区域之一。虽然功能单一，但在设计上要求从布局、色彩、照明、材质及造型上进行仔细推敲，形成使用方便、环境安静、采光良好，令人保持轻松愉快的心态的阅读空间。

书房的设置要考虑到朝向、采光、景观、私密性等多项要求，以保证书房的环境质量。书房一般多设在朝北的方向，因其室内温度较低，易使人的情绪冷静，头脑清醒，白天自然采光时，其光线不会随时间而变化太大。且阴面房间光线柔和，能够满足室内空间良好的照度，也不会伤害眼睛，以缓解人的视觉疲劳。另外，由于人在阅读、工作时需要安静的环境，因此书房的位置选择应该首先注意以下几点：

1. 适当偏离活动区，实现动静分离，如避免起居室和餐厅活动的干扰；
2. 远离厨房、储物间等家务空间，便于保持清洁和防尘；
3. 和儿童房保持一定距离，避免儿童的喧闹产生的干扰；
4. 书房通常与主卧室的位置比较接近，甚至可以将两个空间合并进行穿套式的处理。

第二节　设计要点

书房虽然是个工作空间，但也要与整套室内环境设计达到和谐统一。在利用色彩、材质的搭配和绿化手段营造一个宁静而温馨的工作环境的同时，还要根据工作习惯布置家具、设施及艺术品，以体现主人的个性品位，设计上要以人为本，突出个性（图 6-1）。

（一）空间布局

书房布置形式与使用者的职业性质密切相关，不同职业的工作方式和习惯特征有很大区别，应该具体问题具体分析。有的书房除了阅读以外还兼有工作室的功能。

书房的空间分为工作区域及阅读收藏区域两部分。其中工作和阅读区是空间的主体，为了避免人流和交通的影响，应该尽量在空间的尽端选择一个较好的朝向和自然采光充足的地方布置。另外，工作区域与藏书区域的联系一定要便捷，而且藏书区域要有较大的展示面，以便查阅，一般以书橱、书架的形式靠墙设置（图 6-2）。但要求避免阳光直接照射，还要注意防尘。根据使用者的需要，在有条件的书房里还可以设置一个可供休息和谈话的区域，一般可以由一组沙发与围合茶几摆放而成（图 6-3）。

图 6-1 沉稳的色调彰显主人成熟的个性品位

图 6-2 工作区域与藏书区域的功能布置应紧密联系

图 6-3　书房布置围合的沙发可提供集中休息和谈话的区域

总之，为了满足书房内各个活动的需要，应该根据不同家具的设置巧妙合理地划分出不同的空间区域，形成布局紧凑、主次分明的格局（图 6-4）。

图 6-4　阅读空间——阿涅丝·科马尔设计

（二）采光照明

在高度信息化的社会里，私人电脑的作用已渗透到各个领域，因此视觉作业往往是以操作计算机为中心的，且频度越来越高，从而造成用眼过度。为了减轻眼睛的疲劳，书房中提供良好的照明是非常重要的，尤其是工作区域在采光上要重点处理。书房的照明照度应达到300lx。在力求阅读面获得充分照度的同时，还要注意周围环境的照明也不能过于昏暗，工作与环境光源的色温最好尽可能统一，色温相差太大的话，会造成眼睛疲劳。另外，在排除眩光的同时，还要设置局部照明，用间接照明等方式营造朦胧气氛，使疲劳眼睛得以休息，尽可能地减轻和消除因连续视觉作业而造成眼睛的负担。

（三）家具设施

根据书房的功能和使用性质，书房内的家具设施配置如下：

1. 书籍存放类，包括书架、文件柜、博古架、保险柜等，其尺寸应根据空间规模来选择；

2. 阅读工作台类，写字台、操作台、绘画工作台、电脑桌、工作椅等；

3. 陈设品与设备类，沙发椅、茶几、台灯、笔架、电脑、音响、碎纸机等。

总之，为了创造一个舒适方便的工作环境，应根据空间布局与规模选择尺度合宜的办公家具，并合理地组织与摆放。

（四）装饰设计

书房是家居空间的一部分，与办公室不同，它要与整个居住空间的气氛和谐一致，因此，在装饰上要巧妙地运用色彩、材质的变化及绿化等手段来创造出一个温馨宁静，富有人情味的个性空间。为了体现主人的文化品位，墙面的处理可以考虑用书法或绘画作品装点，还可以处理成壁龛的形式，摆放陶瓷、古玩等艺术品进行点缀。年轻人的书房则可以设计得更简洁时尚，多一些现代，轻快的感觉（图 6-5）。

图 6-5　书房的装饰与陈设

思考题：

1. 书房的空间特征和功能要求有哪些？
2. 书房的家具与设施布局应怎样考虑？
3. 书房的照明和装饰设计应从哪些方面考虑？

第七章　门　　厅

第一节　功 能 分 析

门厅作为居住空间的起始部分，不仅要让来访者留下美好的第一印象，而且也是有效地引导和控制人们出入的途径，是居住空间不可缺少的室内空间组成。它是外部社会与内部家庭的连接点，兼具使用功能和社会功能的双重意义。同时，作为入口空间，它还要满足换鞋、更衣等功能要求。所以在设计中必须要考虑其功能和心理因素。其中包括适当的面积、较高的防卫性能、合适的照度，益于通风，有足够的储藏空间、适当的私密性以及安定的归属感。门厅属于外人容易接近的地方，安装坚实的防盗门是安全有效的方法，同时，也可在心理上增加居住者的安全感。

第二节　设 计 要 点

（一）空间形态设计

门厅的形式有独立式、邻接式、包含式等，需要根据整体空间形式的不同而定。其可以是圆弧形也可以是方形，根据不同的建筑平面，门厅的空间形态分为“I”形、“L”形、“Z”形、“T”形、“O”形等五大类。

1. “I”形

正门入口即是客厅或餐厅，如不设门厅，则一览无遗。在条件许可的前提下，设门厅比不设门厅当然更好。如果从大门望进去，对面不是门与窗，而是一堵墙，设不设门厅尚无关紧要，若一进大门直接看到房门，则很有必要设置门厅，否则无遮无掩，一通到底，使房主人心理上难以接受，也不符合风水学中“聚风藏气”的传统审美心理。

2. “L”形

进门入口则是一堵厚实的墙，拐左或拐右便是起居室或餐厅，正面设置鞋柜，摆放花瓶，挂艺术相框等，天造地设形成一个天然的门厅。

3. “Z”形

进门入口先是一堵厚实的墙，拐左或拐右后，又是一堵厚实的墙，然后才进入客厅、餐厅，整个行动路线似一个“Z”字。这种形式的门厅，因为有两堵墙可以装点，所以装饰设计时要分出主次，不要平均处理，究竟以“先”为主，还是以“后”为主，需根据具体情况而定，三思后行。

4. “T”形

进门入口虽然也是一道墙体挡住视线，但是主通道既通左边又通右边，没有主次之分，此类门厅多出现于复式居住空间中。

5. “O” 形

“O” 形门厅其实是上述几种形式的变异与变通，较之方形或圆形更圆满、溢美，空间感觉生生不息、充满活力。

（二）空间尺度要求

门厅的面积系最低限度的动作空间，至少能够脱鞋、换鞋等所需的空间尺度，然而还要通过设计做到小中见大。门厅的面积视居室的规模而言，可大可小，但最小也要满足能够让主人打开朝里开启的大门，并站在一侧让客人通行，让主人有足够的空间帮助客人脱去外套并挂到衣橱上。衣橱靠近门的地方要注意衣橱前的穿衣脱衣的空间不应与入口处所需的空间重合，如果不能避免壁橱、挂衣架和门之间的角度相互冲突，两者之间的距离至少应有 700mm。在跃层或别墅住宅中的门厅空间尺度一般较大，通常采用两层相通的共享空间做法，以加大竖向空间尺度，减少压抑感。

（三）家具配置

门厅的储藏功能常被忽视或处理不周，一般仅仅设置鞋柜是不够的。门厅中存放外出时所使用的物品，不仅要方便，更要考虑卫生。雨具、大衣、帽子、手套、运动用品等物品通常都应存放在门厅。大衣类的存放空间需要考虑客人的容量。门厅的收藏空间容量必须精心规划，选择利用率高的方式。合理选择各种台面、座位、柜子、衣橱、支架等形式以提供换鞋和放置衣物的功能，为整套住宅增添个性。

（四）照明要求

门厅作为一个从室外到室内的过渡空间，提供亲切宜人的照明能帮助和引导客人进入较为明亮的起居空间，使人产生一种豁然开朗的感觉。客人出门时，明亮的灯光能避免使人由起居室进入门厅时产生幽暗的感觉。门厅主要采用人工照明的形式，从顶棚和墙面照明设置灯具发出散射光，对更集中、明亮的灯光是一种补充，可以取得平衡的效果。

视觉心理研究表明，同一空间在不同照明方式下，由于光照有产生某种错觉的可能，会在人们心理上产生不同的空间感受。一般明亮的照明使空间显得开阔，而微弱、暗淡的照明使空间收敛。所以，低矮的门厅常使用发光的顶棚，使空间显得高大开敞，而高大开敞的门厅，应用暗淡的照明，又使天棚显得低矮亲切。

（五）艺术处理

门厅是从户外到室内的过渡，它体现了居住空间其他部分的特色和基调以及接待客人的方式，在设计风格上应该对视觉形象加以重视并进行美化。设计上可以援用中国园林艺术中透景、露景和借景等趣味性处理手法，以起到相应的阻挡和延缓作用，避免“开门见山、一览无余”。其手法有时实，有时虚，有时虚中有实，实中有虚，虚虚实实，虚实相生。在空间规模不大的情况下，放置一堵间壁隔断——壁橱、书架、花架或屏风都可以进行一定的视线阻隔，给人以小中见大、豁然开朗的心理效果，使空间更具有魅力（图 7-1）。总之，门厅的装饰变化离不开展示性、实用性、引导性的特点，其表现形式可以归纳如下：

1. 低柜隔断式。即以低矮台面来限定空间，以鞋柜等形式作隔断体，既可储放物品，又可起到划分空间的作用；

2. 视线半通透式。以大屏玻璃作为虚拟隔断，或在木框架上嵌饰喷砂玻璃、雕花玻璃和镶嵌玻璃等半通透性的材料，既分隔了空间，又能产生若隐若现的朦胧美，并保持整体空间的完整性。

图 7-1　玛丽亚别墅门厅——阿尔瓦·阿尔托设计

3. 格栅围屏式。主要是以带有不同风格图案的透空木格栅屏风作隔断，既有古朴雅致的风韵，又能产生通透与隐蔽的互补作用；

4. 半开敞式。是以隔断下部为完全遮蔽式，而上端敞开，贯通上部相连的顶棚。半敞半隐式的隔断墙高度约为 1.6m，通过线条的变化、墙面挂置壁饰或采用浮雕等装饰物的布置，从而达到理想的艺术效果；

5. 柜架式，就是半柜半架式。柜架的形式上部采用通透格架作为视线上的阻隔，下部为柜体，或以左右对称形式设置柜件，中部通透等形式；或用不规则手段虚实相融，以镜面、挑空和贯通等多种艺术形式进行综合设计，以达到形式美与功能的统一。

独立性较强的门厅的地面材料可以与客厅相区分，自成一体。地面材料要求采用防水、耐磨损，易清洁的材料，还可以考虑设计出一定趣味感的装饰图案。门厅空间往往比较局促，容易产生压抑感。但通过局部的吊顶装饰，往往能改变门厅空间的比例和尺度。顶棚造型最好与地面相呼应，其形式可以是自由流畅的曲线，也可以是层次分明、凸凹变化的几何体，还可以是露明的木格架。这里需要把握的原则是，造型语言简练、整体统一、突出个性。墙面一般与人的视距很近，只作为背景烘托处理，选择一个主立面加以重点刻画，放置一些适合短时间、近距离观赏的装饰陈设品。若空间允许，放置植物的桌子或矮柜都是可行的。若空间不大，配饰可以安置在墙面上，如一面精致的镜子，一幅风格简洁的绘画，一盏精美的壁灯，一块韵味十足的艺术壁挂都能给客人留下美好的第一印象。

思考题：

1. 门厅应满足哪些功能？
2. 门厅有哪些空间形态？分别具有什么特点？
3. 门厅的艺术处理应如何考虑？

第八章　走廊与楼梯设计

第一节　走廊设计

一、功能分析

走廊在居住空间构成中属于交通空间，起到各空间之间相联系的作用。走廊是空间与空间水平方向的联系方式，它是组织空间序列的手段。走廊是由此空间向彼空间的必经之路，因而加强引导性显得尤为重要，引导性是由其界面和尺度所形成的方向感受来决定的。设计师通过它来暗示那些看不到的空间，以增强空间的层次感和序列感。其形式是要让人感到它的存在，以及它后面所隐藏的内容，既要做得巧妙，又不能喧宾夺主。对走廊布置总的要求是简洁、高雅、明快。走廊的平面形式有：I 字形、L 形和 T 形三种形式。

1. I 字形走廊：方向感强，简洁。若是外廊，则明快豁朗，但过长的 I 字形走廊如果处理不当，会产生单调和沉闷的感觉；

2. L 形走廊：迂回、含蓄、富于变化，能加强空间的私密性，它可将起居室与卧室相连，使动静区域间的独立性得以保持，令空间构成在方向上产生突变；

3. T 形走廊：其是空间之间多向联系的方式，T 形交汇处往往是设计师大做文章之处，可形成一个视觉上的端景，有效地打破走廊沉闷、封闭之感。

二、设计要点

（一）空间界面处理

走廊不仅是水平交通的连接手段，通过室内设计令其形象焕然一新，成为居住空间中一条新的风景线。

1. 走廊的吊顶结合照明的序列布置，处理手法上与其他空间相呼应，以符合整体感。通常采用筒灯或槽灯的间接照明方式，甚至完全不设顶灯，而只靠壁灯完成照明。灯光布置要追求光影形成的节奏，结合墙面的照明，有效地利用光来消除走廊的沉闷气氛，创造出生动的视觉效果；

2. 走廊地面的选材应该考虑美观和安全因素，采用防滑和耐用的材料。就无障碍设计而言，地面不宜有高差，不设置门槛。走廊上不设置家具，设计师可以通过材料与色彩，有效地展现图案变化之美（图 8-1）。

（二）艺术处理

走廊是各个空间的连接空间，装饰上一旦顾此失彼，就会破坏整个居室的协调与统一。从充分利用空间和美化的角度出发，兼顾其小尺度的特色，会使走廊显得新颖别致。

1. 走廊墙面可做适当变化。走廊的设计与其平面尺度有关，走道愈宽，人才有足够的观赏距离来注意装饰的细节。走廊墙面的处理包含两层意义。一方面，要关注墙面的比例分割、材质对比、照明形式的变化、阴角线和踢脚线的处理及相关门协调处理；另一方面是艺术陈设，如字画、壁毡和装饰艺术品的合理设置，可使走廊艺术气氛和整体水平得到提升。

图 8-1　走廊铺设地毯能够提升整体空间的艺术品位

2. 走廊的尽头可以设计成为一个舒适的小憩角落，在视觉上也能非常吸引人。尽端的墙面可以作为端景处理，配上装饰画、镜子或用中式窗扇进行点缀，依墙摆放半桌、端景台或中式的条案，配上柔和的灯光，带给人以艺术的遐想。

第二节　楼梯设计

一、功能分析

楼梯在居住空间中是隔层空间之间垂直联系的交通枢纽，因属于垂直方向的扩展，所以要从结构和空间两方面来设计。视觉上来说，一般楼梯存在于层间居住空间中，为了避免空间的浪费，一般楼梯的位置是沿着墙一线设置或呈拐角设置的，它是墙壁的一部分。而在别墅或高档居住空间中，它又具有显赫的位置，通常以优美的造型单独设置于空间中以充分表现其魅力，加强居住空间整体气势，丰富空间构图。楼梯作为一种分隔空间的要素也起到了“墙体”的部分功能。

二、设计要点

（一）楼梯的形式

楼梯的基本形式有多种，根据适用的场合的不同分为：直跑型、L形、U形和旋转型四种（图8-2）。一般在跃层居住建筑中，直跑型与L形较常见。直跑型楼梯的几何线条给人挺拔和硬朗的感觉。它占用空间少，但坡度陡，不利于老人、小孩及行动不便者上下。因此，必须考虑坡度、扶手高度、地面材料的准确选择。

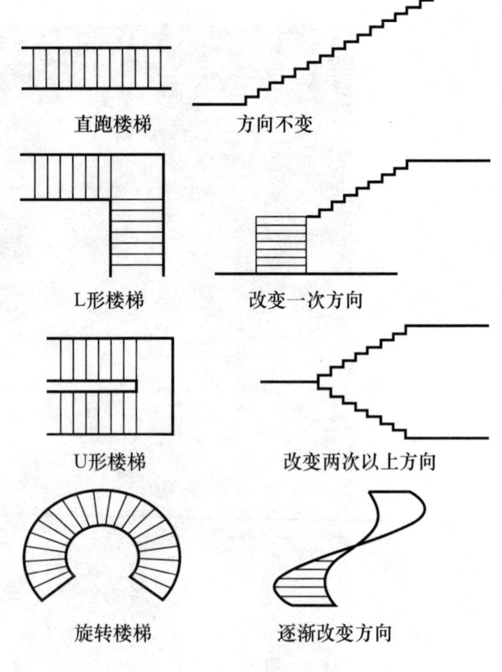

图8-2　楼梯的基本形式

L形楼梯因方向有一个改变，具有引导性，楼梯的一侧可形成储藏空间。同时，L形楼梯也具有变向功能，可用以衔接轴向不同的两组空间。U形楼梯中间有休息平台，较舒适但所占空间大，因此，可将折回部分的休息平台做成旋转踏步。旋转型楼梯的造型生动、富于变化，是住宅空间里一道亮丽的风景。以支柱为中心的楼梯，中间部分会出现密集的踏步。可选用钢材、混凝土、钢化玻璃、复合材料等现代材料，此类材质能更好地表现旋转楼梯的流动而轻盈的特点（图8-3）。

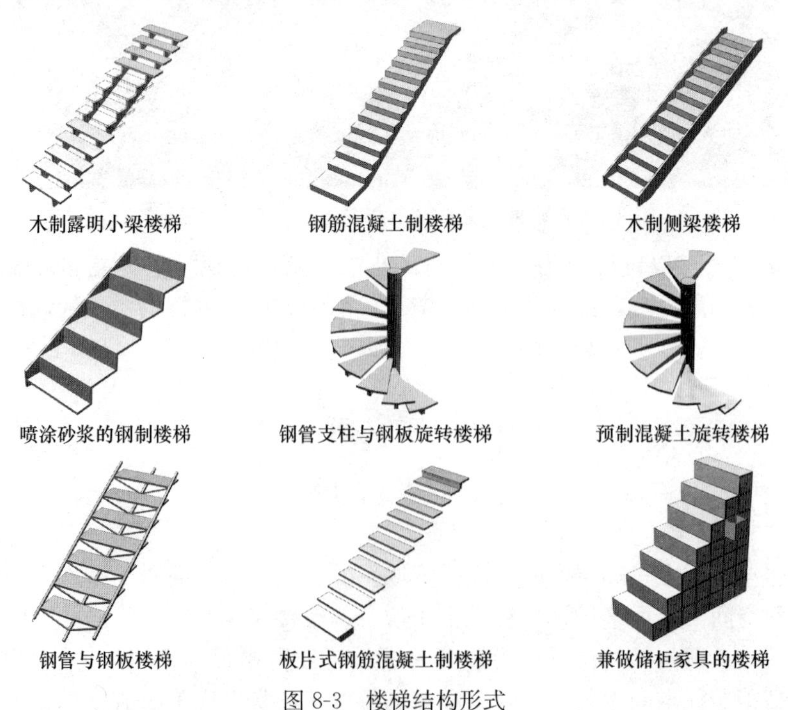

图8-3　楼梯结构形式

（二）楼梯的尺度

楼梯设计不能仅从视觉效果方面考虑，更要从功能合理的尺寸要求上准确把握。为设计安全方便的楼梯，选择合适的踏步的高度和踏步面宽的尺寸是非常重要的。建筑设计规范规定了其比例和尺寸要求，以及楼梯宽度和休息平台的要求。为了与住宅整体规模相适应，楼梯的整体尺寸与公共空间应有所区别。套内楼梯的净宽，当一边临空时不应小于750mm，当两侧有墙时不应小于900mm。这一尺寸就是搬运家具和日常物品上下楼梯的合理（最小）宽度。住宅套内的楼梯坡度由于仅供少数人使用，一般也要比公共空间陡一些，但不宜超过38°。而坡度是由踏步的高度和踏步面宽共同决定的，原则是使人感觉安全舒适。住宅规范规定的套内楼体踏步高度在150～200mm之间，踏步面宽应该足够容下一只脚的长度，一般在220～250mm之间。休息平台在楼梯中为人们提供了休息的空间，注意其深度一般应大于或等于单跑梯段的宽度。

旋转型楼梯尺寸若处理不当可能会带来一些潜在的危险，特别是当踏步的内边缘窄得使人无法站立时。规范规定圆形或弧形楼梯中心，踏步宽度不得小于230mm。即使达到了这一标准，旋转型楼梯在搬运家具时也是难以通过的。许多住宅的内部只允许将它作为次要楼梯，以传统的直楼梯作为主体。因此，居住空间的楼梯尺寸首先要从实用性的角度出发满足居住者的使用需要。

（三）材质与构造处理

在考虑楼梯形态的同时，与之紧密相关的就是楼梯的材质。常用的楼梯材料可以分为全木楼梯，即木踏步、木栏杆、木扶手；半木楼梯，即木踏步、铁花栏杆、木扶手；金属楼梯，即钢板踏步、金属栏杆、金属扶手以及组合楼梯，即石材踏步、铁花栏杆、木扶手。

1. 踏步

踏步材料的运用应考虑耐磨、防滑和舒适等因素。材料可采用实木、石材、复合材料或地毯。木踏步防滑、保暖效果好，但耐磨性差，不易保养，多用在相对走动人较少的楼梯；石材踏步虽然触感生硬易滑，但装饰效果好，易于保养，防潮耐磨，所以多被采用在别墅中的公用楼梯。石材踏步的防滑措施主要是在踏面的前部与踏面的转折处设置金刚砂、铜条、铸铁板等材料构成的防滑条，或直接在踏面上设两至三道小凹槽。设计上要注意将材料收口与接缝的地方进行细部处理，以体现精巧的感觉。由于楼梯的形态比较单一，常常将不同的材料或不同质感和色彩镶嵌在一起而产生对比，以增强表现力。另外，在起步处可以进行形态上的夸张处理，以提示或突出楼梯所在的位置与起点。

2. 栏杆

栏杆在楼梯中起着围护作用，以确保人在上下时的安全。一般楼梯踏步在三个或三个以上的踏步至少在一边安装栏杆和扶手，对其高度、密度和强度都有较高的要求：室内楼梯斜梯段栏杆高度为1000mm，栏杆形式必须是竖向，栏杆净距≤110mm。不宜选用横向分格栏杆，以免儿童攀登发生危险。其栏杆顶部水平荷载应取0.5kN/m。常用材料有铸铁、不锈钢、实木或厚度10㎜以上的钢化玻璃。栏杆根部用圆钢构成，要传力明确且结实有力。楼梯围合部分的形态与装饰效果对楼梯的整体视觉形象起着决定性的作用，在设计中要十分注意，使其成为构成室内空间具有表现力的重要元素。

3. 扶手

扶手位于栏杆的上部，是与人亲密接触的部分，尤其对于老人和儿童，它是得力的帮手。从装饰上讲，它起着画龙点睛的作用。因此，设计时既要在尺度上符合人体工程学的要求，又要兼顾造型和比例。为了方便使用，扶手的长度必须延伸到超出最后一级踏步。扶手应选用触感亲切、质地舒适的材质。常用木材。如果选用金属，则可借助皮革材质调节质感，产生对比效果。扶手的断面形式多种多样，可以根据整体风格选择。扶手的转弯和收口部分要特别精心设计，常常结合雕塑或灯柱等富有表现力的构件来产生精彩的视觉效果。

另外，单层住宅户内一般不会用到楼梯，但是为了强调空间的层次感，在户内空间比较开敞的区域里，偶尔会将地面抬高或降低1～3级踏步来分隔不同的功能区域。必须注意，即使处理这样一类非正常意义上的"楼梯"，也一定要醒目。可以通过设置家具、矮墙和扶手栏杆等隔断的形式，或在材料上进行区分，甚至可以在踏步的下面暗藏灯槽加以强调，以突出踏步的存在，以防止意外发生。

（四）艺术处理

当楼梯采用单一形态与材料时，可通过艺术处理对楼梯进行围护体装饰。所谓围护体是指经过独特手段打造后，令楼梯表现不同的形态与活力，而装饰是指在与楼梯相邻的墙面安排挂画或工艺品，体现出生活情趣。楼梯的艺术处理方式有很多，可参见如下几种处理方式。

1. 取代传统栏杆对楼梯进行围护。在楼梯临空的地方将细密的金属线垂挂下来进行固定，使之与倾斜的楼梯在走向上有一个交叉，以使楼梯的形态更加生动，同时也起到围护作用；

2. 楼梯的栏杆是装饰的重点部位，围合部分既可采用简洁明确的分隔形式，也可利用铁艺图案创造出生动浪漫的装饰效果。镂空雕花的铁艺栏杆是最常见的形式，注意要使这种装饰与居室的整体风格相协调；

3. 在楼梯的转折平台立面可以放置一些艺术品来点缀，使楼梯成为一个可让人停留、欣赏的余地，这是装饰楼梯最简单的方法；

4. 与楼梯相邻的墙面是装饰的有利位置。可以选择人的视线尽端对应的墙面上挂上一幅画，也可以选择一组装饰画，根据楼梯的走势，拾级而上进行布置，使空间富有节奏感。

（五）照明要求

楼梯的采光和照明首先要保证通行安全。根据楼梯的不同形态，为了使光线充分照射到楼梯踏步面上，选择灯具和灯具的安装位置将会受到一定的限制，所以还要考虑到易于检查、保养和维修。楼梯的侧面墙壁和楼梯中的空间要选择安装具有散射光的壁灯，这样，楼梯面上就不会产生明显的人影，以获得安全的照明。在有老年人的家庭里，有必要彻夜开启不过分明亮并可引导走向联系其他空间通道的提示灯。

（六）楼梯的空间利用

对于居住空间来说，楼梯不仅是美观，更要安全而实用。楼梯设计也不只是满足于形态、材料、装饰，更应考虑空间的合理利用。一般情况下，楼梯悬空的下部与楼梯的入口处都有值得利用和设计的空间。

直跑型楼梯的底部空间大，可以放置小台面或视听设备成为客厅的组成部分，还可以将整个空间封闭起来改造成衣柜、书柜或储物间。另外，底部还可以布置成为景观区，例如采用日本“枯山水”的形式增加空间的意境，在有自然光照的条件下可以种植一些绿色植物，为室内增添生机。在有些楼梯的上下入口处，还可以利用转角的空间安置小型餐桌或工作台，形成功能空间。

楼梯下部可形成理想的储藏空间收纳衣物、书籍等，这些物品大都数量多、占空间大，需要有专门收藏的空间，而楼梯底部空间正是一个理想的场所。由于楼梯的宽度一般在 800～900mm 之间，这种宽度造成楼梯下的空间进深较大。常用的解决方案是将其用墙体密封起来，或开门或作抽屉，形成理想的储物间。下面针对衣物、书籍、杂物类的储藏，介绍几种处置方案以供参考。

1. 衣物收纳

（1）滑动式衣柜

这样的衣柜可以比较有效地利用楼梯下面的空间。衣柜下安置滑轮组，取用非常方便。根据衣物的长短，可将衣柜分为几个区，滑轮组外设柜门兼挡板，不但可起到封闭的作用，还具有侧向支撑及稳定的功能；

（2）滑杆式衣柜

根据楼梯下衣柜纵向深度比较大的实际情况，最为有效的方式是将衣物纵向悬挂，可提高空间的利用率。楼梯下装几扇折叠对开门，或者用布帘固定在楼梯侧面，主要是为了遮挡楼梯下的空间，结构比较简单。衣柜里面使用推拉纵向伸缩挂衣滑杆，根据衣物的宽度和位置不同，分别固定于楼梯段下面；

（3）搁架的利用

对于不需要悬挂的衣物，可以采用搁架配合储物箱的形式分类收纳衣服和杂物，这种方法最为经济实用。搁架的高矮、宽窄根据需要而定，箱子的侧面标注衣物的种类方便取用。

2. 功能空间

（1）迷你书房

如果不需要经常在家中办公，或不需要过大的办公空间，充分利用楼梯下的这个宝贵空间则是个好办法。书架、电脑、折叠椅或推拉办公桌等齐全，还可以将椅子纳入。需要注意的是书房要同楼梯形状很好地配合，制作方面难度较大，装修前需将电源、电话线和网线提前引入；

（2）迷你“门厅”

有的楼梯设置在住宅入口的位置，此种楼梯可以和门厅结合，将楼梯下部设计成为穿衣、换鞋的地方。通过简单的布置以后，一间小小的收纳“门厅”就形成了。这样处理的优点在于通过对空间角落的充分利用，避免门厅再额外设立挂衣和换鞋区域，使空间在视觉上显得整洁和宽敞；

（3）迷你酒吧

在居住空间中，吧台的位置不易选择，但如果放到楼梯下，可少占其他空间。开放式的设计展示主人的生活品位，空间用于藏酒非常合适，还可以将吧椅一起收纳。

思考题：

1. 楼梯的结构形式有哪些？分别具有什么特点？
2. 楼梯的照明设计应如何考虑？
3. 楼梯设计怎样兼顾美观与安全性？

第九章　储藏空间设计

第一节　功能分析

毫无疑问，储藏空间是居住空间中所必不可少的一个组成部分。无论从家庭日常生活的使用功能方面还是从美化居住环境的要求出发，都需要一定比例的储物空间。将多种多样的生活用品巧妙地存放、保管好，可以很大程度地提高空间的使用效率。此外，也不能想当然地认为空房间、地下室或顶层阁楼就是额外的储藏空间，还应该对其进行巧妙地设计，实现物归其所。

安排有效的储藏空间是建筑设计和室内设计内容的一部分，空间中任何一部分的储藏空间设计都应该给予推敲。储藏空间作为生活用品的保管和收纳空间，可分为储藏室、壁橱及具有储藏功能的家具。

第二节　设计要点

生活用品按类型、季节及使用频率来分别存放，使用起来才方便，只有考虑到日用品的特性与人体工程学的关系来存放，才能提高使用效率。

（一）充分利用闲置空间进行储存

由于住宅是一种大规模工业化建造的产品，其标准化、产品化的优点适应了社会经济增长的需求，但是也带来了一些弊病。如建筑层高较单一，使用效率低等问题。在很多情况下，住宅中没有专门提供储藏的空间。所以在保证满足人们正常活动所需空间的前提下，要因地制宜，充分利用一些闲置空间进行设计来满足生活中储物的需要。闲置空间是指在不影响正常活动的情况下，那些没有实际价值的空间，如座椅和床的底部、走道的顶部等，这些空间都是人在平常的活动中难以接触到的位置，如何将这些空间开发和利用起来将是一个新的课题。一般将这些闲置空间归纳为三类。

1. 可重叠利用而未加以利用的空间。例如走廊空间是人们用来解决交通问题的，其顶部空间显然是人的通行过程中不必要的，设计时可以设置顶柜进行储物；

2. 布置家具设备时和建筑构造形成的空当和角落。例如复式住宅中的楼梯作为建筑构造是无法改变的因素，但其下部形成的空间正好可以作为非常完整的储藏空间加以利用，若用得巧妙还能丰富室内的效果。关于楼梯空间的利用可以参见本书第八章第二节楼梯设计要点中第（六）点相关内容；

3. 未被利用的家具空腹。例如沙发座椅的底部和床架的底部都可以用来储存衣物。

使用频率与储藏表　　表 9-1

<table>
<tr><th rowspan="2">储存高度(mm)</th><th>使用频率与类别</th><th colspan="7">生活用品类型</th></tr>
<tr><th colspan="2">储藏形式</th><th>乐器类</th><th>欣赏品
贵重品</th><th>书籍办
公用品</th><th>餐具食品</th><th>衣物</th><th>寝具类</th></tr>
<tr><td>2400</td><td rowspan="2">不常用物品，
重量轻的物品</td><td>取出不便</td><td></td><td>稀用品</td><td>稀用品</td><td></td><td>稀用品</td><td></td></tr>
<tr><td>2200
2000</td><td>宜用推拉门、
平开门</td><td>稀用品</td><td>贵重品</td><td>消耗品存货</td><td>存贮食品
备用食品</td><td>季节外用品</td><td>旅游用品
备用品</td></tr>
<tr><td>1800
1600</td><td rowspan="3">常用物品
易破碎物品</td><td rowspan="2">宜用推拉门</td><td rowspan="2">扬声器类
电视类</td><td rowspan="2">欣赏品</td><td>中小型开本</td><td rowspan="5">罐头
中小瓶类
零用调料
筷子、
叉子
大瓶、桶、
米箱、
炊具</td><td rowspan="3">帽子
上衣外套、
衣服、裤子
裙子</td><td rowspan="5">枕头
客用寝具
睡衣
毛毯
寝具类</td></tr>
<tr><td>1400</td><td rowspan="2">常用书籍
中型开本</td></tr>
<tr><td>1200
1000</td><td rowspan="2">宜用抽屉</td><td rowspan="2">收音机放
大器类照
明灯等</td><td rowspan="2">小型欣
赏品</td></tr>
<tr><td>800
600</td><td>中等重量
物品</td><td>文具</td><td rowspan="2">棉袄类</td></tr>
<tr><td>400
200
100</td><td>大而重，很少
用的物品</td><td>宜用推拉门、
平开门</td><td>唱片柜</td><td>稀用品
贵重品</td><td>大开本稀用
品文件夹</td></tr>
</table>

（二）储藏空间的设计

合理安排和设计储藏空间可以从以下几个方面考虑。

1. 储物位置

储藏的目的是为了更方便地使用，储物的地点和位置直接关系到储藏物品的使用是否便利，空间使用率是否高。因此，就近存放是储物的基本原则。例如书籍的储存地点宜靠近经常产生阅读活动的沙发、床头、写字台，而且要便于取放；化妆、清洁用品的储物地点宜靠近盥洗台、梳妆台；而食品、调味品的储存宜靠近厨房的位置；衣物的存储则应靠近卧室。

2. 充分利用储藏空间

储藏空间是否合理、是否充分、高效率地被利用是重要的问题。居室中生活物品的存放需要精心安排、合理分类、系统化管理。储藏空间的科学利用可直接关系到人的日常生活质量，因此，要根据生活物品的类别、使用频率等因素划分储藏空间。空间应根据物品的形状、尺寸来决定其存放的形式。如储存鞋的空间内的搁板应根据鞋的尺寸和形状来设计，以便能更充分利用容积；衣物的存储应结合各类衣物的特点和尺寸来选择叠放、垂挂等方式；餐具的存储则要考虑餐具的类型、规格、尺寸、形状来决定其摆放的形式（表 9-2）。

3. 储物的周期性

应根据存储物品的使用周期和四季的变化决定其存储的位置。对于使用频率较高的物品要考虑其存取便利性。对于临时性的居住者来说，储藏空间要考虑其短暂性，最好能以装箱的方式以方便使用或挪动，而不宜固定在空间界面上，而对于长住的居住者，要考虑其长久性，充分利用顶部及边角空间，以固定的方式安装吊柜、壁柜或顶柜等。

生活必需品和储藏 **表 9-2**

生活用品类型	适当的进深尺寸（mm）	生活用品类型	适当的进深尺寸（mm）
（1）室内娱乐和趣味生活用品：收藏品、扑克牌、游戏类、麻将桌、棋牌桌等，书和杂志，录音机和磁带，照片类和幻灯机，16mm 放映机及其附属品，刺绣和手工艺品	300～450	（11）洗涤类用品：洗衣机、干燥机、熨斗、熨烫板、待洗衣物容器、筐、盆、挂衣架、衣架、洗涤剂、漂白剂、防静电剂、刷子、洗衣板	250～300
（2）家庭办公用品：文具、办公用品、出纳账簿、小册子（包括家电说明书）、样本、包装用品、计算机、收据和证明书	200～250	（12）食品：日用食品——主食、肉类、油类、水果、蔬菜、乳制品备用食品——罐头、冷冻食品、干果、调料、香辣调味料、特殊嗜好品	300～450
（3）个人用品：衣物类（吊挂衣物、存放折叠衣物）、季节性的衣物、手提包、帽子、鞋、雨具、零用附属品、卫生用品、纪念品	400～600	（13）厨房和炊事用具：餐具（陶器、玻璃、漆器）、桌布、餐巾、抹布、围裙、蜡烛台、就餐用家用电器	
（4）儿童玩具：幼儿用的桌椅、图画本、拉推玩具、活动玩具、积木、塑料玩具模型、拼装玩具、球、球拍、手套、三轮车、自行车	300～450	（14）烹调用具：锅类、炉灶用的烹调器具、小型电气、烹调用具、烹调用的小型器具、菜刀类、洗涤桶、菜板、洗涤剂、清洁剂、厨房用的漂白粉	
（5）体育用品（室内、室外用）：冰鞋、滑雪板、高尔夫球、狩猎、钓鱼、骑马、游泳、旅游鞋、网球、棒球、射箭、乒乓球、野营帐篷、登山用品等		（15）旅行包：手提旅行箱、大衣箱、手提包	450～600
（6）家庭护理用品：药品、热水袋、冰枕头、体温计等	200～250	（16）室外用品：季节性的设备（电扇、便携式火炉、帘子等）、剪草机、扫雪工具、园艺工具、庭院用的工具、野餐用具	
（7）裁缝和修补：缝纫机、针线盒、裁衣台或熨烫台、模型架（人体）、纸样、布料、裁缝用的附属品、熨斗、熨烫板	300～450	（17）燃料	
（8）清扫用具：掸子、吸尘器、扫帚、刷子、拖布、抹布、水桶、石蜡（清洁地板用和家具用）、洗涤剂		（18）破烂废品：舍不得丢掉，认为将来还会有用的物品，闲置不用的家具类、幼儿用品（幼儿长大后，不再使用的用品）、旧书	
（9）化妆用品：肥皂、化妆品、毛巾类、卫生纸、卫生用品、除臭剂、消毒纸	200～250	（19）乐器 钢琴、小提琴、吉他、口琴、乐谱等	
（10）卧具和床单类：被褥、毛毯、枕头、床单、枕巾、床垫	800～900	（20）祭祀用品 年货、佛具类、佛龛用品	

4．储藏空间的形式

储藏空间的样式可归纳为开敞式和封闭式两种。

开敞式的储藏空间用来存放一些具有装饰意义的物品，如酒具、书籍、收藏品、艺术品等（图 9-1）。这一类储藏空间能够美化装点空间，因此在处理上讲究造型、材质以及灯光照明的处理。架子是最有效的储存家具。尽管书籍、音响设备、电视机、艺术品以及各式各样的物品尺寸不一，形状各异，但可调节的架子能方便有效地将它们存放起来。

封闭式的储藏空间通常用存放的物品有被褥、工具、食品类等。这一类储藏空间讲究实用性，要求有较大的容积。封闭式橱柜适合在任何房间中使用，但橱柜门的设计值得注意。为了节约空间，可以选择开启方便的双开式弹簧门，如果使用时要较长时间敞开柜门，推拉门也是理想的选择，使用时可将打开的柜门推入橱柜边缘的空间里隐藏起来，使柜门不占用空间。例如放置电视机、音响设备的橱柜采用这样的设计会尤为方便。

图 9-1　用于存放酒具的开敞式储藏空间

另外，无论开敞式还是封闭式的橱柜还可以作为独立式的家具连接或围合，其部分功能替代了墙体，又分隔了空间，且具有一定隔声作用。

思考题：

1. 储藏空间的形式有哪些？
2. 怎样合理安排和设计储藏空间？

第十章　厨房设计

第一节　功能分析

住宅厨房是按人体工程学、烹饪操作程序、模数协调及管线组合等原则，采用整体设计方法而建成的标准化、多样化，可完成烹饪、餐饮、起居等多种功能的活动空间。它起到家庭主要工作中心作用，负责提供人的身体所需要营养。当作为家庭成员的主要聚会地点时，还能提供情感交流的场所作用。生活中还有将它与餐厅融为一体，或和消遣娱乐、孩子们游戏联系在一起，于是厨房几乎成了家庭的“神经中枢”。

在建设行政主管部门发布的《住宅厨房》行业标准中分别公布了各种厨房的分类定义。

a. 操作厨房（K型厨房）Kitchen

指专用于主食、辅食制作的空间。其中包括洗、切、炒、贮藏等功能，同时是具有采光与通风、排风设施的独立空间；

b. 餐室厨房（DK型厨房）Kitchen with dining

指同时具有操作厨房和餐室功能的独立空间；

c. 起居餐室厨房（LDK型厨房）Kitchen with dining and living

指同时具有操作厨房和餐室以及起居功能的独立空间。

可见，如今的厨房功能之齐全，无论谁在烧饭，都可以抬眼看到电视，或者边做饭边与其他人聊天、交流。

据统计，现代人花在烹饪上的时间比以前少得多，但由于食物和营养在我们身体和精神方面对人的健康起着关键作用，所以厨房始终是一个祥和、温馨的地方。首先必须很好地实现其自身功能，其设施安排布置需井井有条，能提供足够的贮藏空间和烹饪空间，照明恰到好处等等。以上这些实用的基本因素若考虑周全了，其他的功能自然水到渠成。

（一）工作三角

所谓工作三角系指厨房是由三个主要功能（中心）联系、组合而成。它们是贮藏中心、清洗中心和烹饪中心。

1. 贮藏中心

贮藏调配中心除包括食物贮藏，还包括冰箱、橱柜和切菜配件的台面。它排在工作三角形的首位。其位置最好是靠近厨房门口，以方便贮藏。除冰箱外贮藏中心还应包括以下设施：

- 操作台，通常安排在冰箱一侧可与相邻工作中的台面连在一起；
- 高柜，存放可放入冰箱的食品储物盒，安装分层搁架存放盘子和碗；
- 带抽屉的底柜，存放开瓶器、冰箱食品以及瓶装物品。

为了不破坏操作台工作空间的整体性，冰箱通常放在一排橱柜的末端，门朝工作台方向开启。

2. 清洗中心

清洗准备工作是围绕水槽进行的，附近应有贮藏区，以为碗筷等餐具洗好后放置其中。实际上清洗中心有多种用途，除用以洗水果、蔬菜、碟子，还可为孩子洗手，为烹饪提供用水。清洗中心通常比较靠近烹饪中心，而清洗中心的工作占到全部厨房工作的40%～47%，厨房工作自始至终都离不开它。为此在设计厨房时，首先要考虑水槽的位置。清洗中心需要包括以下设施：

• 水槽，从使用频率和方式而言，水槽很可能是厨房里最重要的用具。双盆水槽便于清洗餐具，如有一大一小两个盆更合理。若有洗碗机，设单独一个大水槽也可；

• 水槽两边的操作台，用来摆放待洗和干净的餐具。根据工作进展的方向安排两边（或一侧）的功能。水槽离通风口的距离至少200mm，确保操作时胳膊和锅碗瓢盆不会碰到墙上；

• 洗碗机，在与水槽成直角的底柜上不适合摆放洗碗机，应留出450～600mm的空间以方便洗碗机门的开启，而且要有存放盘子的位置。前开门的洗碗机之上要有足够的台面放置盘子。考虑到老年人和乘坐轮椅者的使用，洗碗机距地面可留一定的空间，可以安排成储物抽屉。

• 橱柜空间，用于存放通常在水槽边使用的物品。如清洁、切削和过滤食物的工具、洗涤用品，毛巾、洗涤剂等；

• 垃圾处理装置，在水槽的另一边放一个垃圾粉碎机，粉碎后的垃圾冲入下水道；

• 热水器和净水器，电热水器装在水槽下面，可随时提供热水，净水器则是经多重过滤设施滤去水中杂质，可提供更清洁的饮用水；

• 因水槽的使用频率最高，厨房的工作中心常将水槽安排在枢纽的位置，它也可以被安排在窗下。而其他中心则根据人在厨房中工作来往频率的密度来安排。工作流线应从储藏到清洗再到烹饪依次进行，尽可能减少反复交叉的路线。

3. 烹饪中心

饭前半小时左右烹饪中心成为厨房里最为繁忙的区域。厨房中最主要的工作空间是水槽与灶台之间的部分。而大约三分之一的工作要在这里完成。理想的烹饪中心位置应既靠近水槽，又接近就餐地点。烹饪中心需要包括以下设施（参考资料：国际标准ISO 3055—1985《厨房设备——配合尺寸》)：

• 燃气灶、电磁锅或石英卤素灶，其安装在操作台上的灶台位置，因使用者的身高不同，操作台高度一般分800mm、850mm、900mm三种（包含灶具高度）特别为残疾人使用的操作台高度设为750mm；

• 安排灶台的工作台面必须采用耐热材料，包括天然石材和人造石材。天然石材的放射性要求应符合GB 6566—2001标准中，1类民用建筑的规定，人造石材应符合JC/T 644的规定；

• 烤箱，可作为灶台的一部分或与灶台分开。灶台上设置独立式烤箱可使烹饪中心的安排更为紧凑。安排灶台面上的烤箱时，要考虑不会伤害人的头部及眼睛；

• 微波炉，用来快速制作食物的微波炉可以安排在烹饪中心附近，炉门不应朝向一排橱柜末端的通道，也不应该朝向墙角；

- 灶台面与上面吸油烟机之间的垂直高度为 450～500mm；
- 烹饪中心的灯光采用吸油烟机上的照明，直接照射到灶台，但不可照到人的眼睛；
- 多个电源插座，提供给小型家用电器的能源，如电饭锅、搅拌机、榨汁机等。

以上三个工作中心的安排要以人为本，考虑使用者的工作习惯、操作流程做到合理布局。

虽然厨房的面积大小各异，但关键是要有效地利用空间，厨房的平面布局都应遵循“工作三角”原则，方可设计出高效率且实用的厨房。

厨房已不再只是烹饪活动，它越来越集就餐、休闲或工作于一身，成为人的日常生活的主要场所。因此，将厨房的实用性、装饰性、结构的合理性和现代技术的应用结合在一起，是设计师义不容辞的责任。

（二）多功能厨房

厨房的多功能为居住空间提供了多种家务及家居生活活动的可能性，甚至某些功能看起来是与烹饪工作无关。具备功能齐全、使用方式灵活特点的厨房设计越来越受到广泛关注，这类特殊类型的厨房的功能还可以包括餐厅与客厅，成为处理家务的工作中心。

其实，多功能厨房并非全新概念，它的设计理念也是由古老的传统文化中衍化来的。据研究显示，西方古老住宅建筑中，大厅基本上就是放置火炉的封闭空间，其周围便是进行烹饪和进餐的地方，而家务活动也是围绕着它来进行的，这与我国以前的住宅环境颇为相似，所谓一间屋子半间炕，冬天全家围着炉子转正是对当时的客观写照。

如今提出的多功能厨房概念，并不意味着我们回到以前的生活，而是提出统筹安排家务生活的态度和设计理念。

多功能厨房的特色就是包容了人们既在此准备饭菜、坐下品尝和清洗碗筷，孩子也会在这里通过观察，潜移默化地学到些烹饪技能，家长也可在这里照看孩子玩耍或做作业，来访的客人在这里会感到主人家中的亲切与温馨。

当然，多功能厨房也并非一定占据多大的面积，而关键是需要具备多样的设计思路。从功能出发，合理而巧妙地利用空间，达到即功能多样又井然有序的效果。

（三）人体工程学

厨房是以人体工程学、操作工序、模数协调及管线组合原则，采用整体设计方法而构建标准化、多样化的操作空间。

由于功能上的需要，厨房设施和厨房家具与人体的关系非常密切，它们尺寸的限定因素是随着人体尺度而变化的。操作台面、吊柜、吊柜以及厨房设备和器具均要安排在伸手可及的位置。肘部与操作台的距离对工作的舒适度非常重要。在比肘部（上臂垂直，前臂呈水平状）低 75mm 的操作台面上工作会令人感到舒适省力。这说明厨房里的操作台等一切与人发生密切关系的设施均需要有严格科学的人体测量学数据支持。厨房通常是为一般身材的正常人设计的，在特殊的情况下如为乘坐轮椅者或老年人设计，则需对标准橱柜和设施加以改变或改装。

第二节　平面布置

依据国家建筑行业标准 JC/T184—2011 文件规定，厨房使用面积不应小于 4.05m^2。根据厨房的面积差异分为操作厨房、餐室厨房、起居餐室厨房，其净面积如表 10-1 所示。推荐使用黑线范围内三种厨房：中档、低档 K 型操作厨房及低档 DK 型餐室厨房。黑线以外主要推荐三种厨房：中档、较高档 DK 型餐室厨房及较低档 LDK 起居餐室厨房。厨房尺寸应与厨房设施、厨房设备模数、管线区协调一致。

厨房净面积表（m^2）　　**表 10-1**

宽度净尺寸（mm）	长度净尺寸/mm							
	2100	2400	2700	3000	3300	3600	3900	4200
1500	—	3.60[a]	4.05	4.50	—	—	—	—
1800	3.78[a]	4.32	4.86	5.40	5.94	6.48	—	—
2100	—	5.04	5.67	6.30	6.93	7.56	—	—
2400	—	—	6.48	7.20	7.92	8.64	9.36	10.08
2700	—	—	—	8.10	8.91	9.72	10.53	11.34
3000	—	—	—	—	9.90	10.80	11.70	12.60
3300	—	—	—	—	—	11.88	12.87	13.86
3600	—	—	—	—	—	—	14.04	15.12
3900	—	—	—	—	—	—	—	16.38

注：1. 净尺寸指厨房装修后的净尺寸。
2. 推荐使用黑线范围内的厨房面积系列。
3. “—”表示不应采用的厨房面积。
4. a 只适用于小面积套型的厨房面积。

虽然厨房的面积大小各异，但关键是能否有效地利用空间，以下五种都是既有效率又实用的厨房平面布局示例。

（一）I 形厨房系列

这类三点一线式厨房适用于狭长的房间。要想达到理想的使用效果，一面墙不能短于 3m。用镶入式或镶入台面下的电器来充分利用空间，要留有尽可能多的台面空间。灶台与水槽之间的台面要可容下切制配料的工作空间，台面与吊柜之间的空间可放若干搁物架（图 10-1）。

（二）双排形厨房系列

走廊式厨房占用空间最小，有两排相对的操作台中间留一个走廊通道，令长方形的空间利用的最为充分，也是职业厨师最渴望拥有的布局。通常是将灶台和水槽置于同一边。（图 10-2）

（三）L 形厨房系列

这类厨房的橱柜沿着两面相邻的墙布置，空间适用而高效。清洗和烹饪工作面间应留出一定的台面空间，作为配料准备区，比较难处理的拐角处可安装一个旋角柜装置。L 形厨房提供了连续的操作台面，可保持炊事工作三角工作程序（图 10-3）。

（四）U 形厨房系列

U 形厨房系列也是一种高效的平面布置。经过分析炊事工作三角的工作程序和步骤及重复次数，这种布置既节省体力又节省时间。它也有连续的操作台面，不影响工作三角之间的往来活动。工作中心很容易按照顺序排列，同时还提供了最大贮存空间和操作台面，既适用于大厨房又适合小厨房的布局（图 10-4）。

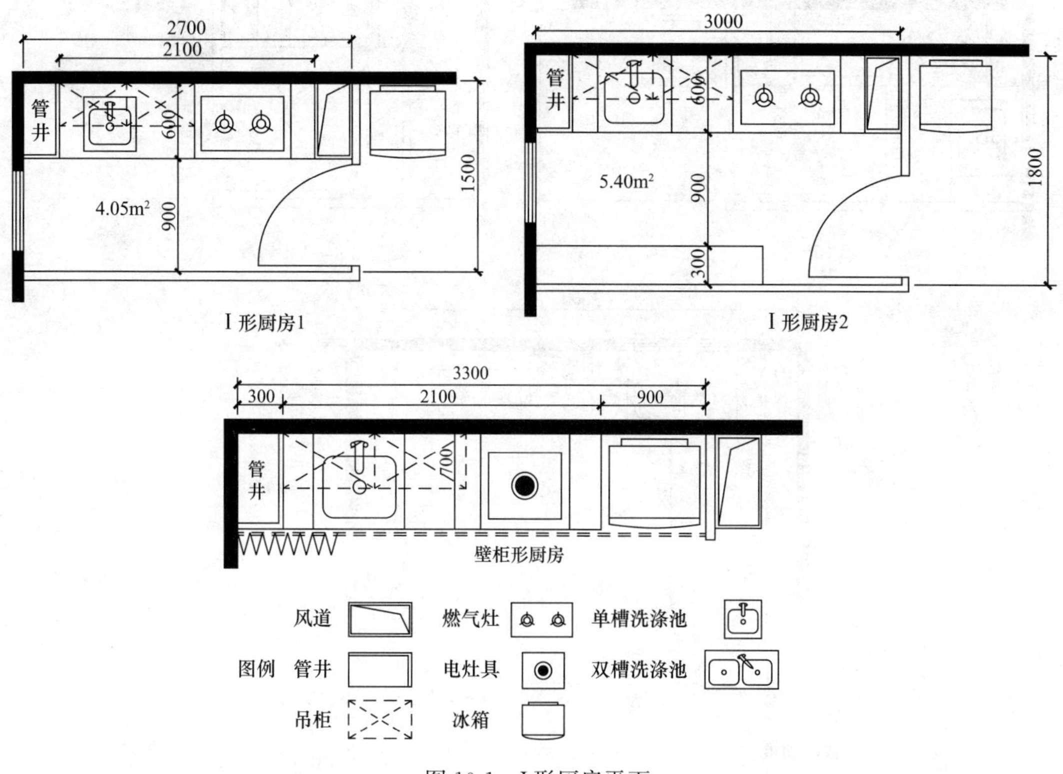

图 10-1 I 形厨房平面

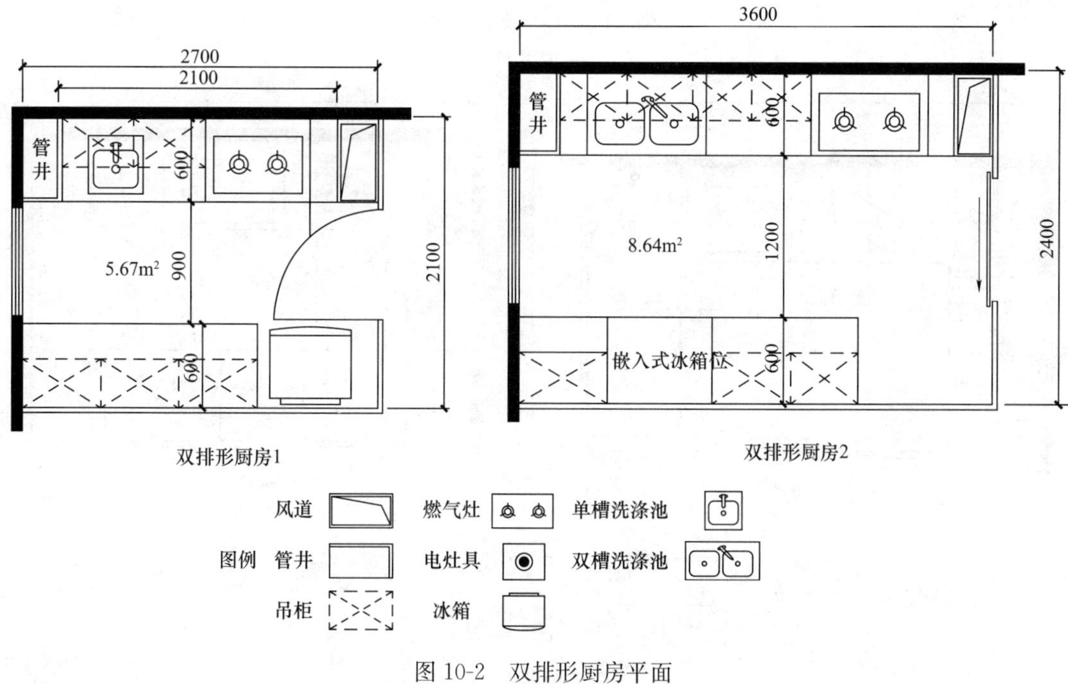

图 10-2 双排形厨房平面

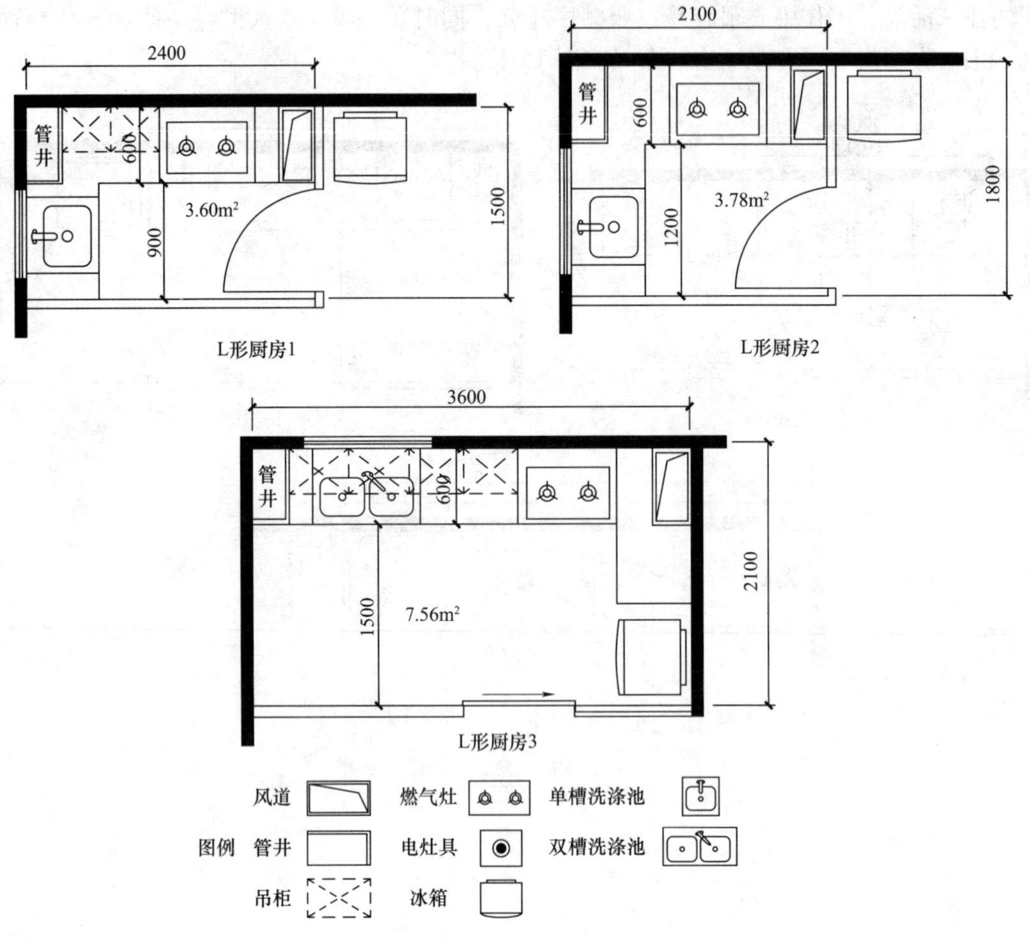

图 10-3　L 形厨房平面

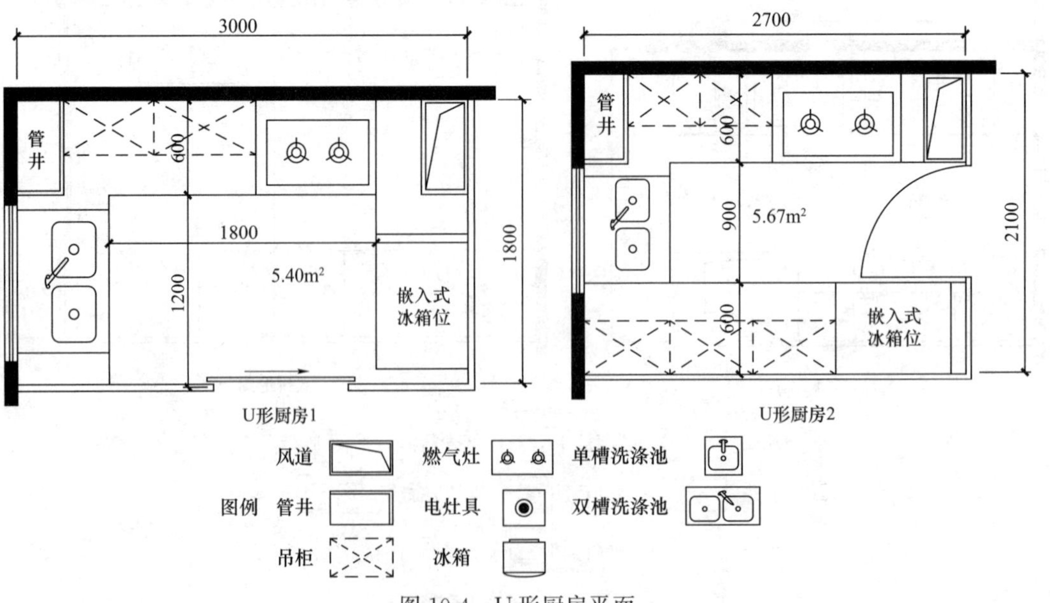

图 10-4　U 形厨房平面

（五）无障碍厨房系列

轮椅使用者因为需要坐姿操作，而轮椅座位的前方设有脚踏板，所以不能像正常站立姿势的人一样接触前方、两侧和上下方的物体。利用一个或两个转角，增加可利用的台面，比双排形的布置形式更方便轮椅使用者的使用。将洗涤池和灶台分别置于操作台转角的两侧，使用者只需在原地转动身体或者稍微移动位置即可完成洗涤和烹饪的操作转换，尽可能地减少因重复行走而带来的困难。L 形和 U 形的布局还利于台面的顺畅衔接，将洗涤池、灶台和冰箱连续布置（图 10-5）。

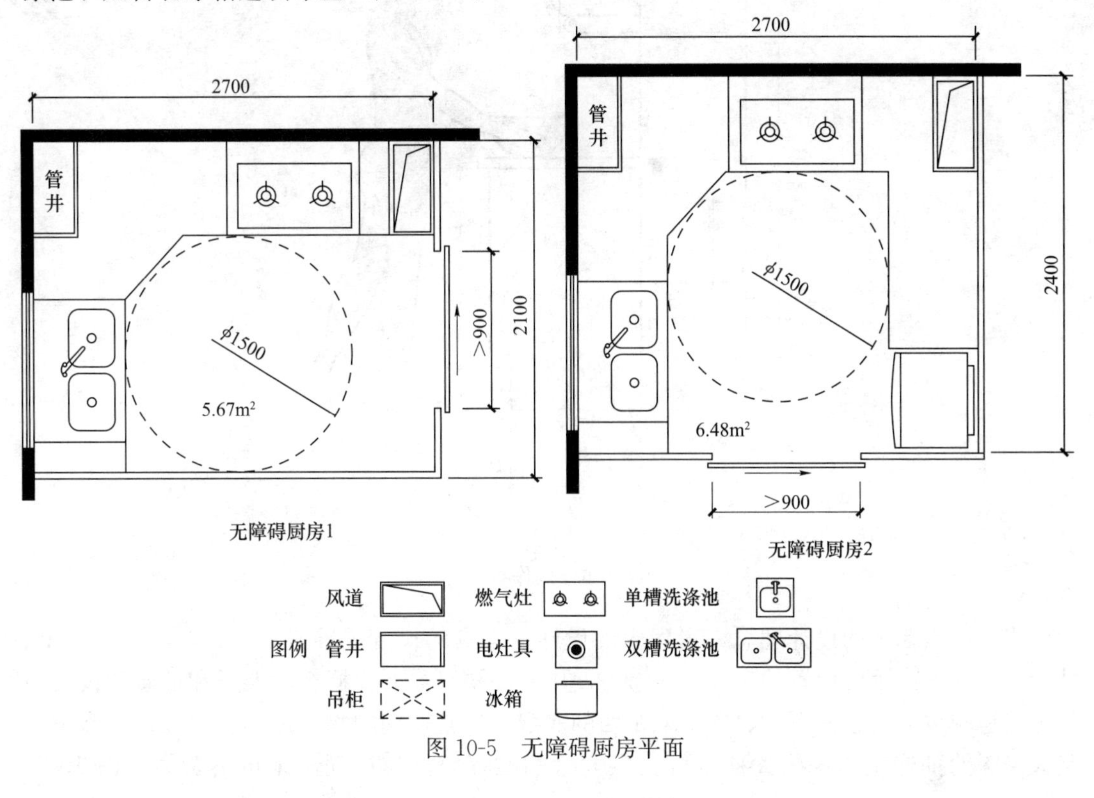

图 10-5　无障碍厨房平面

第三节　处理要点

工作三角理论早在 20 世纪中叶即已形成，瑞典家务管理所通过对厨房内活动的研究认为，厨房中几乎所有的体力活都是在上述三者的部分完成的，所以要力求三者之间的距离令使用者感到非常舒适、合理，这项研究确立了厨房三个主要活动区域间的距离，以获得最大限度的方便与安全。经过细心测量，水槽、冰箱和灶台这个“工作三角”的周长不应超过 6m。三角形的边长则根据厨房的大小和形状而有所不同，而两个工作中心间的距离至少为 900mm，同时也不宜过大。如果距离太远，不得不从厨房的一端往返于另一端，费时费力，如果间距太近，在厨房中工作起来就会觉得拥挤不适。为了节省时间和体力，要按各项任务在三个中心依次进行，而不应颠倒先后顺序。

（一）标准尺寸

基于人体工程学的研究成果，由于厨房的功能及地位决定了它与使用者的接触频繁、关系密切，所以厨房的设施尺寸就非常重要，每个尺寸都会直接影响使用者的舒适度与方便程度。因此应参考现行标准 JG/T 184—2006《住宅整体厨房》来进行设计。

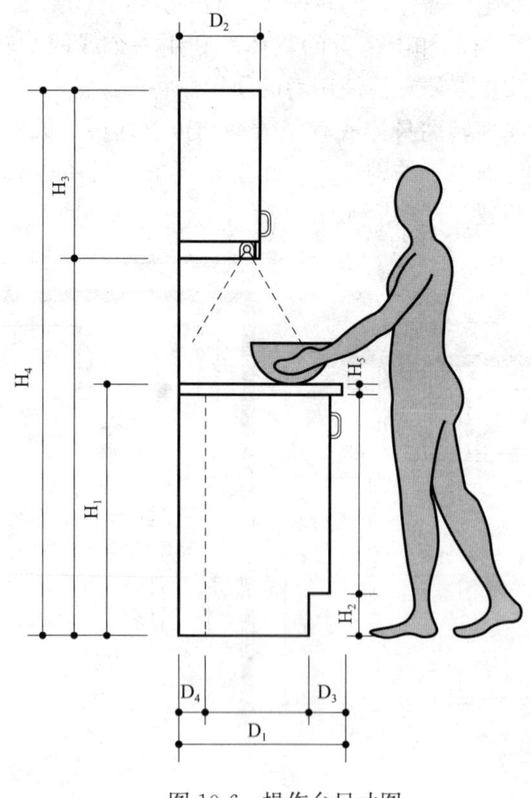

图 10-6　操作台尺寸图

出于以人为本的设计理念，厨房内的设施、家具的尺度要准确，吊柜、地柜、水槽、灶台等设施的高度、位置的布局均应考虑使用者的切身需要。橱柜、架子和抽屉的设计应尽可能地减少人弯腰向下拿、向上取东西的次数。经常使用的物品最好安排在操作台下面又大又深的抽屉里。这些大抽屉可提供大量的贮存空间，拉动起来也不费力（图 10-6）（表 10-2）。

厨房家具与设备标准尺寸（mm）　　　　表 10-2

高　度	H_1	操作台高度	750、800、**850**、900
	H_2	踢脚板	150（当 H_1＝900）
			100（当 H_1＝750、800、850）
	H_3	吊柜高度	500、600、700、800
	H_4	地面到吊柜顶部高度	≤2200
	H_5	操作台面厚度	30、40
进　深	D_1	操作台进深	550、**600**、650、700
	D_2	吊柜进深	320、350、400
	D_3	底座深度	≥50
	D_4	水平管线区深度	80～100

注：黑体字为住建部推荐尺寸（2012 年 1 月 1 日起实施）。

（二）通用原则

根据“通用设计”原则，厨房设计应适合所有家庭成员的使用，并应努力减少多余动作的发生。按人体测量学平均价值而制定的厨房设施和柜体的标准即是按此目标制定。如让小孩能轻松地爬上椅子，患有关节炎的老人也能自己开水龙头。标准设施的基本原则就是增强厨房对不同人体的适应性，采用“通用设计”原则进行设计的厨房，必须利用充分的照明条件，有充足的操作台面、面积以及高度适中、便于使用的储存和工作空间，而且不会对弱势个体的使用带来不便，并确保厨房工作的安全。通过精心布局，厨房将成为老、中、青及幼儿几代人都能使用的符合人体工程学的生活天地。

另一方面，针对使用轮椅的残疾人或老人，至少需要 1.4m×1.4m 的轮椅旋转活动空间，低柜的下面需留有放脚的地方。值得注意的是，给轮椅留的空间也不宜太大，以免让轮椅使用者做无用功，建议在 1.8m×1.8m 之内。推荐为使用轮椅者所设为的台面高度为 750mm，凹进深度为 600mm。

（三）厨房电器

现代厨房电器种类较多，既要令其充分发挥作用，又能保证使用者的安全，设计中应注意以下几点：

1. 微波炉是厨房烹饪中的重要角色，已成标配，它不会产生易燃气体，烹饪快、操作简便又安全，且可使用轻便不导热的塑料容器和玻璃容器来加热。炉体设置高度以中等高度为宜，这样尤其方便轮椅使用者和老年人。小型微波炉安排在操作台上也是不错的选择，但不宜安排在低柜上；

2. 电烤箱不会产生一氧化碳或易燃物。嗅觉有缺陷的人不会因察觉不到煤气泄漏而危及生命。侧开门的烤箱取放东西更为方便；

3. 洗碗机要设在高于地面 250mm，可避免大幅度的弯腰动作；

4. 电器的操作装置要与周围色彩形成对比，令其显而易见，避免事故发生。黑色或金属灶具应选配浅色的灶具台面与之形成对比。

（四）厨房照明

设计中的所谓明厨即厨房能接受到直接自然采光通风，窗户使厨房明亮宜人，同时还能保持通风。甚至通过厨房的玻璃可以看到外面的景观，令人工作心情更加舒畅。然而，并非所有住宅厨房都具备足够的采光条件，即使有窗依然要考虑到人工照明问题。厨房比任何其他房间更需要充足的照明。特别是操作台面、烹饪中心和清洗中心，都必须得到 150lx 的照度。上述工作中心是需要提供局部照明的。局部光源可以高也可以低，但是为避免眩光必须有灯罩。特别是操作台面的局部照明，主要来自于吊柜之下的光线避免眩光。

（五）材料与维护

厨房是各种家务活动的中心，其中声音嘈杂。在选择地板、操作台面、橱柜、墙面和天花板的材料时，对其耐磨性、耐热性、防尘和抗油渍性能应予以足够的重视，需达到清洗方便、减少声音的反射以及色彩赏心悦目的要求。

（六）环保型厨房

厨房所选用的材料与设备既要经久耐用，富有个性和品位，又需达到环保要求。厨房是烹饪食物的环境，若选用了未达到环保要求的材料，将对人体健康产生不利影响，因此，必须引起设计师的足够重视。

橱柜所用的人造板材料要符合环保要求，其游离甲醇释放量必须符合国标 GB 18508—2001 的规定，应小于等于 9mg/100g；天然石材的释放性要符合 GB 18584—2001 中 I 类民用建筑之规定；人造石材应符合 JC-T 644 的规定。木制家具中有害物质量应符合 GB 18584—2001 的规定。材料的选择要经久耐用并易于修复，避免选用那些一旦损坏就只能更换的材料。

操作台面采用木材是一种不错的选择，尤其是选择榨木、橡木和枫木等硬木，这类木材即坚硬、耐用又易于维护保养。从环保考虑应尽量避免使用柚木等热带硬木。天然石材经久耐用，若符合国家对其释放性物质的监测标准也是很好的选择。

普通油漆中含有可对空气造成污染的易挥发的有机化合物 VOC，因此一定要使用 VOC 含量低的油漆。而天然油漆是由亚麻油等天然原料制成的，并加入矿物颜料，它们几乎是无味的。还有，以蜡着色剂和清漆去处理操作台及橱柜，使用可生物降解的环保型清洁剂，而避免使用石油化学合成的洗涤剂、合成香味剂、氯气漂白剂。

总之，厨房因其功能的必要性是居住空间必不可少的组成。曾经是简单枯燥的工作区域，如今，或将成为丰富多彩的家庭活动中心，并给人带来愉悦，这一重大的改变过程源于崭新的生活方式，在满足其必需的功能需要的同时，还要恰如其分地反映出主人的品位和性格，而这些都在于精心的设计。

思考题：

1. 厨房的基本功能有哪些？高效率的“工作三角”应是怎样的关系？
2. 厨房平面布局有哪些形式？
3. 厨房的装修设计应考虑哪些因素？

第十一章　卫浴间设计

第一节　功能分析

卫浴间是人们每天所必须使用的实用生活空间。由于生活条件的改善，人们希望家中有两个或两个以上的卫浴间，而且希望空间更宽敞些、光线更明亮些。

卫浴间的基本功能包括洗漱、沐浴和如厕。如今，因时代的发展和科技的进步，卫浴间的功能已不仅限于上述三项，其功能甚至扩展到生活许多方面，具有复合功能，包括以下功能：

- 盆浴、淋浴；
- 洗脸、洗发；
- 更衣、化妆；
- 桑拿、蒸汽浴；
- 冲浪按摩；
- 药浴；
- 听音乐、看电视；
- 读书、看报；
- 休息、思考、远眺。

从上述复合功能来分析，这些功能既满足了人的高品质生活需求，又对设备、设施及卫浴间设计提出了新的要求。例如洗澡和梳妆既能清洗人的身体又可使人心旷神怡，而洗浴通常可以放松身体，因而水深及肩的浸泡式型浴缸很受欢迎。桑拿浴源自北欧斯堪的纳维亚地区，桑拿浴室空气潮湿闷热，所以应设在单独的隔间内；带有漩涡喷头的充气按摩沐浴通常则安排在喷淋屋之内，视听终端及调谐装置需具备防水功能，如 BOSE 和 B & W 等品牌均有防水型扬声系列，如此设置可使人们在沐浴的同时看电视或听音乐尽情放松身心、享受生活。

此外，随着人们对健康的关注和保健意识的提高，越来越多的家庭将健身房与主浴室或主卧室区域结合起来。因此，人们有可能在卫浴间中洗蒸气浴、晒日光浴和锻炼身体。

第二节　平面布置

卫浴间的位置首先要考虑其使用的便利程度和私密性问题。从流线分析方面考虑，由各卧室进入卫浴间都要方便，而且进出时不应引人注目。应有一个带有便器和洗面器的卫浴间，尽可能靠近厨房和公共区域，专供客人使用。

完整的卫浴间最小优选组合尺寸（净尺寸）应该是2100mm×1500mm，但这是排除多人同时使用的情况，并严格限制了储藏空间的设置。

卫浴间的平面布置十分重要，需要认真考虑，在设计或改造时应考虑到诸多方面的要求。

首先是空间的尺度。随着人们对生活质量的要求日益增高，对卫浴间的功能与质量要求也越发提高，卫浴间相应的高度与面积也相应增加，因此，从表11-1、表11-2中我们可以发现，无论是卫浴间的开间、进深和高度都有了相应增加。

卫浴间尺寸系列表（净尺寸）（mm） **表 11-1**

方　向		尺寸系列
水平方向	宽	1200（1300）、1500（1600）、1800、2100（2200）2400、2700、3000、3300
	长	1200（1300、1400）、1500（1600）、1800、2100（2200）2400、2700
垂直方向	高	2100、2200、2300、2400

卫浴间单元平面组合尺寸系列表（净尺寸）（mm） **表 11-2**

长边（进深）	宽边（开间）							
	1200（1300）	1500（1600）	1800	2100（2200）	2400	2700	3000	3300
1200（1300、1400）		○	○					
1500（1600）	○	○	○	●	●	●	○	○
1800	○	○	●	●	●	●	○	○
2100（2200）	○	●	●	●	●	○	○	○
2400	○	●	●	●	●	○		
2700	○	●	●	●	○			

注：1. ●表示优选组合尺寸，○表示常用的组合尺寸。
2. 非标尺寸的由设计师确定。

其次为平面类型的合理选择。不同类型的卫浴间可以起到不同的作用，依据其功能可以分为以下三种类型：

（一）集中型

即集浴缸、洗面器和坐便器三件洁具为一室。其优点就是节省空间、管线布局简单。缺点是不适应多人同时使用。因面积有限，贮藏功能也较难处理，此外洗浴的潮湿还会影响洗衣机的寿命，即所谓干湿不分。此类平面参见图11-1～图11-3。

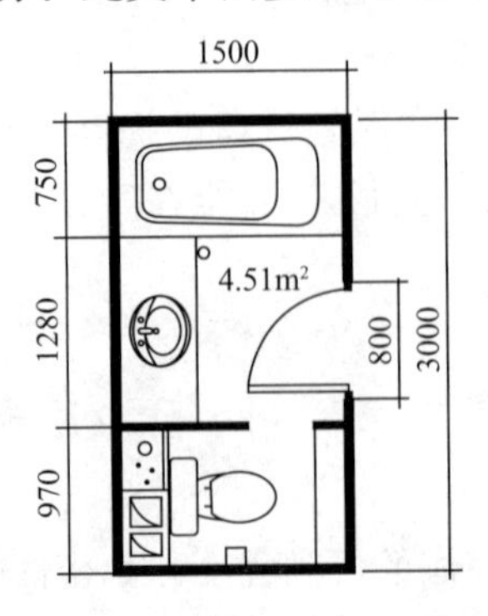

图11-1　某集中型卫浴间平面

图 11-2　集中型卫浴间内景一

图 11-3　集中型卫浴间内景二

（二）前室型

在同一卫浴间里，干区与湿区各自独立，功能区之间用隔墙、壁柜或管道井分开，沐浴与盥洗化妆可以同时进行，互不干扰（图 11-4、图 11-5）。

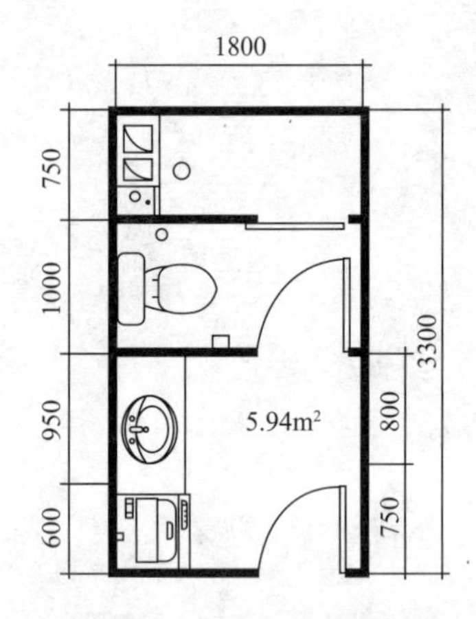

图 11-4　前室型平面示意

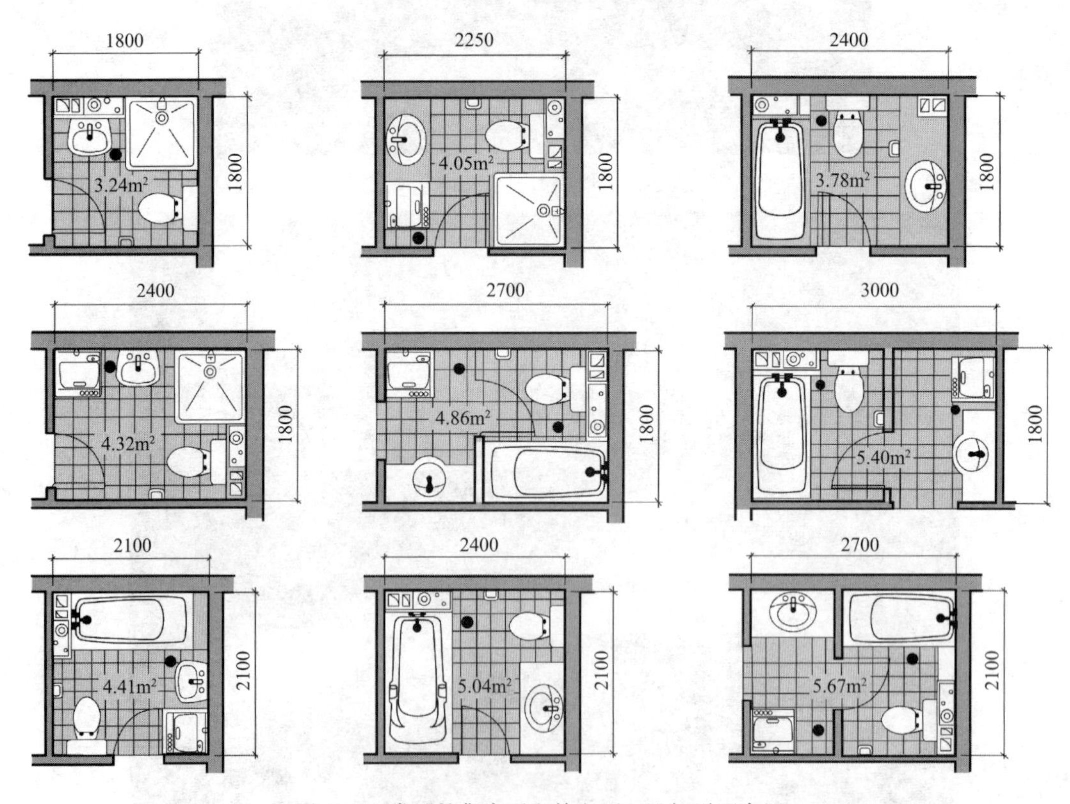

图 11-5　常见的集中型和前室型卫浴间平面布置

常见的集中型和前室型卫浴间平面布置如图 11-6所示。

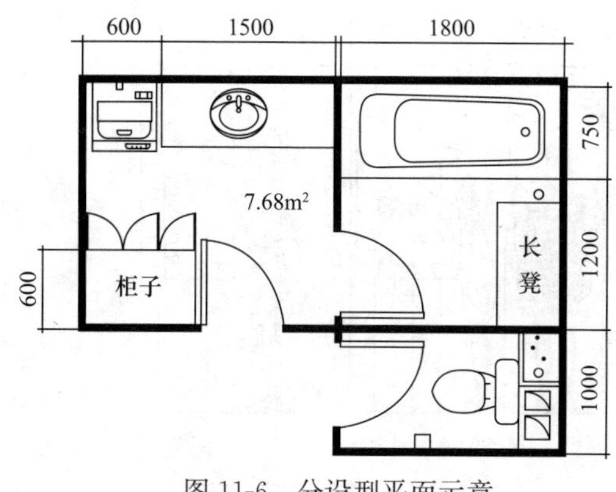

图 11-6 分设型平面示意

（三）分设型

当代美容化妆功能日趋复杂化，盥洗化妆部分从卫浴间分离出来。其优点是各室可以同时使用而互不干扰，功能明确，使用方便。缺点是空间占用多，而且装修成本高。

根据清华大学对卫浴间布置形式所做的调查显示，选择集中型占19%，选择前室型形式的占29%，而选择干湿分离的分设型形式的占到52%，由此可见，人们对干湿分离的卫生间的选择倾向是非常明显的（图 11-6）。

第三节 设计要点

（一）人体工程学

人在卫浴间内的具体动作及相应的人体尺寸如图 11-7 所示。

（二）门窗

门的开启方向应向里，避免开门时碰到使用者。应注意门在开启时不会让外面的人看到浴室全部，特别是坐便器。安装适合的内、外定向开启装置，以便在紧急情况下可从外面进入。考虑到残疾人的使用，有一条至少能通过轮椅的通道，也可选用拉门或折叠门，尽管它们的隔声效果差些。

需要考虑到采光、通风、开启方便和私密性等因素。同时在整套住宅空间中，卫浴间需要有保温以及最好的通风条件。出于私密性的考虑，窗台距地面应有 1200mm 至 1500mm 高，或者安装毛玻璃。高窗、天窗和换气扇都能很好的透光和通风效果。别墅首层的卫浴间若开设有大型玻璃窗，则可设室外花园以增加私密性。

（三）供暖

暖风机、红外线取暖炉、石英取暖炉和红外线加热灯都为迅速提高卫浴间温度提供了选择。此外，防水、防爆的安全保护也是必不可少的。

（四）储藏

储藏紧靠第一使用地点始终是首要的储藏原则。要安排足够的台面，用以摆放最常用的化妆品等。不仅需要保健箱（为了安全需加锁），而且，要有小橱柜和抽屉，用来存放各种洗浴化妆品等，更应有足够的储藏空间以摆放盆、桶等扫除用具。

（五）地面材料

因卫浴间湿度较大，需要选用防水、不易发霉、不易污染、容易清洁的表面材料。因此，釉面砖更具优势。建议使用防滑釉面地砖、防滑玻化地砖、陶制地砖、富有弹性的乙烯树脂透明地板等。

（六）色彩

作为卫浴间设计的重要因素，卫浴间整体色彩的选择应与洁具的色彩配合，或对比或协调。洗面盆与化妆台及储藏物柜、镜前灯、多用插座等配套设施往往由厂家成套供应，样式丰富，可选范围很大，而且现场装配也很简单。环境色对人的体温与肤色的产生影响，对视

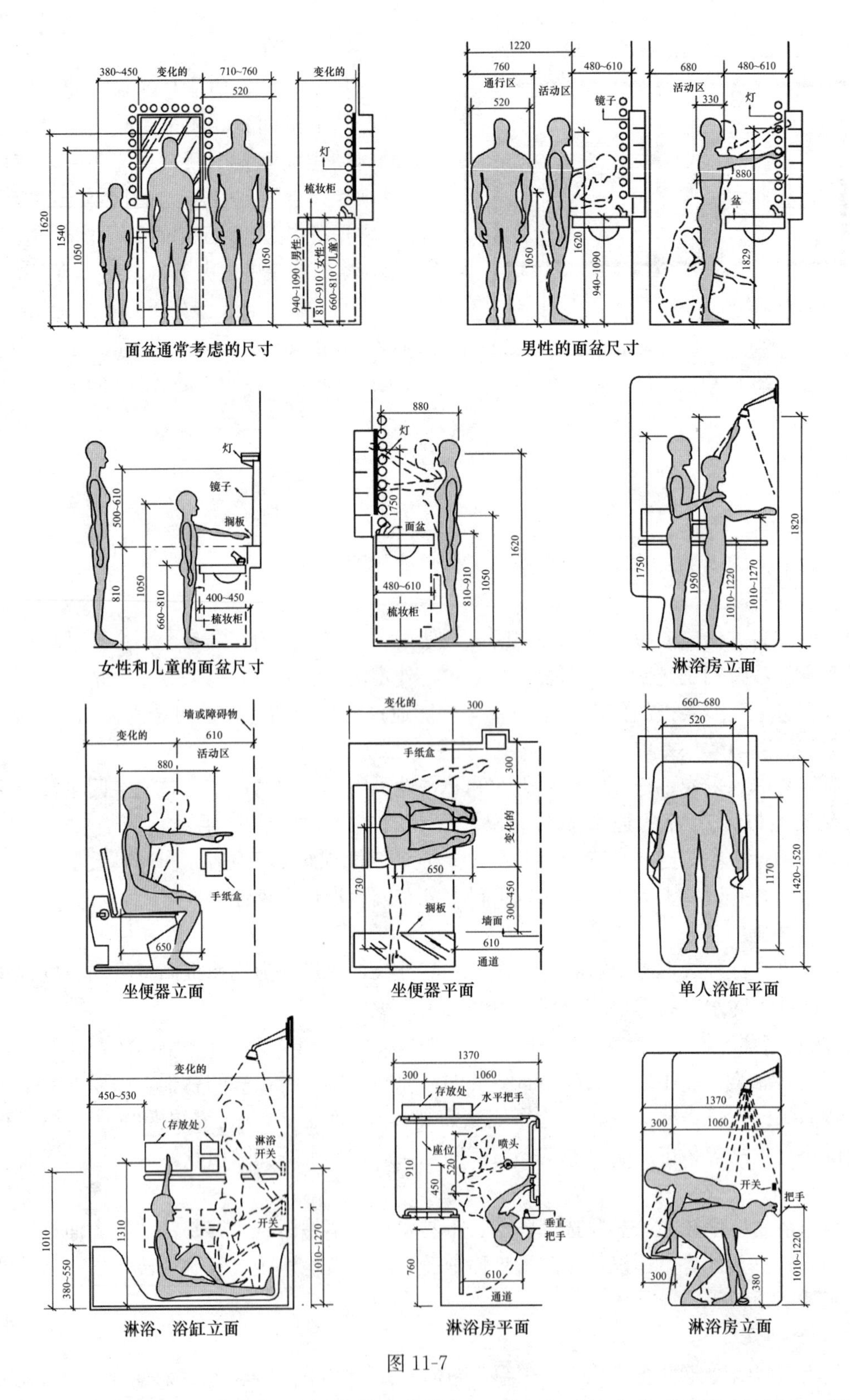

图 11-7

觉心理也间接发挥作用。暖色系映衬出健康的肤色，而冷色系给人带来忧伤的情调；高明度的色调有助于卫浴间的均匀布光，选择暗色调时则更要注意灯位、照明和数量。

（七）照明

自然采光和人工照明对于化妆都很重要。化妆台前的镜面可加电热丝来防雾，镜子应尽可能大一些，通过镜面反射，可将心理空间扩大化。照明设计要求有若干光源形成无影灯，避免眩光，照度≥300lx。在选择光源和定位时，须避免眩光，化妆用的两侧镜前灯的中心高度距地 1600mm，光线要均匀地照到人的面部，包括下巴。在镜子周围安装小型灯具可有助于达到此目的。要避免在镜子中出现反射的眩光，但还要设法使光源从镜中得以折射，它们将为整个化妆空间提供间接照明。4500k 以下暖色荧光灯的光色最适用于化妆。如果沐浴空间因设施位置等原因而没有充足的照明，则以辅助灯具进行补偿。同时，为安全起见，需设有夜间照明的灯具。所有电器插座和开关都需加以防水专用设计，并距浴缸或淋浴器不小于 1m。

（八）洁具

卫浴间的基本尺寸与其中设备的规格有关，此外还应考虑到人体活动必要尺寸和心理因素。整体卫浴间的出现和功能的不断完善更促进了设备设施的发展，其中浴缸、坐便器和洗面盆既是主打元素，而且对卫浴功能品质的提升十分重要。

洗面器：化妆台与洗面盆的上沿高度在 850mm 左右，洗脸时所需动作空间为 820mm×550mm；人与镜子的距离≥450mm。人与左右墙壁之间要有充足的空间，洗面盆中轴线至侧墙的距离≥375mm。

洗面盆有五种形式，即台上盆、台下盆、墙挂盆、碗盆和柱盆（立柱盆和半柱盆）、半嵌入式台盆（图 11-8～图 11-14）。新型的洗面化妆设备往往把水池和储藏柜结合起来，形成洗面化妆组合柜，柜体进深和高度一定，面宽可以根据模数而变化。

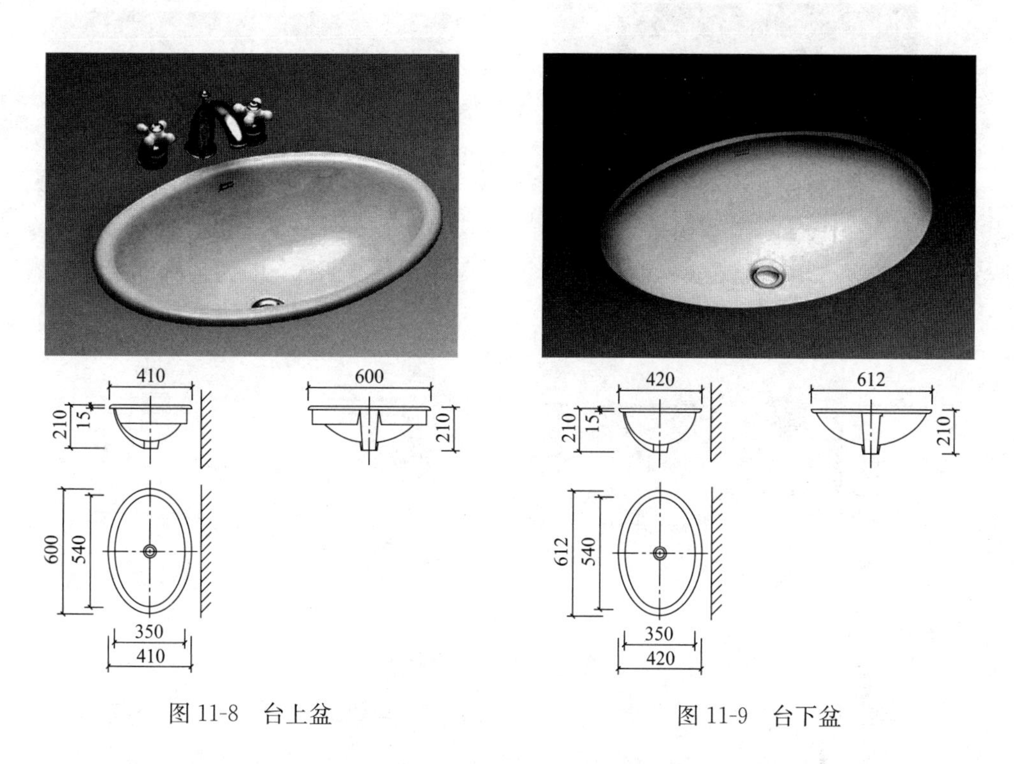

图 11-8　台上盆

图 11-9　台下盆

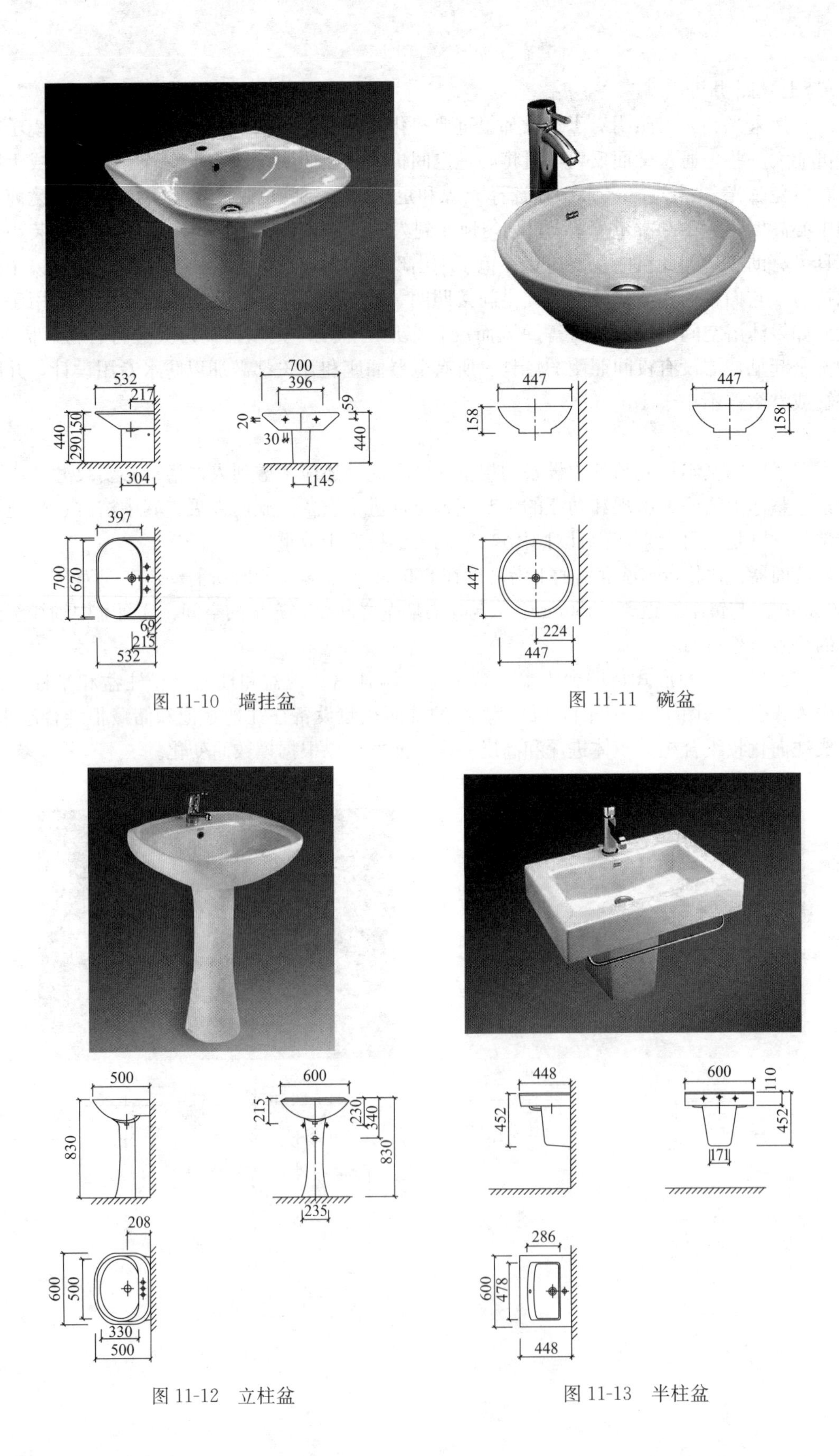

图 11-10　墙挂盆

图 11-11　碗盆

图 11-12　立柱盆

图 11-13　半柱盆

坐便器：冲水坐便器高度为350～390mm之间，按造型分为：连体式（图11-15）、分体式（图11-16）、壁挂式（图11-17）和智能全自动式（图11-18）。按洗净方式分为：虹吸式、涡流式和直落式。选择坐便器时应注意：①蓄水面积大，污物不易粘上；②有足够的水封高度，排水路径宽敞且单纯；③冲水声音小，用水量少；④防止水箱结露；⑤考虑预留采暖便座、热水热风洗净便器的设置；⑥考虑出水口墙距的不同。此外，纸盅的位置应设在坐便器的前方或侧方，以伸手能方便够到为准，距后墙800mm，距地面700mm。

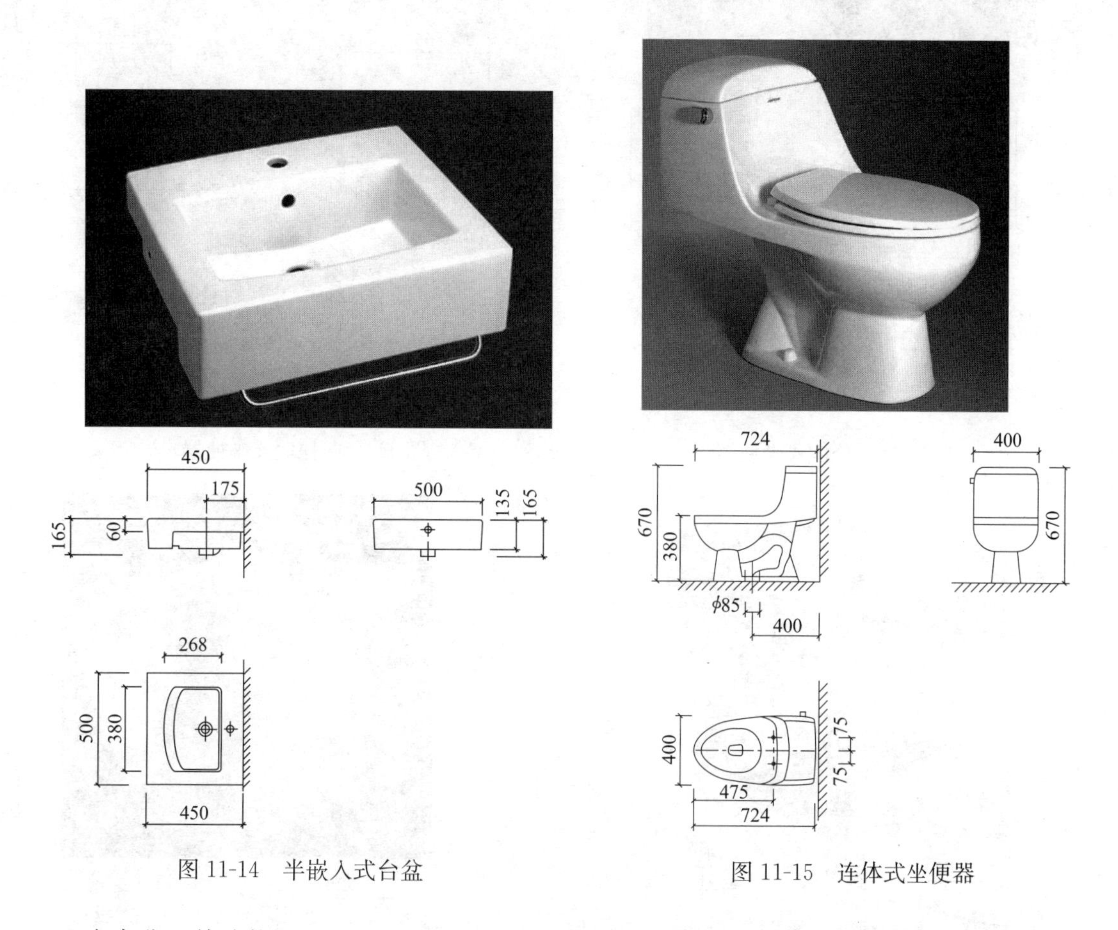

图11-14　半嵌入式台盆

图11-15　连体式坐便器

净身盆：其功能是以坐姿清洗下身。净身盆常与坐便器并排设计，既要设置给排水，还需接入冷热水。高度在350～390mm之间（图11-19）。而自动清洗式坐便是附加在普通坐便器之上，其坐面温度和水温均可调节，能够代替净身盆的功能（图11-20）。

浴缸：有三种形式。日式浴缸形态为深方形，有利于节省空间，入浴时需水深没肩，宜于保暖，适于年老体弱者使用；西式浴缸形态为浅长形，可以平躺（图11-21），其中包括有裙浴缸、无裙浴缸和独立式浴缸（图11-22～图11-24）；转角式冲浪浴缸，利用电机和水泵形成若干个喷水口或气泡式按摩喷水口，开启后喷水可令肌体充分放松（图11-25）。浴缸的材质有亚克力，铸铁搪瓷等主要类型，其性能有所区别见表11-3。

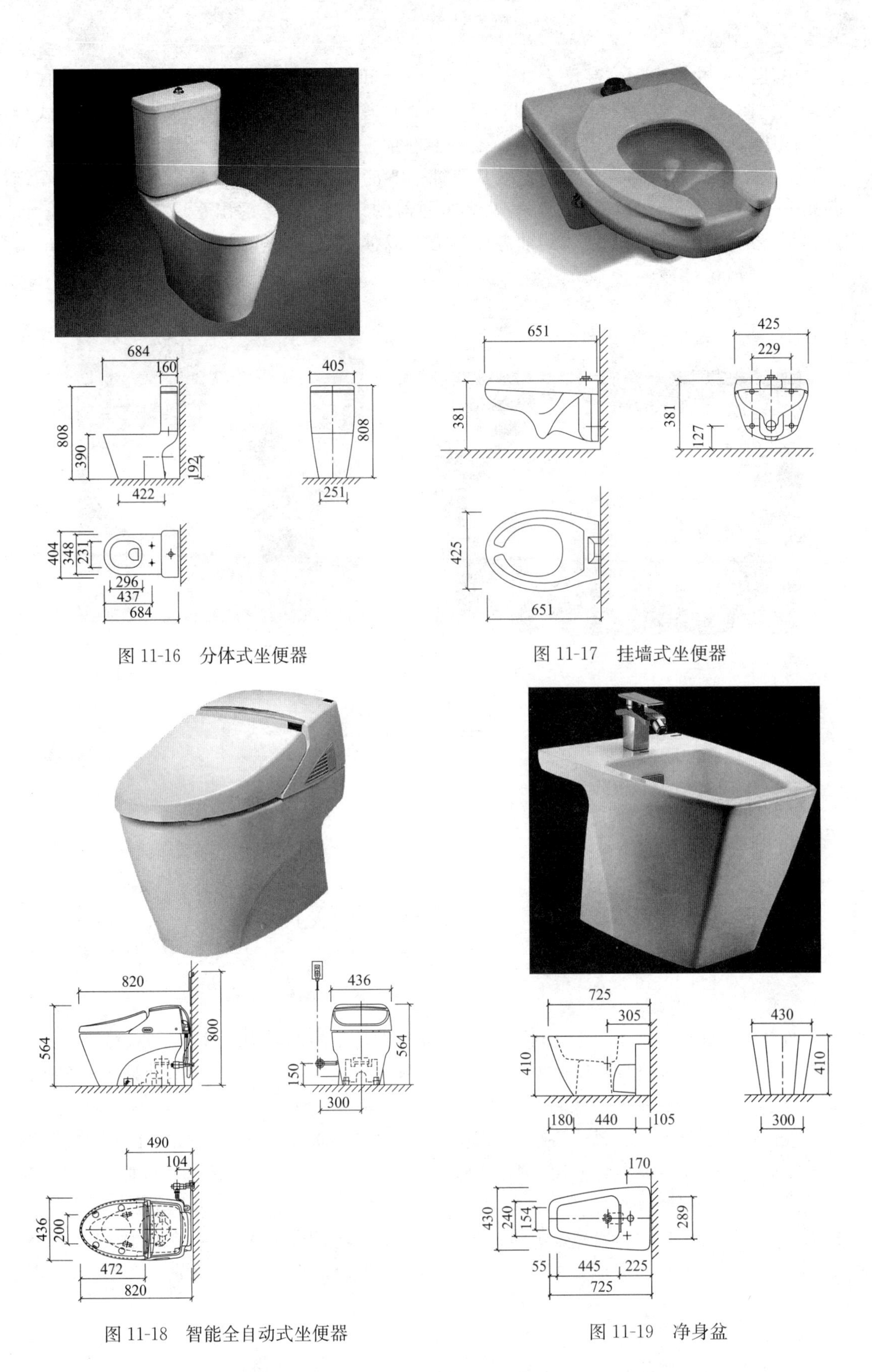

图 11-16　分体式坐便器

图 11-17　挂墙式坐便器

图 11-18　智能全自动式坐便器

图 11-19　净身盆

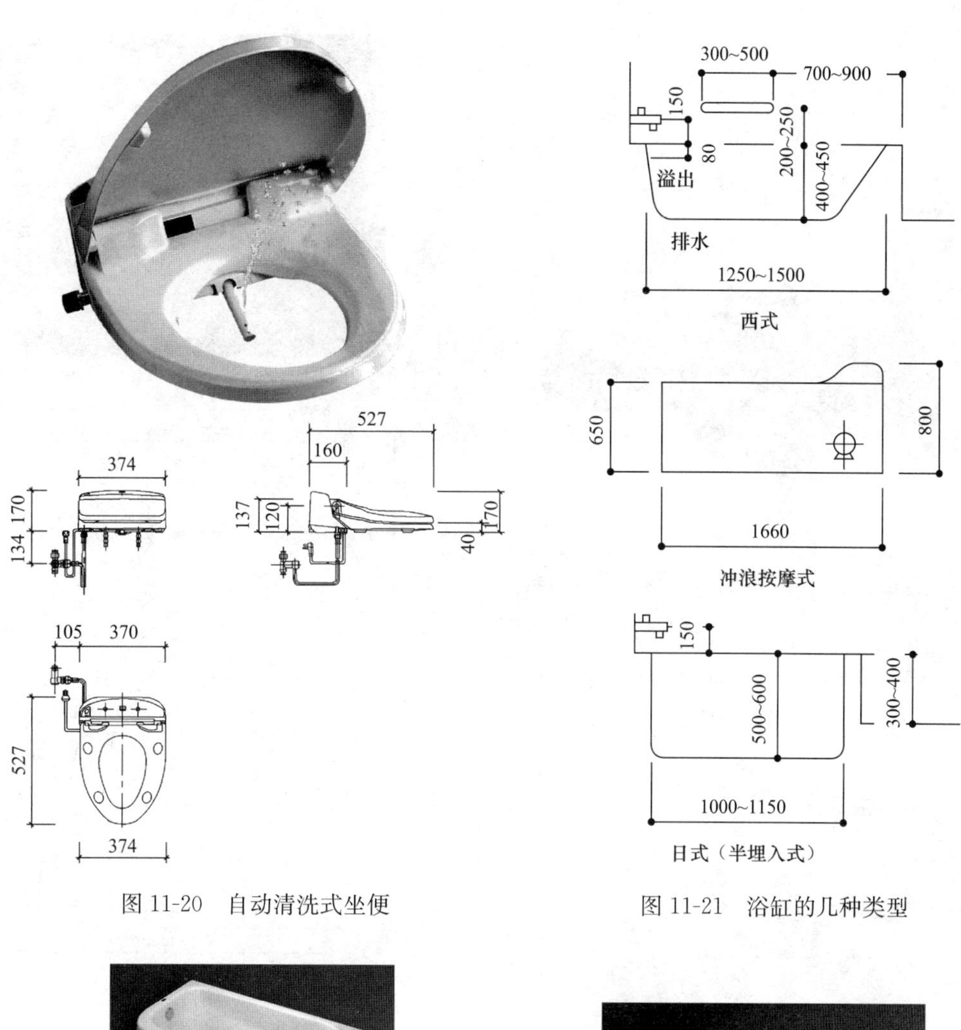

图 11-20　自动清洗式坐便

图 11-21　浴缸的几种类型

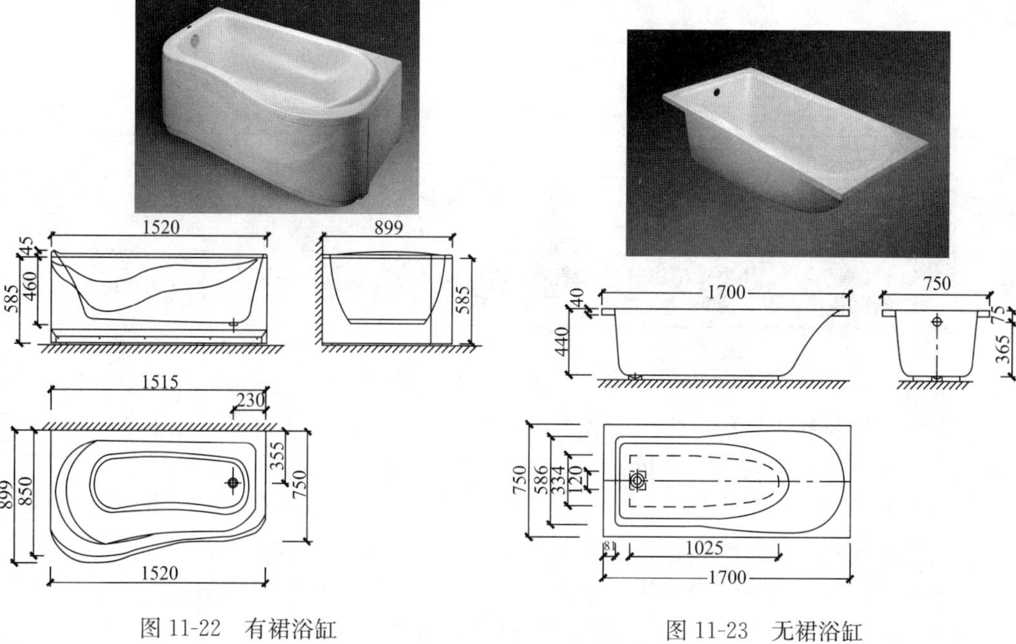

图 11-22　有裙浴缸

图 11-23　无裙浴缸

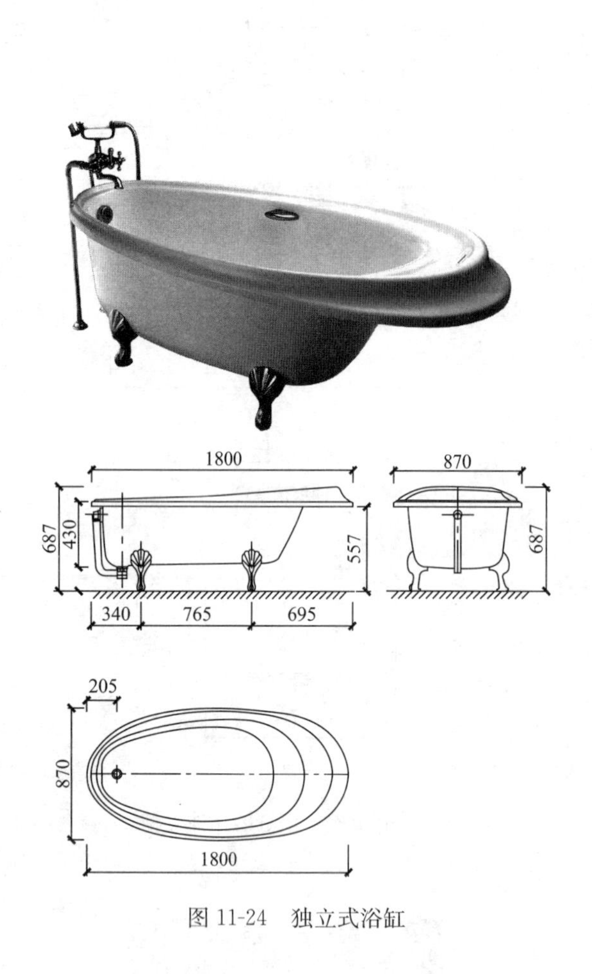

图 11-24　独立式浴缸

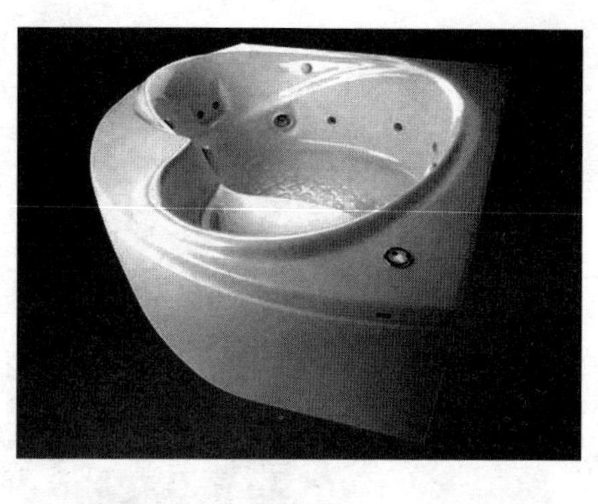

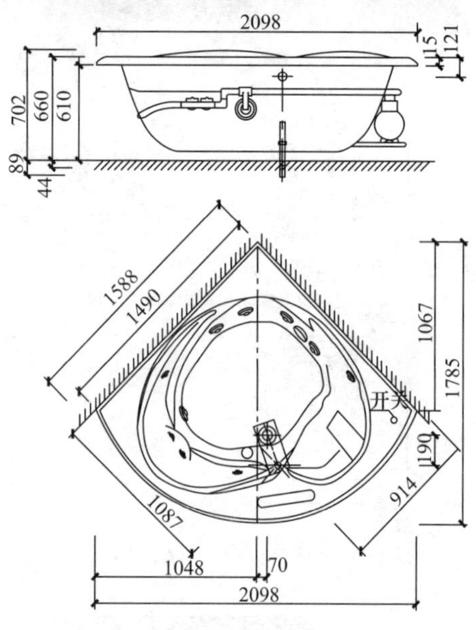

图 11-25　冲浪（按摩）浴缸

浴缸的材质与特征　　**表 11-3**

材质	耐久性	洗刷难易度	保温性能	质感	其他
亚克力	会划伤、变色，不会腐蚀	易于产生细微划痕并易被脂肪类污垢污染	内设保温材料，较好	手感亲切、色彩花样丰富	有压力成型品与涂层成型品
搪瓷	如果不损伤，可长期使用	用中性洗涤剂与海绵易于洗刷	内设保温材料，较好	稍冷，色彩丰富	有厚钢板制和铸铁制

淋浴器：淋浴喷头亦称花洒，安装在浴缸上方或喷淋屋内。淋浴喷头及冷热水开关的高度与人体高度及伸手操作等因素有关，固定的淋浴喷头高度是自盆底以上 1.65m，考虑到站姿、坐姿、成人及儿童的高度差异，淋浴喷头应能上下调节。淋浴和盆浴共用的开关，要装在淋浴和盆浴时均能方便触及的高度。淋浴器是将冷热水开关与淋浴喷头和若干个气泡式按摩喷水口综合为一体，此设备常被装在喷淋屋内（图 11-26）。

喷淋屋：做为湿身区的喷淋屋，是在卫浴间里以玻璃隔离出的淋浴功能区。门的高度为 1.85m，有推拉门、平开门和弧形门等多种开启形式。喷淋屋常与淋浴盆形成组合，位于卫浴间的一角（图 11-27）。

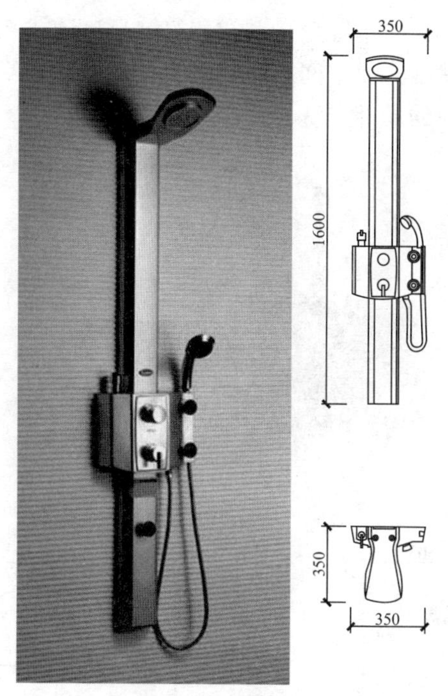

图 11-26　淋浴器（柱）

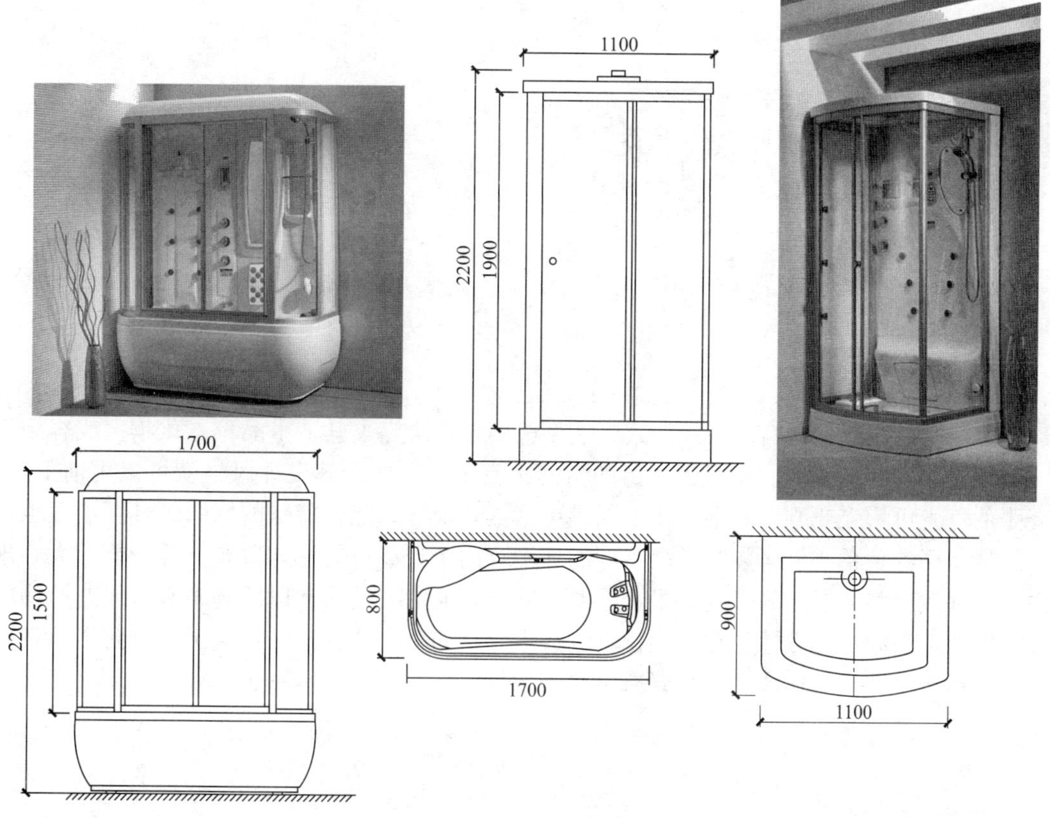

图 11-27　蒸汽浴房两例

清洗池：洗衣机分滚筒式、单缸全自动式和双缸半自动式三种。干燥机置于洗衣机之上，应考虑到洗衣机操作时的必要空间，防止碰头。要设计好给排水。清洗池是很必要的设备，用在使用洗衣机之前的局部搓洗、刷洗等（图 11-28）。

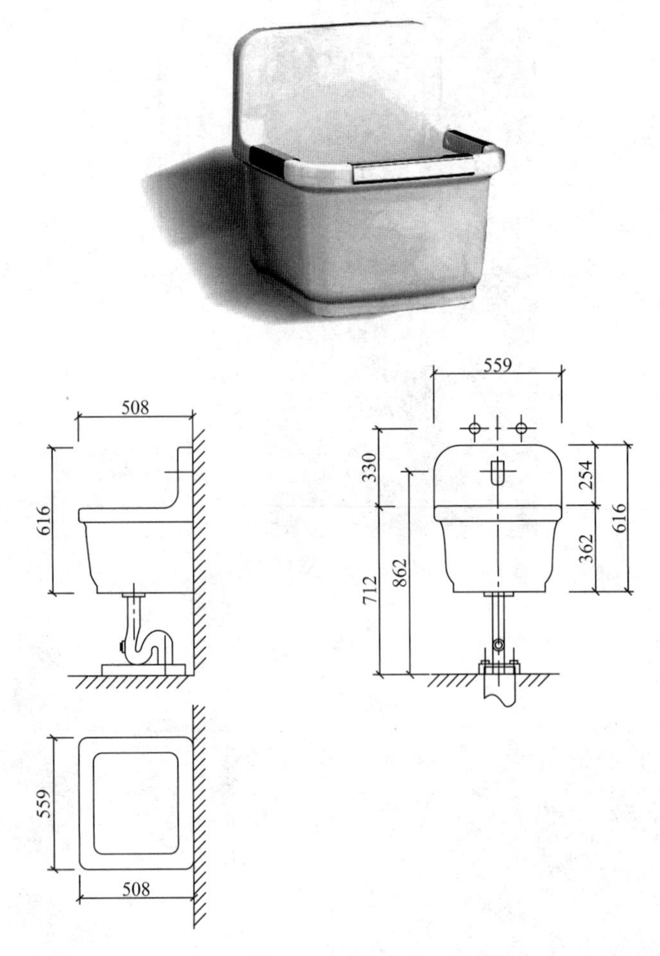

图 11-28　清洗池

（九）艺术处理

卫浴间的色彩、材料及布局形式、造型等因素都决定了其艺术品位。化妆室或客用卫浴间相对比较狭窄，人们在里面停留的时间也有限，因此，其设计风格就可以更前卫些。夸张的灯光可增强戏剧性效果，镜子周围可镶上装饰灯，配合特殊的照明灯具，墙面也可大胆地使用深色系或金属装饰。高明度的环境有助于光环境的均匀散布。镜子能扩大心理空间，并改变整个空间的视觉效果，必要时镜子背面加装电热丝以达到防雾效果。植物的绿化能使卫浴间更具人性化和个性化，创造出舒适的私人“花园”气氛。经过防水处理的绘画，摄影等艺术品还能进一步营造出休闲的气氛。

第四节　无障碍卫浴间

基于人性化的基本设计理念，为了老年人和残障人士也能享受到舒适、安全的居家生活，卫浴间设计的安全因素是设计师必须要认真考虑的，其目的是为老年人与残障人士提供同等舒适度及安全、便捷的生活空间。

在65岁以上的老年人中，家中发生的跌倒事故是导致老年人意外伤亡的主要原因，而跌倒事故大多发生在卫浴间。卫浴间中适当的安全设施同样能保障所有家庭成员的安全。如喷淋屋内使用的安全扶手，不仅可以为老年人提供方便，同样也是适用于所有家庭成员的理想设计。与此同时，坐便器、浴缸、盥洗设备附近或其他必要的位置应加扶手。对于坐轮椅的人来说，洗面器的台面应直接安装在墙上，而不是落地支撑，以使台面下有空间搁腿；低柜应拆除，正面宽度至少有750mm，并有对管道的保护；推荐使用墙挂盆；单把冷热水龙头比冷热水分开的装置便于掌握；手持花洒比固定花洒更为便捷。另外，门应朝外开，当卫浴间内有人摔倒或需要帮助时，他人就可以进入。应确定防滑地面材料的使用（表11-4）。

无障碍卫浴间的设计要素分析表　　表11-4

	人的老化现象	设计要点
身体机能	▲筋骨老化、身体衰弱、萎缩，膝、肘关节屈伸困难 ▲腰腿机能退化，往复站立、坐下吃力，步幅变小，抬腿困难，易滑倒或被绊倒 ▲骨质疏松，易骨折且恢复慢 ▲腕、指关节僵硬，按力、握力减退 ▲动作缓慢，遇突发危险不能及时躲避 ▲耐久力衰退，容易疲劳	▲设计时要重点、全面考虑安全问题 ▲老年人因手能够到的范围缩小，应注意各种设备开关、按钮的位置及储存柜的高度等 ▲必须严格控制卫生间内的活动内容和动作尺寸、出入口尺寸，以确保人操作空间的尺寸 ▲考虑留有充分的改造余地，以便适应将来坐轮椅行动空间 ▲设置扶手或为将来设置扶手留设预埋件 ▲尽量取消地面高差，采用防滑措施，减少障碍物和突出物 ▲各类设备的操作必须简便、容易，一目了然
生理机能	▲生理机能全面低下 ▲中枢神经衰弱，睡眠时间减短，睡眠警醒 ▲排尿次数增加，夜间需要多次起夜 ▲动脉硬化，脑血栓，心脏病等容易发作	▲应十分注意日照、通风、换气及室温的变化，减少各房间温差 ▲卫生间等应尽量接近卧室，以便夜间使用方便 ▲卫生间、浴室等狭小空间应采用推拉门和外开门，紧急时可从外面打开
感觉机能	▲视力衰退，看小字及在暗处视觉困难，对眩光刺激敏感，色彩辨别力减退 ▲听力减退，对弱音和高音域的声音反应迟钝 ▲平衡感差，容易摔倒，站立晕眩 ▲嗅、味觉退化 ▲皮肤感觉退化，对冷、热感觉迟钝，对急骤的温度变化适应能力差	▲应保证足够的照度，并尽量减少与其他房间的照度差。 ▲避免较强的光线直射眼睛 ▲应采用明快的暖色调 ▲设置报警铃 ▲尽量避免使用煤气为热媒的设备，若使用时应设煤气报警器 ▲设置采暖设备，减少温差
心理机能	▲对过去的东西喜爱，不舍得扔 ▲记忆力和判断力低下，对新知识的获取及新环境，新设备的适应能力差	▲储藏空间尽可能增大，多设开敞架 ▲设备、器具类的使用操作应尽量简便、明确

为老年人考虑的无障碍设计可以从步行环境、信号与信息环境、器具等的操作环境两个方面考虑。

（一）步行环境

- 地面没有高差，以防跌倒或被绊倒；

- 地面铺设防滑材料；
- 对易沾水部位应特别予以关注；
- 对使用拐杖、辅助工具或轮椅的老年人，应考虑到地面所需宽度；
- 避免空间存在突出障碍物。

（二）器具操作环境

- 选择易握、便于操作的门把手和水龙头等；
- 针对上肢轻残者的具体情况，考虑器具与设备的自动化装置。

老年人和残疾人是需要人性化设计关注的群体，所以在设计中必须认真加以考虑。以下列举一些残障人身体活动范围及轮椅活动尺寸以及针对不同病、残现象应注意的设计要点（表 11-5、图 11-29），可供设计时参考。

残疾人的病体条件和卫浴间设计要点 **表 11-5**

	障碍现象	设计要点
脊椎损伤	脊椎损伤分为颈椎、胸椎与腰椎损伤，可造成四肢瘫痪或两上肢、下肢麻痹，行动需要坐轮椅。全身瘫痪者，上卫生间洗浴必须有人帮助、保护	▲ 浴缸、便池的高度应与轮椅座高保持一致。 ▲ 空间和出入口的设计应利于轮椅转向和通行 ▲ 为避免烫伤，应选用可预控水温的水龙头
脑血管障碍	脑溢血、脑血栓等后遗症，造成半身不遂、瘫痪，伴有失语或视觉障碍，重者必须乘坐轮椅，入浴、排泄需要有人协助，轻者可自理，但行动迟缓、无力	▲ 站立、下蹲不稳，应采用坐便器 ▲ 坐便器、浴缸等周围设扶手 ▲ 取消地面高差 ▲ 减少房间之间的温度差，以防再次发病 ▲ 浴缸旁要有一定宽度的坐台，以便安全出入浴缸
脑性麻痹	发育过程中因某种原因造成脑神经异常，使手脚或身体运动发生障碍或颤动不能自主，有时还伴有语言障碍，手、眼运动不协调等，轻者使用拐杖或能独立行走，重者使用轮椅	▲ 根据病人的情况设定坐便器等的高度 ▲ 开关按钮等应做得大些，操作要简单 ▲ 卫浴间扶手的高低、位置应根据使用者的需要而定
慢性关节炎	四肢关节僵硬、变形、疼痛，造成各关节屈伸困难，站立、下蹲不便，动作迟缓等，多数可独立行走或借助器具行动	▲ 由于受到关节活动的限制，应尽量缩小活动和操作的范围 ▲ 为减轻关节的负担应选择坐便器
视觉、听觉障碍	此类患者因四肢可以自由活动，在熟悉环境，了解设备使用方法后，可不需要别人的帮助，特别是听力障碍者，使用条件与正常人相近	▲ 尽量不在空间中放置突出物或易发生危险的物品，设备部件的转角应圆滑 ▲ 热水出口、热水龙头等处应作安全处理以免烫伤
老年痴呆症	头脑混乱，记忆失常，常把事情顺序颠倒，出现不正常行动。有失禁现象，虽可自己行动，却需照顾看护	▲ 尽可能不在室内放置可能引起心理刺激和多余的东西 ▲ 卫浴间应采用感应自动冲洗的形式 ▲ 浴室卫生间的色彩标志等特殊化、个性化 ▲ 危险物品尽可能隐藏、锁闭起来 ▲ 为安全起见，需要使用玻璃的场所应采用强化玻璃

（三）无障碍浴室

浴室在位置上应该接近卧室，有条件应设专用浴室。合用浴室时，应尽量设在老年人和残疾人居住的同层中。

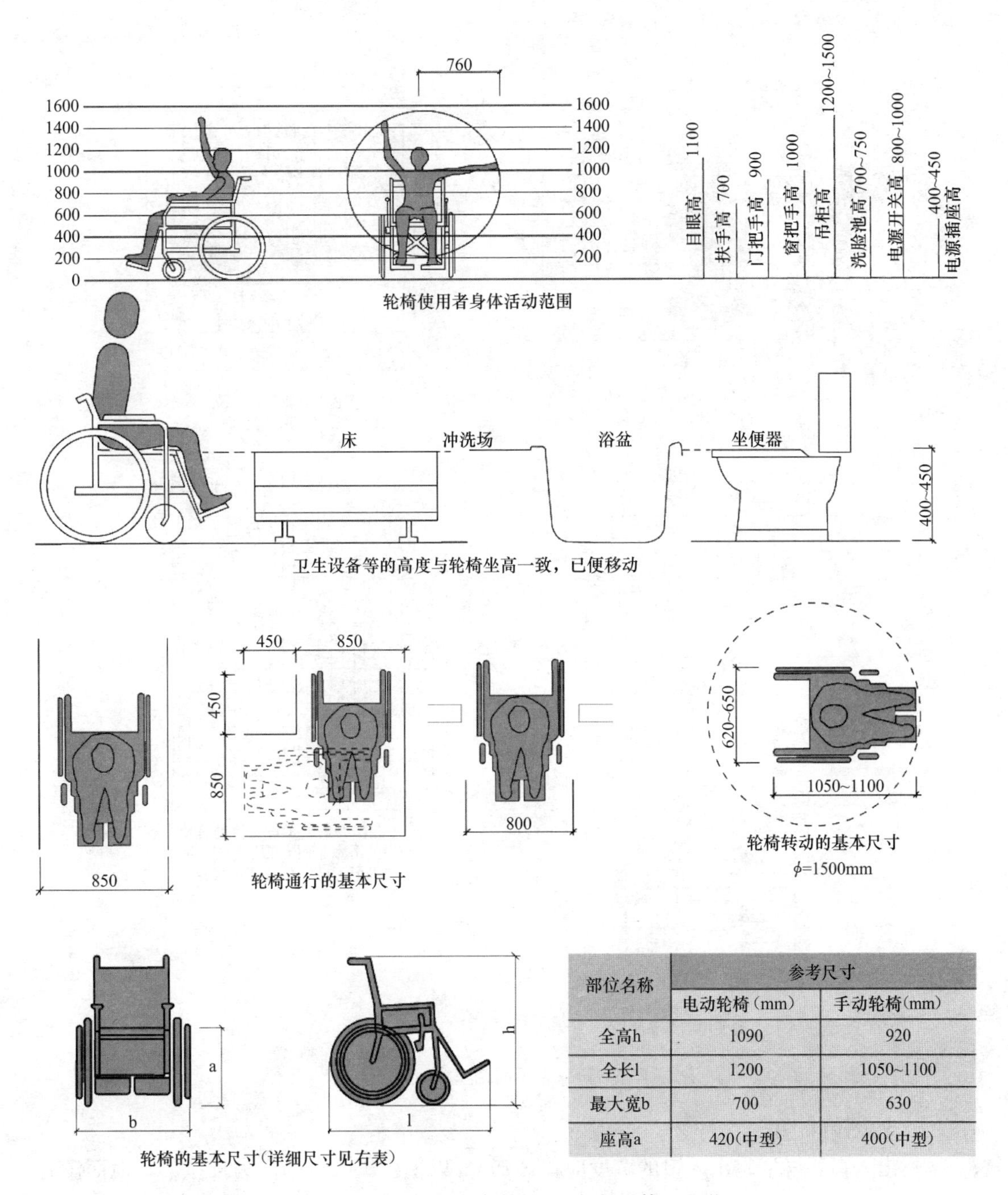

部位名称	参考尺寸	
	电动轮椅(mm)	手动轮椅(mm)
全高h	1090	920
全长l	1200	1050~1100
最大宽b	700	630
座高a	420(中型)	400(中型)

图 11-29　老年人、残疾人卫浴间的人体工程学

浴室可分为下列四种类型：

a. 能自立行动的老年人使用（包括能自立行动的视、听觉障碍者）的浴室；

b. 坐轮椅移动但能自行站立者使用的浴室；

c. 坐轮椅移动不能自行站立者使用的浴室；

d. 坐轮椅并需要护理人协助者使用的浴室。

其基本所需空间尺寸如图 11-30 所示，可供设计参考。

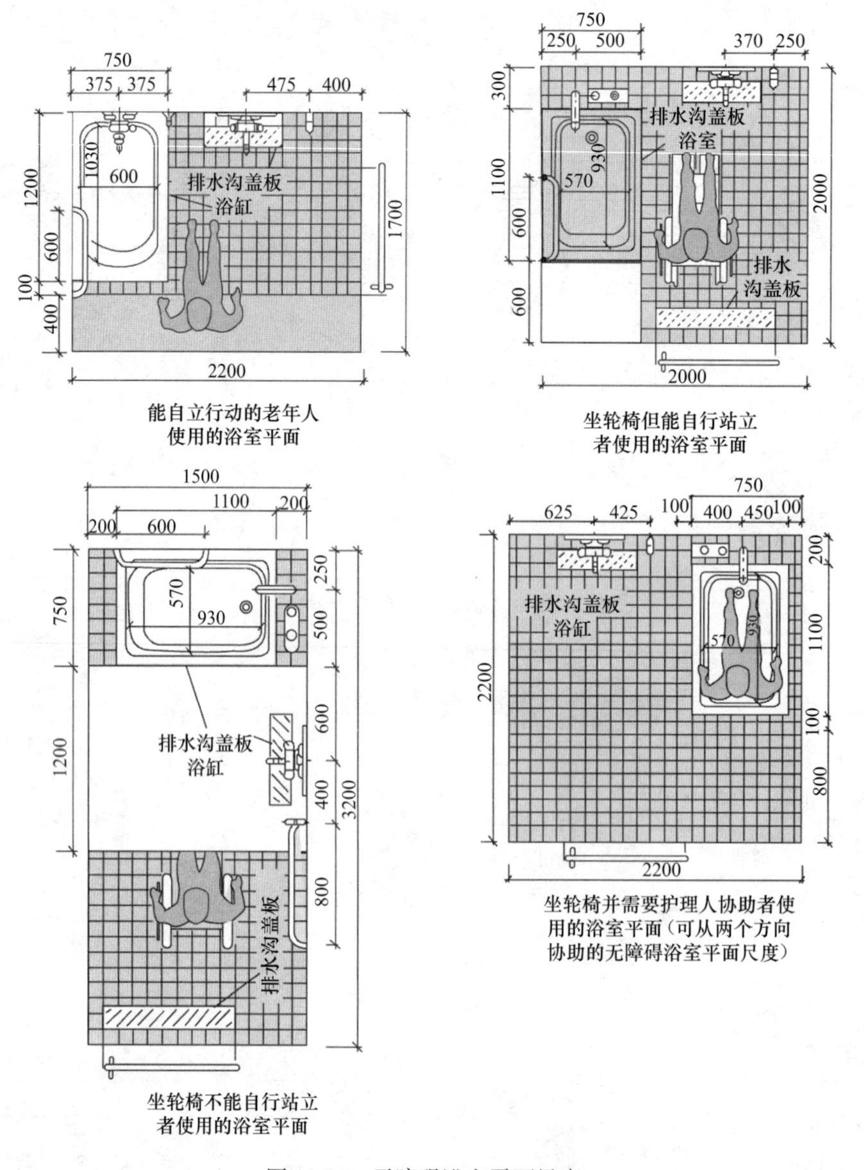

图 11-30　无障碍浴室平面尺度

1. 无障碍淋浴区

• 出入口：淋浴室出入口的宽度应在 800mm 以上。出入口的门为推拉门，地面没有高差。地面饰面：地面应铺设沾水后也不打滑的防滑地砖；

• 贮物柜：为便于轮椅乘坐者的通行，贮物柜应按 1800mm 以上的间隔进行设置。贮物柜的高度应考虑轮椅乘坐者的使用。贮物柜的容积应能放入轮椅乘坐者的辅助器具；

• 扶手：在卫浴间墙面上适当安装水平和垂直方向的扶手；

• 其他设施：配备可以移动的椅子和淋浴用椅等。更衣室、淋浴室的基本格局如图 11-31 所示。

2. 无障碍盆浴区

老年人适于采用盆浴，浴盆的盆壁的斜度要小些，浴缸可以设置成半下沉式，浴缸上沿至地面的距离以 350～450mm 为宜。浴缸的材料应选择与皮肤接触柔和又不太滑的材料，如树脂类的 FRP、人造大理石。缸底最好做防滑处理或加设防滑垫。

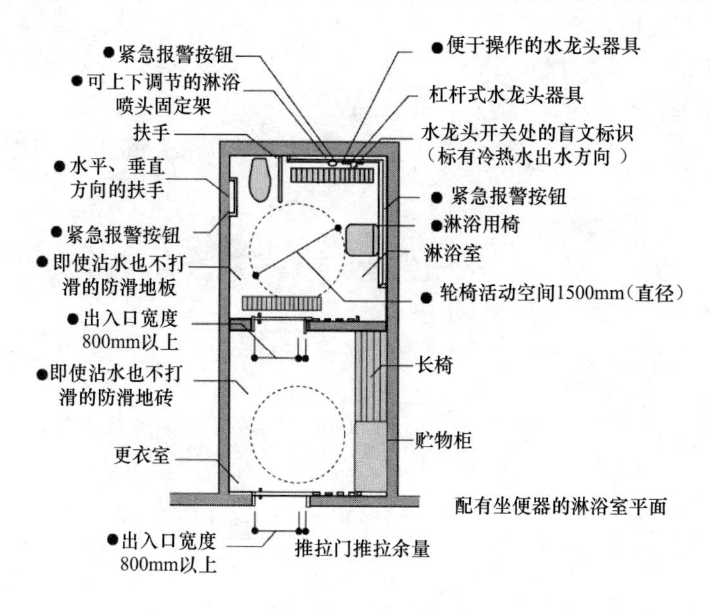

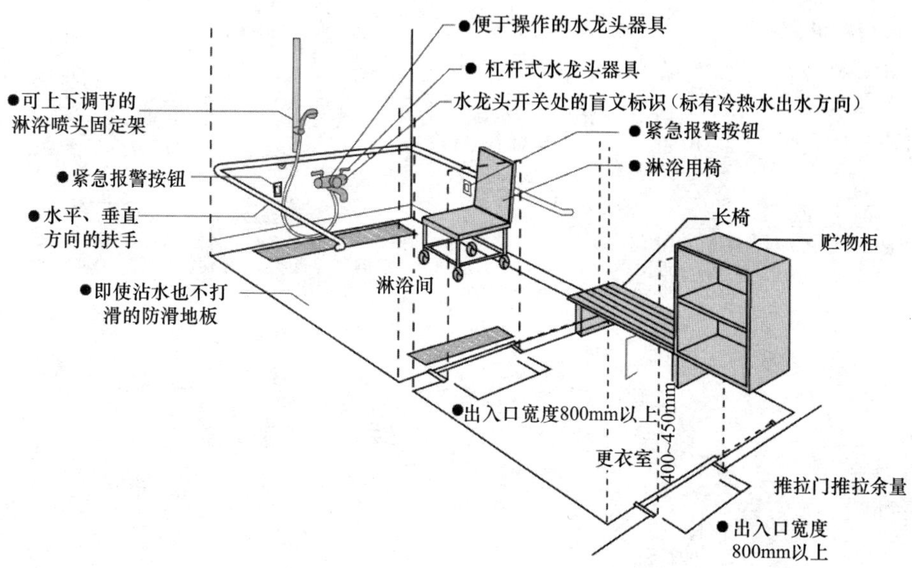

图 11-31　更衣室、淋浴室的基本格局

- 扶手：扶手的直径一般为 28～35mm，扶手表面还可进行防滑处理；
- 地面：地面应选用防滑材料，如防滑地面砖、木格栅、防滑脚垫等；
- 地面的坡度和排水沟的位置要细致处理，以防止地面积水。墙面材料除防水、耐腐蚀外，还要易清洁。

3. 无障碍如厕区

如厕区的空间可以分为下列四种基本形式：

（1）可自立步行者使用；

（2）使用轮椅但可自立站起者使用；

（3）使用轮椅不能自立站起者使用；

（4）使用轮椅需要有人保护者使用。

其基本所需空间尺寸如图 11-32 所示。

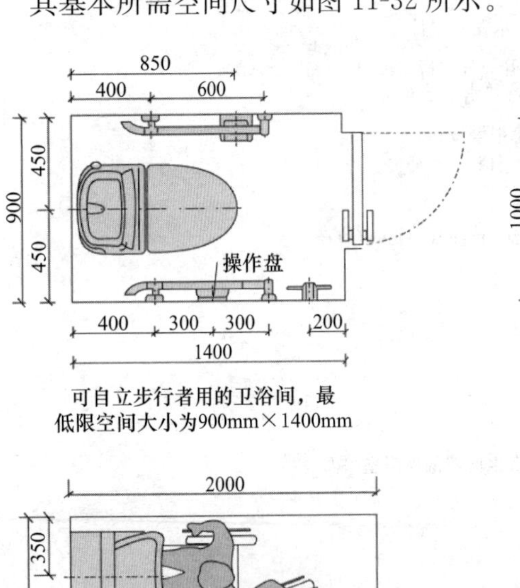

可自立步行者用的卫浴间，最低限空间大小为900mm×1400mm

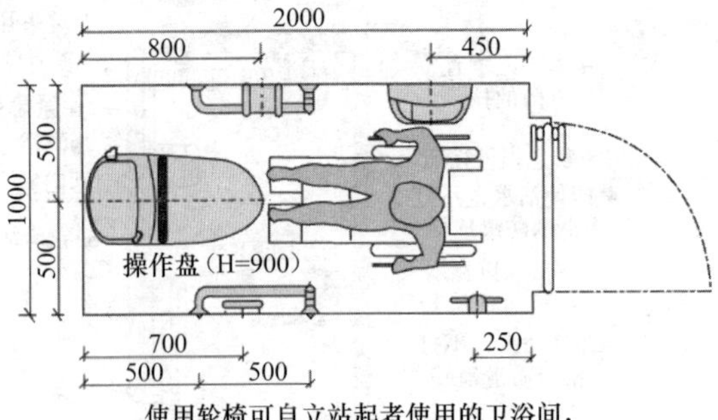

使用轮椅可自立站起者使用的卫浴间，轮椅只能从前方接近便器，最低限空间大小为1000mm×2000mm

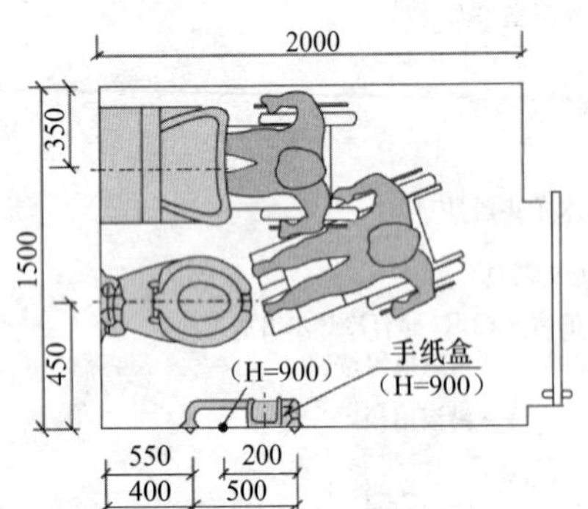

使用轮椅可自立站起者使用的卫浴间，带有面盆,轮椅可从前方和侧方接近便器，最低限空间大小为1500mm×2000mm

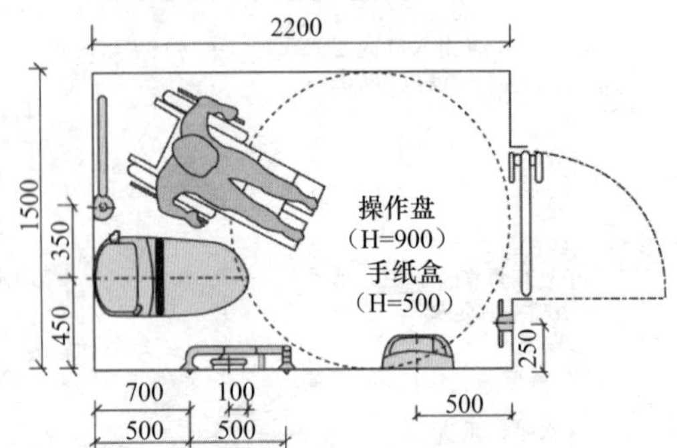

使用轮椅不能自立站立者使用的卫浴间，轮椅可从斜向或侧面接近便器，并可在内旋转，最低限空间大小为1500mm×2200mm

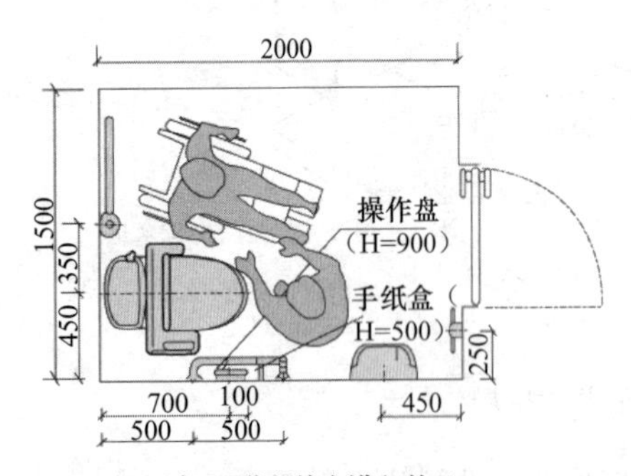

可容1~2位保护人进入的卫浴间，空间大小为1500mm×2000mm

图 11-32　无障碍如厕区平面（单位：mm）

• 出入口：如厕区出入口的有效宽度为 800mm 以上。如厕区的出入口不得有高差。如厕区的门应采用推拉门或外开门。插销、把手也同样要考虑安全救护和使用方便。

• 特殊设计：应设报警铃，最好用可调节的照明设备；

• 便器：宜采用坐式便器，回水弯管应采用不易被轮椅脚踏碰到的形状。坐便器的高度与轮椅座位相当，使用者移动起来较方便。一般便器高于小腿 20～30mm 较为合适。应在便器两侧安装扶手，其中一侧采用移动扶手；

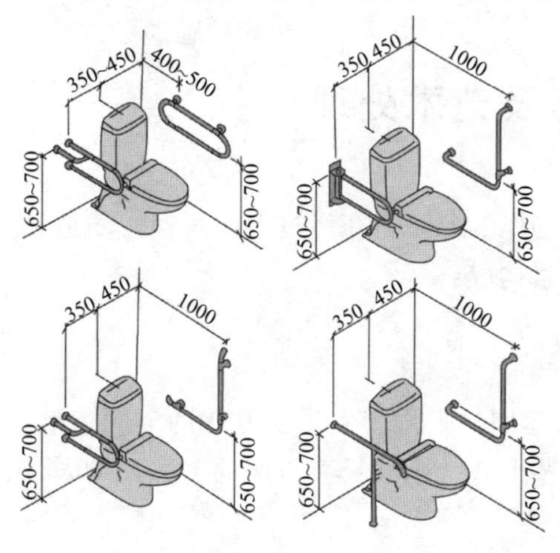

图 11-33 便器及扶手的设置（单位：mm）

• 冲洗装置：最好采用感应式冲洗装置，否则应在使用坐便器时伸手可及的位置处安装便于操作的杠杆式或脚踏式等冲洗装置；

• 扶手：扶手分为可动式和固定式两种。扶手材料多数为不锈钢，有防水、防锈、易保持清洁等优点，其他还有铝合金、铁芯外包防滑塑料橡胶材料等。扶手的设置位置与便器周围的配件关系如图 11-33 所示。

4. 无障碍盥洗区

• 盥洗台的高度应便于轮椅乘坐者和幼儿使用，同时在盥洗台的下面应留有 650mm 的空间，以保证轮椅乘坐者的腿部不受妨碍；

• 供水器具应采用感应式或使用方便的水龙头。盥洗台两侧安装扶手。镜子的安装高度应便于使用。

思考题：

1. 卫浴间的基本功能有哪些？
2. 卫浴间平面布局有哪些形式？
3. 卫浴间的装修设计应考虑哪些因素？
4. 无障碍卫浴间的设计要点有哪些？

第十二章　空间形态及艺术处理

自然界所蕴藏的规律性美感是艺术家和设计师创作的源泉。在经过细心观察、归纳和概括后，室内空间设计的形式美由以下两组基本要素构成：

形态要素：形状、色彩、方向、大小和肌理；

关系要素：平衡、节奏、渐变、对比、尺度与和谐。

形态要素与关系要素的不同排列组合和灵活的运用，则将产生千变万化的空间造型，从这些组合形式中也会发现一些美学概念，其中某些形式，则颇具大自然的美感，给人带来愉悦。

第一节　平　　衡

平衡原指对立双方在数量和质量上的相等。大自然中存在着多种多样的平衡，并具有四维特征，即长、宽、高和时间。沙丘的形状和位置随时间和风力总在不断地变化，但它却没有失去平衡。由此看来，平衡并非静止的均衡，而是随周围环境条件变化而调整的。树木也是在季节、风力、阳光等诸多自然条件作用下，不断生长变化，并随时调整自己的姿态造型，在改变中达到新的平衡形态。在室内设计方面，我们采用的并非物理上重量的平衡，而是心理重量概念来取得视觉上的平衡。因为任何引人注目的事物给人留下的心理印象都来自于其心理重量，尽管它不能被称出具体重量数据来（表 12-1）。

心理重量平衡表　　　　**表 12-1**

大体量的木材	心理重量的平衡	小体量的石材
视平线以下的大体量物体		视平线以上的小体量物体
一个大块物体		一组小的物体
小面积的深色、暖色、鲜艳颜色		大面积的浅色、冷色、低纯度颜色
大面积透明材质		小面积不透明材质
大面积光滑肌理（浅浮雕）		小面积立体感强的肌理（深浮雕）
大面积朴素的图案		小面积活泼的图案
大面积几何形态		小面积偶然形态
大面积的一般形态		小面积出乎意料的创意形
大量柔和近似的纹样色彩		少量强烈对比纹样或色彩
大面积低照度		小面积高照度

从视觉心理来作比较，一幅绘画原作可能与大面积的素墙心理重量相当，一小块精致壁毯也会与一面片面追求岩状的墙面势均力敌。一个和谐的室内空间就是要寻求这种相互作用的心理重量的平衡。

事物并非一成不变的，居住空间也是如此。在六个界面以某种方式达到视觉心理平衡时，又会加进人的因素、时间因素等。当人们在其中走动时，不仅由于角度与空间发生了变化，甚至连人的身高、服饰色彩等都将重新改变原设计的视觉平衡。

从晨曦到黄昏，自然光时刻都在发生着变化，也还受到季节和天气的状况影响，还因其迅速变化不易控制，对居住空间产生很大的影响。一些设计细节和微妙变化，只有在适中的自然光线下才能得以展现。若暴露到日光直射下，则无法欣赏。人造光则不然，它可以根据不同的设计需要对光色、照度、方向、范围等进行准确调控。总而言之，以上许多变化的因素都不易被设计师完全控制。因此，室内设计便需要考虑到种种不断变化的因素，从中找到平衡感（图 12-1）。

图 12-1　室内空间是造型、色彩和肌理的混合

平衡可分为三类，即对称平衡、不对称平衡与中心平衡。

（一）对称平衡

两侧相等在数字上被称为对称平衡。当物体的一边与另一边形成倒影时，对称就产生了。中国传统的审美非常推崇对称，无论是家具、室内平面、陈设还是服饰、道具，大量采用此种方式以达到平衡的目的，且最容易做到，不用动很多脑筋，不必用太大力气就能取得平衡之美，而且能产生平静轻松的效果。如我国皇家建筑的室内设计，从平面格局、空间划分、立面处理到顶棚布置均采用平衡的手法（图 12-2）。从中我们能体会到端庄、严谨、高贵的室内气氛。在两侧对称平衡的衬托下明显地突出了中心，形成重点装饰。

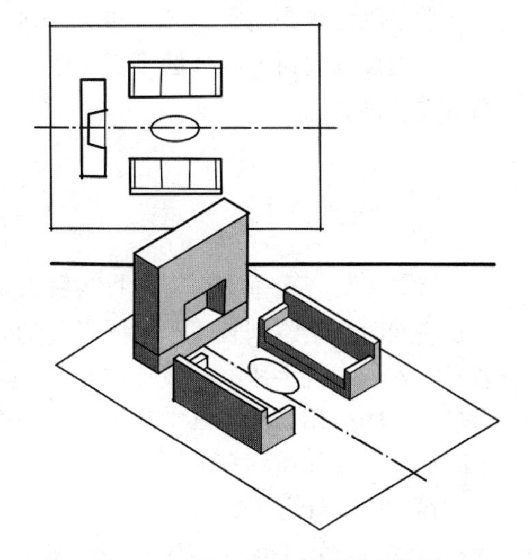

图 12-2　从三维考虑的视觉平衡

对称平衡显然容易掌握又容易出效果，但并非适用于全部空间。现代居住空间需要更多的灵活性，若完全对称不免过于传统，显得呆板。在较小范围内和较小物体上采用对称平衡，常能给人带来温馨舒适的印象。在对称框架之下略设微妙变化常会产生提神的效果。就是说在对称中心的两侧通常只用相似的，采用相同的心理重量和不同的形状，而不用完

全相同的处理。

（二）非对称平衡

非对称平衡可以表现出灵活、主动和平衡之美。它的基础建立在心理重量相等的基础上，正如上节中提到的心理重量平衡关系。不对称平衡属于视觉上心理重量相等，而形状、色彩、大小、间距、无形的中心轴两边的分布却不相等。恰如天平和杠杆的原理一样，人们心理重量的感知来自于对实际重量的认知经验，所以人们将心理重量与实际重量等同起来。即靠近中心较重的物体和离中心较远的轻物体取得平衡。在我国苏州园林及其建筑中用此设计方法的例子很多。当代以实用为目的的居室布置中，也常用这种不对称平衡设计。

图 12-3　非对称平衡

不对称平衡设计给室内设计师更多发挥想象力和个性化判断力的机会，也给予了更多的灵活性。若将心理重量与位置安排妥当，就能创造更有激情的设计作品，令设计更加实用、美观，又充满个性色彩。若居室的设计追求轻松随意而又不呆板的效果，便可采用不对称的平衡手法（图 12-3）。

（三）中心平衡

平面构成中的发射形式和全对称形式即体现了中心平衡的设计方法。其特点是圆周运动或发射或向中心汇集，或环绕中心或相切发射。从大型水晶吊灯到插花编织图案，圆形及环绕物体所体现出来的中心平衡是无所不在的。比如铺着台布的圆桌和上面的花瓶，或是围绕圆桌布置的餐椅，还有常见的螺旋形楼梯。此种平衡处理有其独特之处，可与棱角分明的物体形成强烈的反差。

总之，无论是对称平衡、非对称平衡还是中心平衡，其共同特点即是令空间布置稳重。空间设计要讲究物体的高低错落、大小体量的平衡分布，从而展现平衡设计在居住空间的独特魅力。

第二节　节　　奏

节奏原为音乐基本要素，指各种音响有一定规律的长短和强弱的结合。由于不同的高低音，同时也是不同长短和不同强弱的音，因此旋律中必然包含节奏这一要素，也是音乐艺术的重要表现手段。在设计中它体现了连续的、循环的和有规律的运动，也称为律动。通过节奏的应用，产生基本的统一性和多样性。在自然界，节奏表现为树木落叶和新芽的不断循环，犹如斑马身上黑白相间的条纹。

在室内设计方面，节奏也是重要的设计关系要素。和谐与统一性是节奏的重复和渐变的产物。特征和个性在一定程度上是由基本的节奏决定的。有的轻松愉快，有的粗犷活泼，也有的精致安宁。居室的“生机”要靠节奏中蕴含着的动感和方向感来表现。当然，只有采用了恰当的节奏形式——一种我们下意识体会到的节奏形式，这种“生机”才得以在室内表现出来。常用的节奏形式如图 12-4 所示。

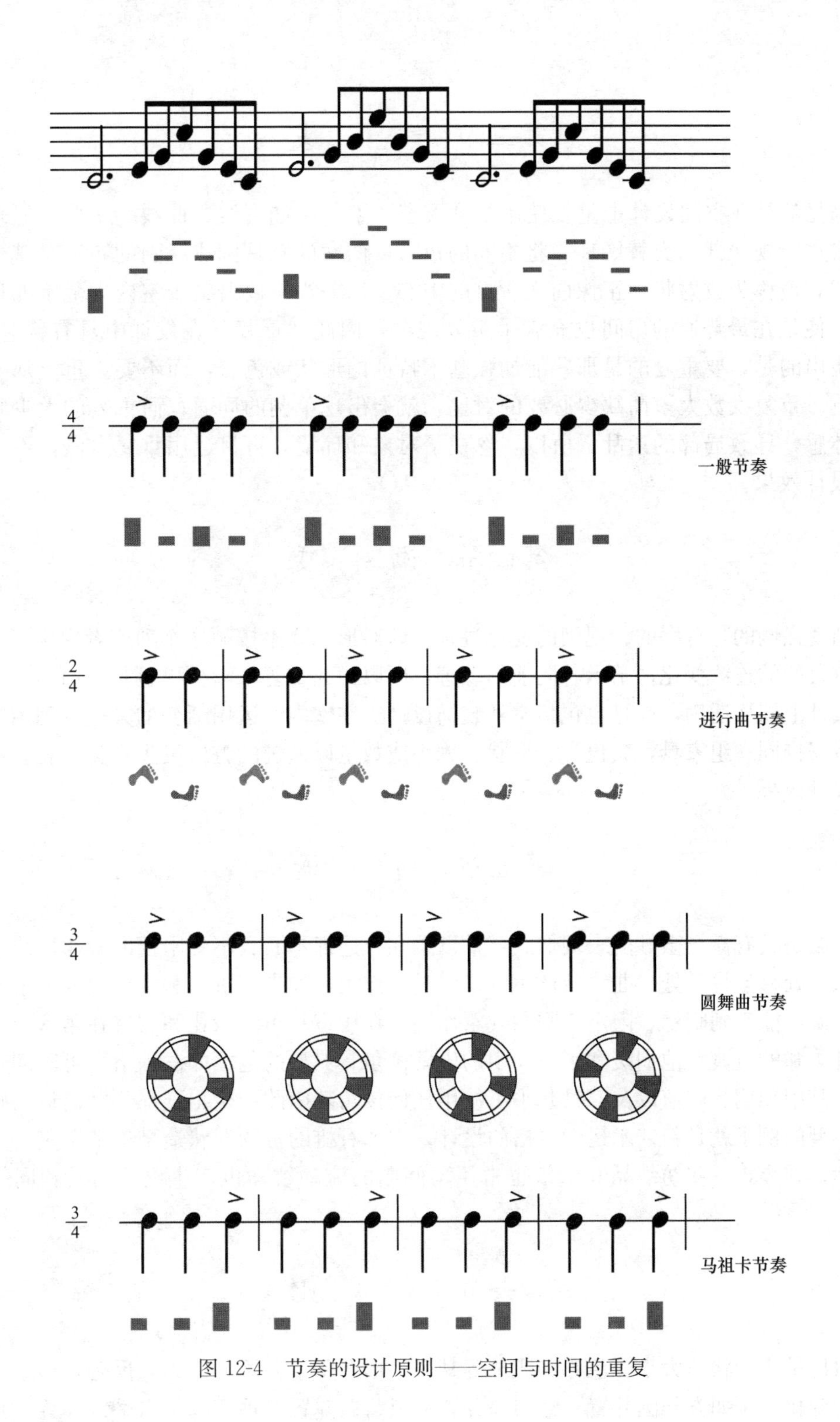

图 12-4　节奏的设计原则——空间与时间的重复

4/4“强、弱、次强、弱”的连续和循环运动形成一般节奏；
2/4“强、弱；强、弱”的连续和循环运动，形成进行曲节奏；
3/4“强、弱、弱；强、弱、弱”的连续和循环运动，形成圆舞曲节奏；
3/4“弱、弱、强；弱、弱、强”的连续和循环运动，形成马祖卡节奏。

第三节 重　　复

重复就是在空间设计中重复使用某种形态要素，例如直线、曲线、色彩、肌理等形态要素进行规律性的交替展现。将不同的色彩或图案的家具围成一圈的布置是基本的重复形式，被称为放射状。正像前文所讲的中心平衡一样，放射给予室内大范围的环状动感。即使是在最普通的房间也充满了重复现象，因此“重复”在设计中具有普遍意义。应该指出的是，要重复的是那些能加强基本特征的形状或色彩，而不要去重复那些平庸的事物。重复次数太多而缺少必要的对比，就会出现单调的局面；而重复的太少则会缺乏整体感，导致局部的紊乱。所以，忽视了对象和环境，盲目运用重复方法，不会收到好的设计效果。

第四节 渐　　变

渐变强调的是有序的、规则的变化过程。即对形态要素按顺序排列或者层次渐变。此种带有目的的连续变化，暗示着向前的动感，所以比起重复来渐变更显其生命力。渐变在居室设计上同样适用，而且也包括室外装饰设计。在室内，运用渐变的方式可利用同样图案或者安排同一组家具，其色彩、形状、大小或数量以递进的方式发生变化，就会产生生动的设计效果。

第五节 过　　渡

过渡是具有流畅微妙的表现形式，常以柔和、连绵不断、不受阻挡的旋律性线条引导视线从一处移至另一处。曲线所产生的平滑过渡作用，如半圆拱门和尖拱门或椅子排列成的会谈圈，能起到暗示、限定空间的气氛作用。在居室一角的绿化和放置在角落的椅子也是一种柔和的过渡。他们缓和了空间中的生硬棱角。典型的范例如法国洛可可时期的室内设计，其中顶棚、门窗以及家具几乎不使用任何棱角，因此产生出连绵不断的运动感。另一个典型的例子就是新艺术运动风格的设计，它那有机的植物形状造型使整个室内空间流动自然。如今，一些纺织品和壁纸也常用不间断的流动纹样也产生出了与其相同的设计效果。

第六节 对　　比

对比是将形状、大小、色彩和肌理等某一组形态要素并置，夸大其反差，即形态要素突然的变化。例如方与圆并置；红与绿并置；黑与白并置；垂直线与水平线并置；几何形与偶然形并置；抛光与烧毛并置；丝绸与绒毛并置等等。由此所形成的视觉效果具有刺激性，能够给人带来振奋。

在居室装饰中，强烈的反差和对比已经成为流行的主题。朴素的背景托出华丽的陈设；新的墙地材料衬托着工艺精湛的中国古典门窗；稳重的云南黄砂岩衬托出玲珑剔透的水晶灯，这些都是富有挑战性的设计理念。利用对比可以在关键部位起画龙点睛的作用，但操作过程中，设计者要有全局整体的把握，才不至于打破整体空间的统一和谐气氛。

第七节 突出重点

在居住空间设计中，每个界面的投入不能平均化，一定要对其中的重要部分加以特别强调，次要部分则可以一带而过，而将主要方面施以浓墨重彩。突出重点还必须处理好焦点部分与周围部分的相互呼应关系，以及在这两者之间人的兴趣程度不等的过渡部分。居住空间的重点只有经过点睛之笔加以突出，才能恰当展现空间的设计主题。但也要注意若重点过于散乱，未得到周围次要部分的呼应配合，则会导致出现杂乱无章，使人眼花缭乱不知所措（图 12-5）。

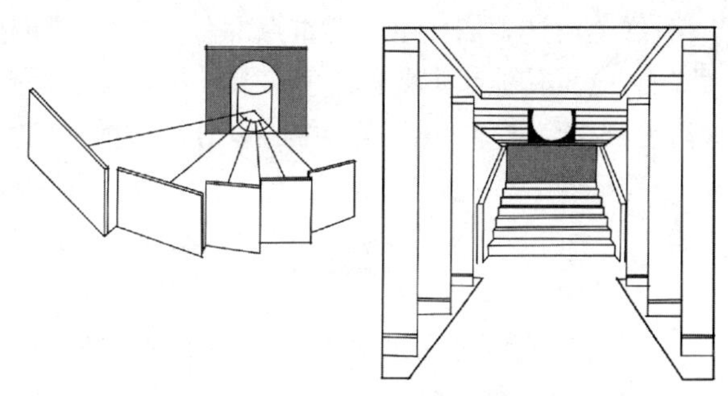

图 12-5 空间重点的突出

居住空间设计恰如创作大型素描，同样对设计师们提出了很高的要求，特别是整体操控能力和把握全局能力。有的室内设计，对各个界面都下了不少功夫，空间内摆满了太多绚丽夺目的陈设，但因缺少主次关系而显得凌乱无序。其实，只需那么一处吸引人的焦点被刻意突出，整体上才能具有活力。比如一组大师设计的经典家具，或是一组传统木门窗，甚至一扇透着海景的落地窗，其重要性大大超越了其他室内要素，这种处理得当的室内空间既不会使人觉得乏味，也不会令人过度兴奋而分散了注意力，进而形成既有重点，又整体和谐的理想空间。

突出重点的设计模式包含着两个步骤，首先要将居住空间的构成要素分成四个层次，其次再考虑赋予其不同的地位。

第一层次：重点强调的部分——落地窗外的风景；

第二层次：占优势的部分——一幅重要的绘画雕塑作品或视觉中心；

第三层次：亚优势的部分——主体家具如壁橱；

第四层次：次要部分——地面、墙壁、顶棚和其他配饰。

从分析居住空间的构成要素，我们可以发现，能够将室外美丽的山色或水景尽收眼底，无疑是最惬意的视觉享受。若真能具备此条件，那当然是其他任何条件无法比拟的。因此，突出窗外美景即是最需要强调的设计部分。

再看第二层次，位于起居室的视觉中心和背景，在居住空间中特别是起居室应充分呈现主人的品位和个性。所以，相应的个性化展示是必要的，与之相对应的艺术作品便充当此重要角色。在此需要特别澄清的是勿将视觉中心及其背景仅当作电视墙来处理。此前那些全家人围坐在电视机前打发时光的现象已一去不复返了。因此，为达到家庭成员间的交流及社会交往的目的，以室内视觉中心为重点，提升整体空间的层次氛围是重要的设计手段之一。

然而，大多家居既没有窗外美丽的风景，也没有贵重的艺术品作为视觉中心的重点，即使如此我们还需要通过深入挖掘优势元素，努力将单调乏味的居室布置得富有生气。

第三层次则是处于亚优势部分的家具与壁橱，无论是公共领域或是私密领域，家具不仅是收纳设施和功能设施，同时也具备艺术价值，同样反映出主人的品位、气质、生活方式和实力。当然家具会分布在各个不同的功能区域里，因此不可能去特意突出全部家具或设施，所以才将设施定位在亚优势部分，以起到对重点的烘托作用。从另一个角度讲，把资金集中投入到某一件家具上，并将其安排在突出位置，如明式家具、巴塞罗那椅、红蓝椅，它们自身就具有很高的艺术价值，具备构成空间视觉中心的条件。因此，这类家具便可视为中心要素，在适当的环境下强调。

第四层次是地面、墙壁、顶棚板及其他配饰当属次要部分。这六个界面是整个室内的基本面，需要慎重进行色彩搭配以起到基础背景角色作用。切忌过多跳跃的色彩和过多主体造型，避免喧宾夺主。

综上所述，居住空间的重点部分需要其他部分来衬托。这个焦点并非唯一引人注目之处，它应与其他起主要作用的家具、配饰相互呼应而起作用，因此，设计对整体的控制力显得尤为重要，应避免出现多中心，分散人的注意力，在保证整体平衡的基础上突出重点。

第八节　尺度与比例

尺度与比例是两个很相近并易混淆的概念。在建筑和室内设计领域里，比例是相对的，它常用以描述某一部分与另一部分的比率关系，或者描述图上距离与实际距离的关系。尺度则是物体或空间相对于其他对应物绝对尺寸，如 10m 对 5m，也就是在比例不变的情况下，尺度会发生各种变化。

实际中，在不到 3m 高的居室里，如果安排巨大的纪念碑似的家具和大型沙发，一定是很荒唐的事，就如同在建筑模型内放置了标准尺寸的家具。与之相反，在一个高大的厂房内，大型家具则显得恰到好处。这个例子印证的是尺寸大小的问题。前者称为尺寸过大，后者称为尺寸适宜。也就是说，物体或者空间在尺寸、形状和重量之间要有适当的相对关系。

古希腊人对比例的研究颇有成就，特别是他们发现的“黄金矩形”和“黄金分割”，不仅对于数学，而且对于艺术和设计都意义重大。他们认为长宽比接近 2∶3 的矩形比正方形要强得多。被称为斐波纳奇（L. Fibonacci）数列的级数 2、3、5、8、13、21、34……其中每个数都是前两个数之和，如果用公式表示，黄金分割和斐波纳奇数列就是很好的选择（图 12-6、图 12-7）。它们都有助于选定居室空间的比例，或者决定窗的外形和装饰线的定位，也有助于决定家具的尺寸、外形和摆设的位置。应用于色彩、材料、形式上也将有助于改进空间的比例关系。但以上比例关系不可生硬套用，还要根据功能需要因地制宜加以运用。

人体尺度是居室设计中心必须要考虑的重要因素，一般人的平均高度在 1.5m 至 1.8m 之间，这些数据是居室、家具和设备的基本参照依据，尺度适宜的居住空间让人们感觉自己像正常人而不像侏儒或巨人。但是，尺度因素并不是一成不变的，儿童房间可以刻意缩小尺度，让家具相对低矮，间距缩小，这样孩子会感到更自在更舒适。

究竟采用何种尺度则取决于某种一致性的因素。这不仅是将家具尺寸放大或缩小，而且还要特意构建人与空间、人与家具之间和谐的尺度关系。这个和谐的尺度关系涉及各个方面，包括家具与空间的关系、家具与家具之间的关系，还包括肌理、图案、配饰与墙面

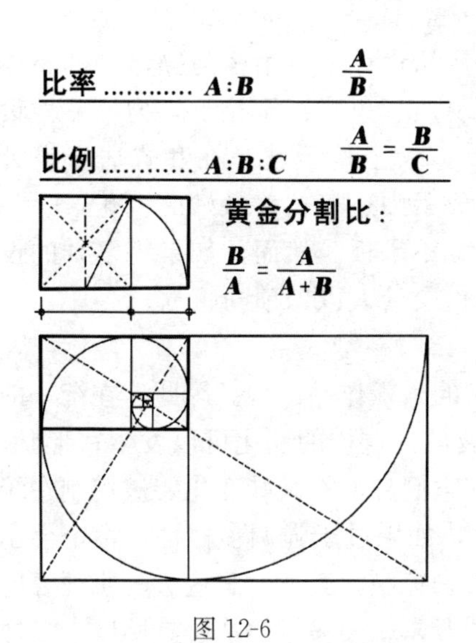

图 12-6

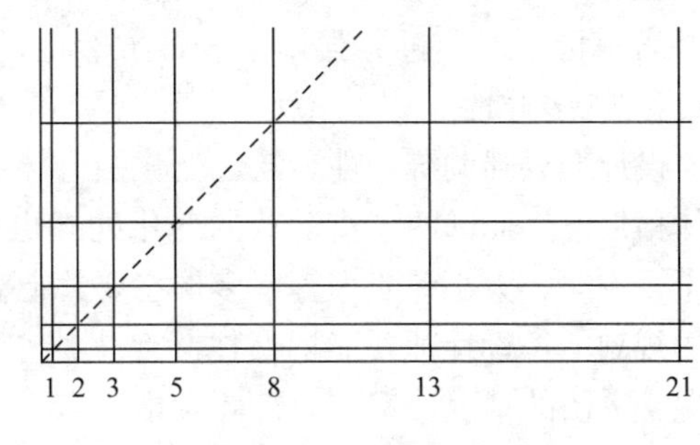

图 12-7 斐波纳奇数列

和家具之间的关系，还有大型壁柜与其内部分割的关系，以及家具与人的关系测量标准等等，无疑，尺度是居室设计的最主要的关系要素之一。

第九节 和 谐

居室设计虽然要突出一定的层次感，但维持整个空间的完整和谐也是非常必要的。如前所述，就如同指挥一个交响乐队，无论是铜管、木管、弦乐还是打击乐，虽然各有特色，但一定要协调一致，在发挥各自音色特点的同时要照顾到整体的配合。这里所讲的和谐的“和”并不是“相同”，而是“和而不同”在各自独特因素得以展现的基础上达成相互照应、相对衬托，而不是使各部分要素完全相同。在居住空间设计中，不论是起居室、卧室、餐厅与厨房还是卫浴间，其整套住宅都应保持有统一的主题和设计风格。

为了达到空间的和谐效果，统一性和多样性需要有机地结合起来，没有多样性的统一，设计会显得单调而缺乏想象力，而如对形状、色彩、图案、肌理等要素如不加以控制，就会显得刺眼而无序，缺乏和谐之美。

（一）统一性

所谓统一性是由一个组合物的各部分间的重复、相似或一致性来表达的，居室设计的统一性也是将诸多形态要素相统一（图 12-8）。家具的选择就应与室内设计的形态要素相呼应，让色彩、材质、肌理相互匹配而产生连续感。如在整套住宅里都选用同一色彩系列的地毯，主要构件必须表达出一种连续的基本特征，而后再以次要要素进行调

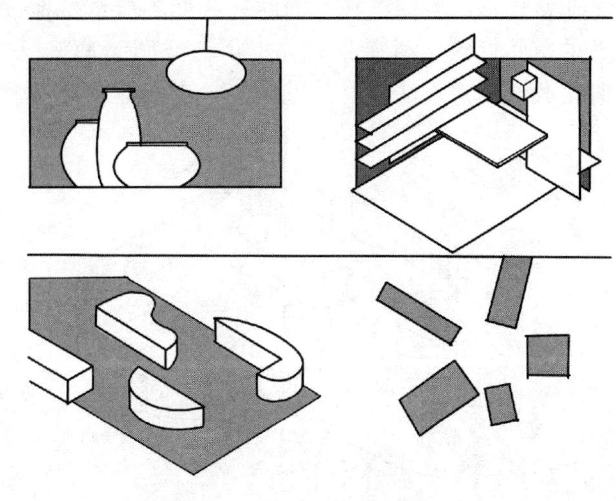

图 12-8 造型相近和方向一致

节和补充。其中最具代表性的是嵌入式家具。例如在厨房设计中，吊柜与操作台的整体化设计，充分体现了统一原则。其上下部分不论表面材质、色彩甚至拉手均为统一性设计，既整洁又易维护。因此给人带来极强的整体感。另一个例子就是在和式居室设计中，其推拉门、壁柜和屏风均强调统一性，而且空间要素中还存在着微妙的变化，这一方式强化了储藏的功能，使空间显得颇为洁净爽朗，又不呆板。然而，如果将复杂的设计要素一再重复，过分强调重复，虽然也是统一，但也会给人以繁琐的感觉。

（二）多样性

设计上只强调统一性，缺乏变化则会导致缺少激情的呆板作品出现。因此，在统一的整体格局下，局部的丰富活跃的变化处理也是十分必要的。这样的变化可以发生在形状、色彩、方向、大小和肌理等诸多形态要素上。对发生在它们身上的微妙变化要被控制在统一的规划上，设计师要能把握住其变化的“度”。相反，如果过于强调多样性，肯定会出现混乱一团的情况。室内设计要素中诸多形态要素若失去控制，其形状、色彩、肌理等要素则会相互冲突，就像在维多利亚式的设计样式中的情况，就失去了简洁感。所以，多样性一定要控制在统一的范畴之内（图 12-9）。

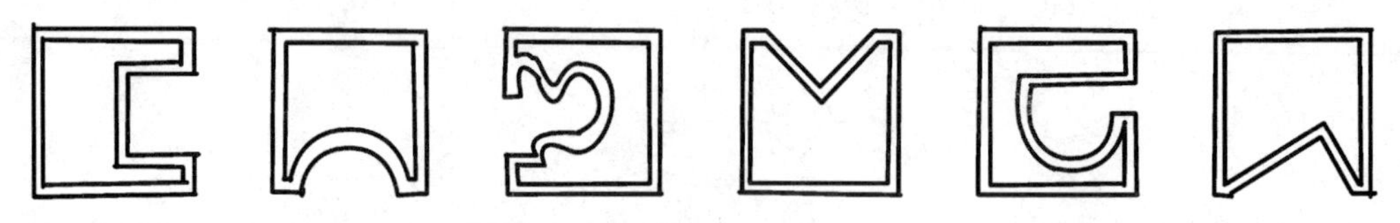

图 12-9　改变细部的特征

由此可见在室内设计中，当空间形状、色彩、大小、肌理、光线等大部分形态要素保持恒定不变时，只有一两种要素发生变化，那么统一性与多样性便在设计中得以实现，于是和谐的局面也就出现了。设计师需要灵活运用平行、节奏、重复、渐变、过渡、对比、尺度、比例和谐等设计原则进行空间的艺术处理。成功的居室设计取决于设计师对空间功能与形式的整体处理能力和艺术素养的积累，而不能仅靠生搬硬套一些刻板的形态要素和设计原则。更多的时候，某些原则只有在打破它时才会被注意到。例如，当一个非常规整的空间摆在面前时，我们不能机械地按设计原则行事，而是要首先设法将规整的空间打破，利用非对称平衡让空间活起来（图 12-10）。反之，当遇到不规则空间时，我们则要设法将其规整统一，在稳定中求平衡，而余下的零散空间更要充分利用，完善使用功能。

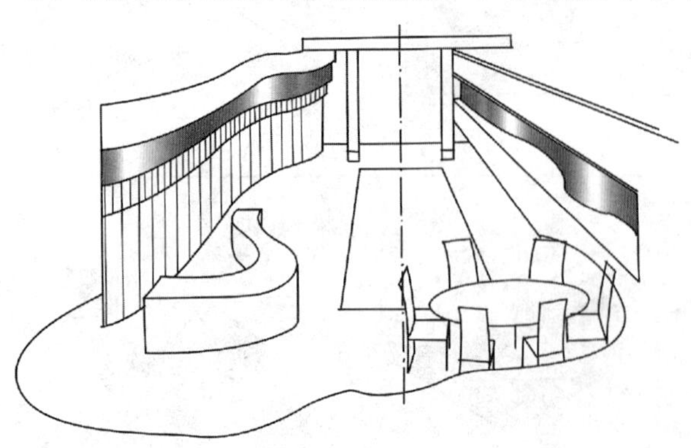

图 12-10　统一中的变化打破对称平衡

以上利用两种相反的设计思维来说明室内设计是集功能与审美为一体的整体规划，不是八股文，也不是单纯记住几个规则就大功告成。首先应该做到认识形态要素，然后，找出其他设计方案中成功运用的原理，结合不同条件下进行设计，在设计实践中逐渐构建起形态要素与设计原则之间的综合操控能力，那么我们的居室设计才能实现既功能完善安全，又充满艺术活力，美观舒适的最终效果。

思考题

1. 室内设计的形式要素由哪些基本内容构成？
2. 居住空间设计应遵循形式美的法则有哪些？
3. 居住空间设计应如何体现统一性与多样性的关系？

第十三章 发展趋势

第一节 设计标准化

当今的居住空间设计崇尚返璞归真，愈来愈重视以人为本的理念，然而，在现实中的大量工程设计和装修中存在着不规范、非标准化的现象，由此带来的设计问题和施工质量问题比比皆是，给使用者带来无尽的烦恼。当前，全社会对居住空间的需求趋向标准化，即实现各项设施配备齐全、功能分区合理、饮食起居不受干扰的耐久性、标准化住宅已成为设计的目标。

（一）标准化概念

标准是对重复性事物和概念所做的统一规定，它以科学、技术和实践经验的综合成果为基础，经各相关方面协商一致，由主管机构批准，以特定形式发布，作为共同遵守的准则和依据。

室内设施标准化是指在室内设计与施工过程中对厨房设施、卫浴间设施、储藏设施及材料通过制定、发布和实施标准，达到安全、环保和美观的效果。

居住空间设计标准化并非是指住宅设计样式千篇一律，而是装修构件的标准化生产，包括装修构件工艺流程标准化、设计寿命标准化等。住宅标准化是基于住宅产业化的概念发展而来的，是住宅产业化的延伸。

（二）推进标准化提高住宅室内设计与施工质量

首先要从设计的指导思想上坚持可持续发展战略。室内设计要贯彻节约能源和资源的方针。新建采暖居住建筑必须达到建筑节能标准，并积极采用符合国家标准的节能、节材、节水的新型材料和鼓励利用清洁能源，保护生态环境。对旧住宅也要逐步实施节能、节水和改善功能的改造。提倡标准化施工，装修部件采用高标准工厂集约化生产、现场高速率组装完成，避免现场制作、现场湿作业，从而既解决了环保课题，又解决了施工进度和质量问题。这样也使得室内设计师对室内艺术的追求，对结构和装饰部件的苛求都变得可操作了。这就是标准化的大型系统工程——室内成套木作系统 IJF（Interior Joinery Furniture System）。它对设计师提出了较高的要求，要求他们深谙室内设计的精髓、精通板材连接的各种构造，科学创造性地运用现代加工机械，全面了解土建与设备安装工程中的误差与不协调，最终将工厂化生产的各种装修部件神奇地组装起来，构成室内空间，赋予居室以生命力。IJF 系统的实现，对装修施工标准化、产业化的进程起到有力的推动作用并将大大提高装修施工效率、改善装修质量，同时提高了公众的生活质量，保护了环境。

（三）建立标准技术保障体系

1. 要高度重视基础技术和关键技术的研究工作，采取积极有效的措施，加快完善住宅设计、施工及材料、竣工验收的标准、规范体系，特别要重视住宅节能、节水和室内外环境等标准的制定工作。

2. 尽快完成住宅建筑与模数协调标准的编制，促进工业化和标准化体系的形成，实现住宅部品通用化。重点解决住宅部品的系列配套、通用性等问题。

3. 将居住空间设计的标准化、多样化、工业化和提高装修质量、功能质量、环境质量紧密地结合起来。

4. 建立住宅的给水、排水、供暖、燃气、电气、电讯等各种管网系统统一设计、统一施工的管理制度。住宅建设项目要编制统一的管网综合图，在保证各专业安全技术要求的前提下，合理安排管线，统筹设计和施工，以提升住宅的改造性，提高住宅建设的效率和质量。

5. 设计便于灵活分隔室内空间，提供高品质轻质隔断板材及其配套产品，满足住宅灵活适应性要求。

6. 树立厨房、卫浴间整体设计观念，在完善、提高厨房、卫浴间功能的基础上，推行厨房、卫浴间装备系列化、多档次的定型设计，确保产品与产品、建筑与产品之间合理的连接与配合。

7. 积极采用节能、节水、节材并符合环境保护要求的新技术、新设备。电表、水表、燃气表、热量表安装使用前应进行首次强制检定。积极推广应用各种塑料管材，并妥善解决大开间住宅的管网铺设问题。严格禁止使用无生产许可证的产品和假冒伪劣产品。

8. 积极发展通用产品，逐步形成系列开发、规模生产、配套供应的标准住宅部品体系。重点推广并进一步完善已开发的新型墙体材料、防火保温隔热材料、轻质隔断、节能门窗、节水便器、新型高效散热器、经济型厨房、卫浴间成套设备等。

9. 根据相关法律、法规，对不符合节能、节水、计量、环境保护等要求及质量低劣的部品、材料实行强制淘汰，同时根据技术进步的要求，编制《住宅部品推荐目录》，并适时予以公布。公布内容包括产品的形状尺寸、性能、构造细部、施工方法及应用实例等，提高部品的选用效率和组装质量，促进优质部品的规模效益，提高市场的竞争力。

积极推广应用塑料管材、塑钢窗和节水型卫生洁具，分地区限时淘汰冲水量 9 升以上的便器水箱。从 2000 年起，大中城市新建住宅强制淘汰铸铁水龙头，推广使用陶瓷芯水龙头，禁止用原木生产门窗，沿海城市和其他土地资源稀缺的城市，禁止使用实心黏土砖，并根据可能的条件限制其他黏土制品的生产和使用。

第二节　弹性设计

（一）弹性设计的定义

弹性设计是指为了适合不同使用功能的需要，采用灵活可变的分隔方式调整空间形式和格局，对空间进行重新划分，以满足不同对象的生活需求和适应家庭人口变化的需要。弹性设计一般利用直滑式、拼装式、折叠式、升降式等活动隔断和帘幕、家具、陈设等分隔空间，可以根据使用要求而随时启闭或移动，空间也随之大或小，开或闭，形成功能灵

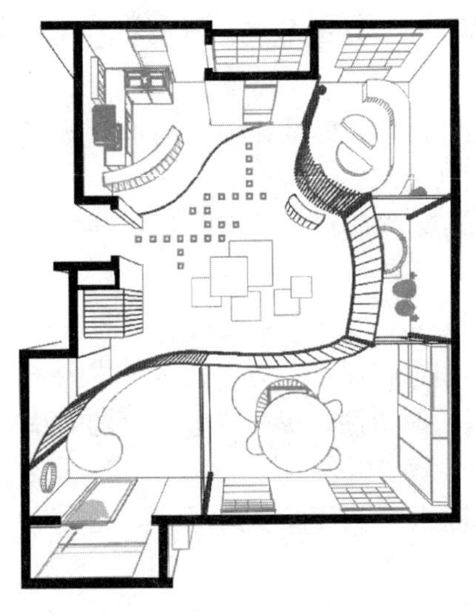

图 13-1 灵活多变的空间划分

活的空间。采用建筑构件分隔、色彩材质分隔、家具分隔、装饰构架分隔、水体绿化分隔、照明分隔、陈设装饰造型分隔、综合手法分隔等都是空间分隔弹性设计的重要手段（图 13-1）。

（二）弹性设计的社会意义

人的居住需求一般可分两类，一类是基本需求，即一般居住者共有的较为稳定的需求，它要通过分析和调查研究，并以一定的功能模式体现在住宅设计中；另一类则是个性化、易变的需求，或依靠住宅实体和空间的自我调节，亦可通过弹性设计来满足。

随着社会经济的进一步发展，新兴产业的不断涌现，高收入群体的日益壮大，人们对住宅品质和住宅功能的要求和期望值不断上升，正朝着个性化和功能细化的方向发展。当前我国住宅建设面临着两个过渡：一是在居住水平上由“生存型”向“小康型”过渡，二是在住房制度上由福利分配制度向商品住宅过渡。对住宅的使用者来说，都各有其独特的个性，不可能用同一种尺度来规范社会的人居空间，因而我们应对生活的客观性和理性要求予以正视，总之住宅需要具有灵活性和可变性。

随着城市居民社交生活所占比重的日益增加，为改善生活条件选择大房型的倾向十分明显。住宅套型面积的扩大，使得住户在分隔住宅内部使用功能时更加游刃有余，住户可以根据自身的需要增加视听室、健身房、更衣室、洗衣房、保姆房、储藏间、工作间、儿童游戏房等特殊需求的功能空间。住宅使用功能的延伸，也体现了人类文明的进步以及人性的关怀。

我们现有的大多老旧住宅仍然是承袭以往的小开间、结构布局分隔固定、采用墙体承重的砖混结构。按其结构老化的速度估计，寿命至少 50～60 年。这期间，人们的需求随着社会的发展在始终不断地发生变化，而住宅空间的实体部分未能随之变化，这一切则意味着住宅功能的老化，必须使之具备调整的可能，赋予新的生机，这些调整需求主要表现为：

1. 增加起居室、学习和工作的专用空间；
2. 根据人口数量的变化，增加或减少卧室数量；
3. 改变门窗洞位置，调整各空间的连接以获得自然采光和通风效果；
4. 合并或分隔，改变空间的面积；
5. 改变空间的使用功能；
6. 变换家具的布置；
7. 增加厨房和卫浴室的面积；
8. 更换墙体、地面的装修及个性化装修等方面的要求。

（三）弹性设计的探索与实践

早在 20 世纪 60 年代西方就兴起对建筑的可适应性、参与性、开放性、居住的灵活性等设计与施工方面的研究。日本福冈公寓（Void Space/Hinged Space Housing，Nexus

World Kashii，Fukuoka，Japan，1989～1991 年）是霍尔的一个重要的代表作。在设计思路上，霍尔没有延续通常的标准化概念，而是以一种新的视角看待集合住宅。公寓有 28 套房，霍尔的设计方法是增加建筑的构筑部件，打破仅在同一层的空间组织，将各套房一部分相互以扣结的方式连在一起，犹如复杂的中国百宝盒，形成多样的空间组合以及各套公寓都不相同的意趣。在公寓内，霍尔设计了铰接空间（hinged space），使墙壁可以根据家庭结构的变化进行增减调节。

意大利托思卡纳松林里的某住宅，在建筑框架的固定轨道上作任意的活动分隔变化，其对空间的处理是模糊和不限定的，同时还能使自然直接延伸到住宅，使建筑与自然交织融合在一起，创造出不同的内部空间感受。

近年来，针对我国国情，为适应人口老龄化和中国人的“敬老”习惯，出现了“两代居”的住宅。使老年人和年轻人生活在一起，实现各得其所，各安其居。随着时间推移及人口的增加或减少，年轻人可以对“两代居”进行改造，使其成为适合三代人的或一代人居住使用的户型。这种对空间进行改造的实质就是运用空间的弹性设计原理，扩大或增加功能空间。

当前，房地产市场不断地出现小户型和超小户型给设计师带来了全新的课题和挑战，如何合理而巧妙地利用居室内每一块小空间，既要做到功能齐全，又要做到简约精练都是崭新课题。由于小户型的居室面积相对来说较为狭小，在一个房间中可能要包括起居、会客、储藏、学习等多种功能活动，既要满足人们的生活需要，还要使室内不致产生杂乱感，这就需要对居室空间进行充分合理的布置。图 13-2 至图 13-5 其分别为以 14m² 户型和 21m² 户型为代表的超小户型的室内弹性设计方案。除厨、卫浴间是固定功能外，设计利用抽屉式床、抽屉式衣橱、抽屉式沙发、折叠式餐桌等一系列灵活的手法解决了同一空间的用餐、储物、睡觉、学习等多重功能。

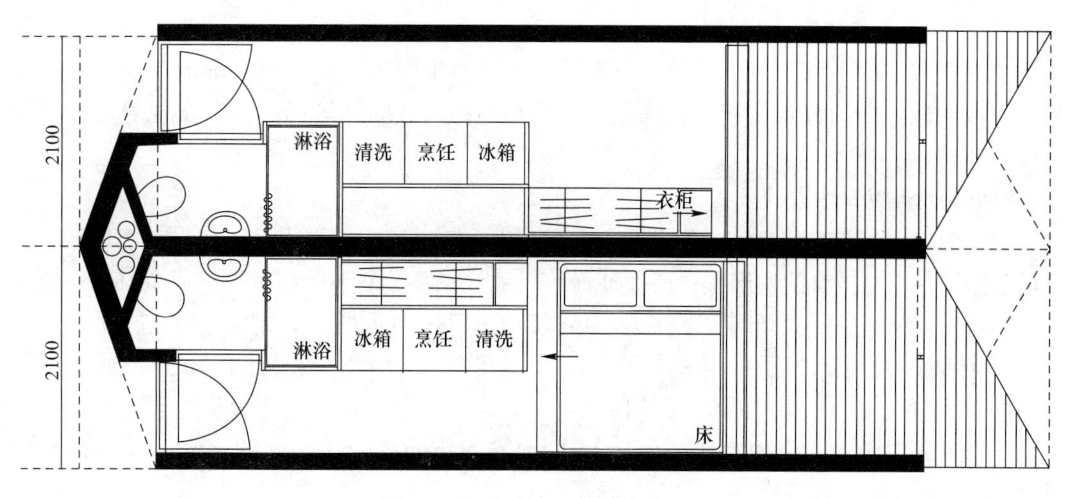

图 13-2　14m² 户型的平面布置

弹性设计在思路上必须充分考虑用户多样化的要求。一方面，建筑设计要为空间的灵活分隔提供适合变化的框架结构，除分户及外墙、厨卫外，设计成大开间，为住户留有充分的灵活空间，使住户可根据自己家庭人员和生活需要自由组合家庭的布局，为今后住宅

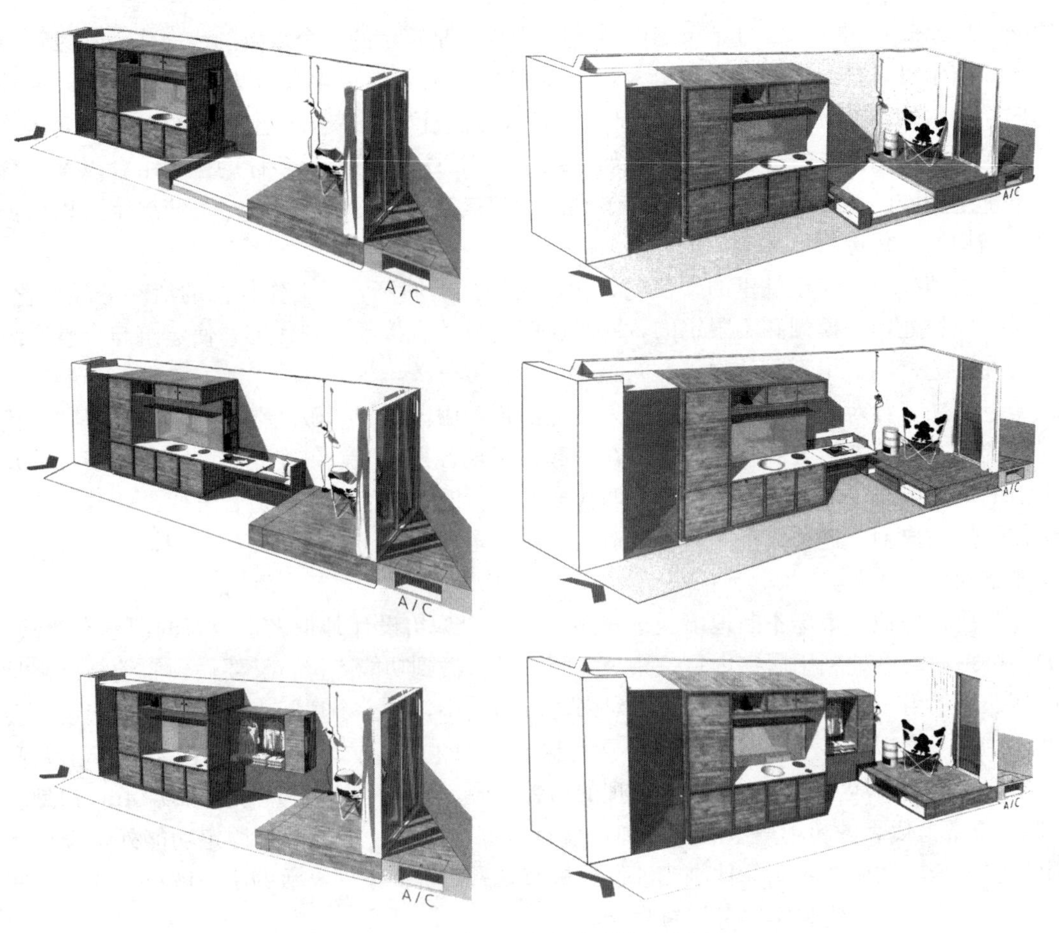

图 13-3　14m² 户型空间的弹性使用示意

的改造创造基本的条件。另一方面，室内设计尽量要采取轻装修，重装饰的手法，划分空间时应多考虑可变的分隔因素，如屏风、带滑轨的移动式墙体等形式，以实现对居住空间的再次改造。

（四）住宅的弹性设计要点

为了使住户能参与住宅室内的空间划分和构件组装，应实现“设计—建设—确定住户—建设”这样一个可持续的发展程序。设计师的任务首先要设法为居住者提供一个具有一定灵活性的可变空间。发展大开间灵活住宅，必须解决以下一些问题。

1. 注意节约能源、原材料和资金，提高综合经济效益。对住宅的采光、通风、隔声、空间利用和厨房、卫浴间、起居室的布置都要精心设计，力求适用、经济、舒适、灵活、精巧，为居住者提供相同户型、不同的室内空间划分和不同的装修、设备标准的可能性。

2. 将住宅分为支撑体和填充体两部分，支撑体包括承重墙、柱、外墙、楼板、屋面板和楼梯间，从建筑设计的角度来讲，应在开间和进深两个方向均具有较大的灵活性，并向住户提供有固定厨房和卫浴间的可分体，同时，分户墙和承重墙尽量一致，以充分利用承重墙的坚固和隔声好的性能，门窗位置也要为空间灵活分隔创造条件。

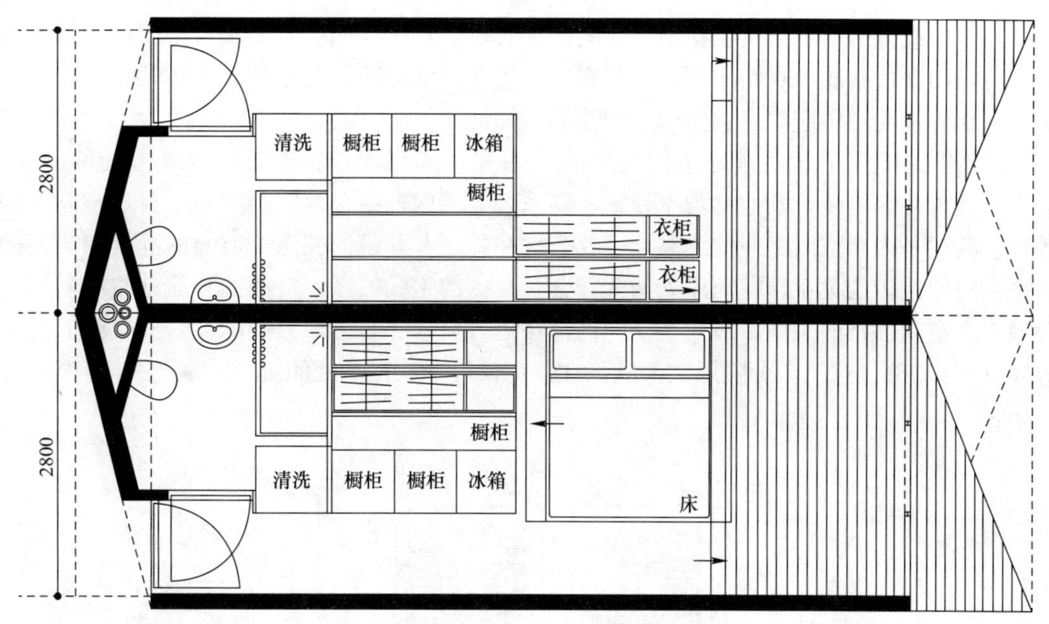

图 13-4　21m² 户型的平面布置

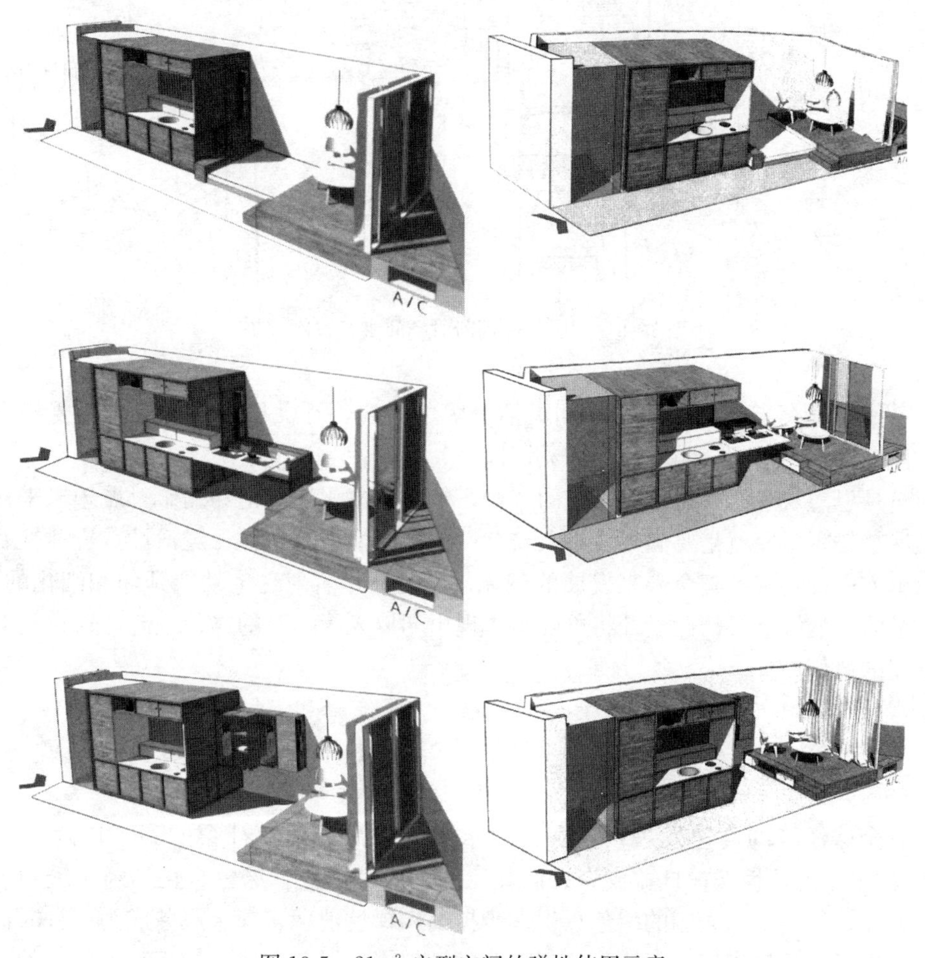

图 13-5　21m² 户型空间的弹性使用示意

从室内设计的角度来讲，在划分空间处理时应注意可变的分隔因素对空间的影响。可变的分隔因素包括非承重结构和分隔材料，如各种轻质隔断、落地罩、博古架、帷幔、家具、绿化等，使用中应注意它们的牢固性和装饰性。

3. 空间的分隔，要处理好不同的空间关系和分隔层次。首先是室内外空间的分隔，如入口、天井、庭院，它们都与室外紧密联系，体现内外结合及室内空间与自然空间交融等等。其次是内部空间之间的关系，主要表现在封闭和开敞的关系；空间的静止和流动的关系；空间过渡的关系；空间序列的关开合、抑扬的组织关系；空间的开放性与私密性的关系以及空间性格的关系。最后是空间内部在进行装修、布置家具和陈设时对空间的再次分隔（图 13-6）。这三个分隔层次都应该在整个设计中获得高度的统一。

图 13-6　利用装饰隔断对空间进行再次分割

4. 设备、电气等专业要满足空间灵活分隔的需要，开关插座设置的位置要特别注意使用方便以及多种空间分隔时使用的灵活性。

建筑是思想观念的物化，是时代的产物，是社会文化的印记和缩影。展望未来住宅形态的发展趋势，主要就是要满足住户在安全性、健康性、私密性、灵活性、舒适性、艺术性这六个方面的要求。契合未来发展的潮流，满足使用者对住宅功能延伸和细化的要求，提倡住宅的可变性、灵活性设计将更好地体现出“以人为本”的居住理念，这也是对可持续发展观的最好诠释。

第三节　绿色设计

随着全球经济的高速发展，科学技术水平的提高和信息社会的到来以及中国加入WTO，注重生态环境保护日益成为人们关注的世界性话题，绿色文化已经渗透到人们的衣、食、住、行当中。人们的绿色意识逐步提高，绿色消费、绿色服务成为一种时尚，作为与人类生活空间最密切的行业在住宅产业中如何倡导绿色文化，如何满足居民的绿色消费，如何与生态环境保护相结合，使人们在享受现代化科技所带来的舒适、方便、高品质生活的同时，仍然能保持与自然的和谐已成为当下所关注的焦点问题，绿色住宅建筑已出现在现实行动中。

（一）绿色住宅的概念

绿色住宅概念的产生是在全球推行可持续发展的进程中提出来的，但它的产生有着强大的历史背景。从生态城市、生态住宅到目前的绿色住宅，人们对良好居住环境的追求越来越具体和清晰。

所谓绿色住宅是指能充分利用自然环境资源，并以基本上不触动生态环境平衡为目的而建造的一种住宅。它既适应地方生态而又不破坏地方生态，具有节地、节能、节水、节材，改善生态环境、减少环境污染、延长建筑物寿命等优点，实现无废、无污、高效和谐、开放式闭合性良性循环。这种绿色住宅不仅有利于小环境及大环境的保护，而且将十分有益于人类的健康。它所考虑的不仅涉及住宅单体的生态平衡、节能与环保，而且更为重视从周边环境的基础上将整个居住区作为一整体，对居住环境进行优化设计，既保证了住宅区内的生态平衡，又使住宅区融合周边环境。绿色住宅不仅服务于人类的需求，包括生活上、生理上和精神上的需求，也将成为人类生存环境可持续发展的重要支撑。

与一般住宅相比，绿色住宅将人、建筑、环境三者之间的相互关系更为具体化、细致化、标准化。绿色住宅根据人类的各种需求和生态规律，制定出住宅环境的具体指标，运用生态学原理和环境学原理，借助于高新科技方法和手段，对住宅进行全方位的设计。

（二）绿色住宅的内涵

绿色住宅首先要有一个绿色设计理念，即以创建一种优越的居住环境而又不会对地球生态造成破坏为基本出发点，以在目前的技术条件下设计一种物质和能源消耗较少的生活方式为最终目标。设计不以夸富攀比为基调，不搞名贵材料堆砌，而是要巧用自然资源，减少能耗，因此，绿色住宅蕴含着一种新的居住文化、一种新的生活方式、一种新的人与环境的依存关系。它是一项系统工程，倡导以人为本的原则，注意居住环境的协调，具有可持续发展的特点，为居住者提供健康、节能、低耗、低污染的居住环境。绿色住宅的内涵具体可以从以下四个方面来理解。

1. 创造健康舒适的物理环境

随着居民生活水平和经济水平的不断提高，人们对居住质量的要求越来越高。为了满足居民日益增长的高舒适度要求，住宅设计必须从多方面着手，努力提高居住的舒适度，保证住宅外部环境的质量，满足居民的绿色消费要求，达到绿色住宅的标准。提高室内居住环境的舒适度主要包括两层意义，即适宜居住生活的物理环境和心理环境。其中前者属于建筑物理学范畴。创造宜居的物理环境不仅体现在合理的功能划分、居室的空气质量、居室温度控制、居室的采光以及居室的声环境条件等都是影响居住环境的重要因素。这些直接作用于人的物理环境，在实际生活中却常常由于人们追求豪华奢侈的表面装修而被忽视。据世界卫生组织（WHO）最近公布的《世界卫生报告》显示，人们受到的空气污染主要来自室内，其污染程度是室外空气污染的数倍、数十倍，甚至高达100倍。而室内空气污染导致的高血压、胆固醇过高及肥胖症等被认为是人类健康的十大杀手之一。因此，居住空间的设计需要全面考虑使用者的需求，并且将节约能源，保护自然环境作为设计前提，进而提升居住环境的物理品质。

(1) 合理的功能分区

功能分区是根据居民对住宅各个空间的不同使用要求而划分的。主要包括以下三个方面：首先是内外分区。内外分区是根据空间使用功能的私密性程度不同划分的。私密性要求各空间在视线、声音方面有所分隔，还要求在空间组织上满足居民的心理要求。一般把私密程度高的空间放在距户门较远部位，以减少其他空间对其干扰，即“公私分离”、“食寝分离”、“居寝分离”。这样，不同空间之间的干扰少，居民生活才能有序。其次是动静分区。住宅中的会客室、起居室、餐厅、厨房等空间是动区，对于安静程度要求较低，而卧室、工作和学习空间应布置在静区。最后是洁污分区。主要体现在有水房间和无水房间的分隔，厨房、卫生间需要用水，杂物较多、相对较脏、管网多，以集中设置为好。

(2) 合理的功能要求

不同的使用空间有不同的功能要求，但适宜的尺度、宜人的空气环境质量、美观的环境设计、良好的隔声和防火等是提高居住质量的重要因素。首先是各空间的尺度要适宜。其次是室内空气的质量。室内全年要保持温度在17～27℃，湿度在40%～70%之间，二氧化碳浓度低于100ppm；空气清洁度高，采光通风效果好，气流状况良好。再次是室内空间的美观。室内空间应开敞、明亮、色彩搭配合理，适当以绿色点缀，家具、灯具色彩应富于个性和特色，适合个人特点。最后是有良好的隔声和防火性能。各空间、相邻楼层间要有好的隔声效果，防止各户及各空间或者室外噪声对居民生活的干扰。另外，分隔围护性构件要有良好的防火性能，防止意外事故所造成的重大损失。除此以外，还要考虑厨房油烟的排除、卫浴间的通风换气以及该类空间的防水防潮等问题。以下专就居住空气质量问题作进一步探讨。

1) 居住空气质量分析

现代人有四分之三的时光是在室内度过的，而在居室中度过的时间则多于其他建筑空间。所以居室空气质量更应受到关注。空气质量可直接影响人们的生活质量，关注居室内的空气质量是设计师必须面对的课题。

居室空气质量是指可吸入颗粒物和有害气体在室内空气中的浓度。而影响居室空气质量的污染源包括：室外空气质量、室内通风条件、室内装修材料的成分、使用者的活动（如吸烟、咳嗽)、烹饪活动（如油炸和爆炒）等。影响居室空气质量的污染源及其危害有以下四类：①可吸入颗粒物；②化学污染（见表13-1)；③物理污染；④生物污染（见表13-1)。

居室污染源及对人体的危害 **表13-1**

污染源	来源	对人体的危害
二氧化硫	厨房灶具不完全燃烧	致呼吸功能衰竭，慢性呼吸疾病
一氧化碳	厨房灶具不完全燃烧、煤炭取暖、涮火锅	窒息导致脑缺氧，丧失智力，甚至窒息死亡
二氧化氮	厨房电炉使用中的电化反应	呼吸功能损伤，慢性结膜炎视神经萎缩
氨气	建筑材料，作为防冻剂的尿素	头昏、乏力、黏膜刺激
臭氧	紫外线照射、电脑等	头昏、头疼、食欲减退、视力降低、慢性呼吸道炎症、肺水肿、心力衰竭甚至死亡

续表

污染源	来源	对人体的危害
苯	透明或彩色聚氨酯涂料、过氯乙烯、苯乙烯焦油防潮内墙涂料、密封填料	麻痹中枢神经，抑制造血功能，血白细胞、血红细胞或血小板减少，危害神经系统，头痛、乏力、黏膜刺激、肝损伤、不育
醛	高中密度纤维板、OSB胶合板、801胶、强化复合木地板、奥松板	对黏膜有强烈刺激，引起皮肤黏膜炎症，引起头痛、乏力、心悸、失眠、神经系统紊乱、白血病
酯	聚醋酸乙烯胶粘剂（白乳胶）、水性塑料地板胶、水乳性PAA地板胶	对黏膜产生刺激，引起结膜炎，咽喉炎症
丙烯腈	丙烯酸系列合成地毯、窗帘	引起结肠癌、肺癌
聚氯乙烯	PVC塑料壁纸、PVC地板、工程塑料	致癌
聚苯乙烯	PS护墙板、踢脚板、过门线、百叶窗	致癌
氯乙烯单体	壁纸、聚氯乙烯（同质）卷材地板	乏力、严重时致癌
五氯苯酚	木制品（防虫剂等）	头昏
呋喃	塑料制品、地板、地毯（阻燃剂、柔软剂等）	致癌
含氯氟烃	（CFC）涂料、胶粘剂等	刺激皮肤、导致肝、肾损伤、致癌
多环芳烃	（PAH）烹饪、加热用燃气	致癌、致畸
苯并（a）	芘（Bap）烹饪油烟、燃气灶具燃烧	致癌、致畸
氡气	瓷硅、天然大理石、天然花岗岩等	肺癌
真菌细菌	室内霉斑、螨虫、虱子等	过敏、肺损害
电磁雾泄露	通电导线、家用电器、电脑、电热毯、手机等	致癌，白血病、神经疾病、心脏疾病、抑郁症疾病、失眠、烦躁、厌恶感
甲基吲哚	人体排出臭气	越小的进入呼吸道的部位越深。PM10的颗粒物通常沉积在呼吸道；PM5的可进入呼吸道深部
狐臭	腋窝大汗腺所排出的汗液，经细菌分解，形成特殊的臭味	烦躁、厌恶感

2）提高居室空气质量的措施

针对以下几种污染及应对措施如下：

a. 化学污染

• 二氧化碳

二氧化碳本身是空气中的组成部分，但是由于人类的活动往往使二氧化碳的浓度增加。特别是居室内二氧化碳的浓度过高必将危害人的健康。它主要来源于人的呼吸和厨房灶具的燃烧。二氧化碳的浓度和空气中的氧气浓度呈反比关系，二氧化碳产生的同时，必将消耗相应的氧气。若二氧化碳在居室中的浓度过高，不仅只是影响居室的空气质量，更会影响人的健康。由于中国人的烹饪习惯，多煎、炒、烹、炸，于是厨房产生出大量的二氧化碳。在乡镇农村还普遍运用煤炉或烧柴灶，室内二氧化碳所造成的污染更为严重。

措施：最为行之有效的措施就是增强厨房通风换气的性能。

• 甲醛

甲醛通常呈气体状，有强烈的刺激气味，在有机合成工业中发挥重要作用，构成了酚醛胶和三聚氰胺脂的必要成分。与此同时其毒性构成对人类健康的极大威胁，长期置于甲醛浓度较高的环境中，极易诱发白血病等严重疾病。急性甲醛中毒可使人失去知觉甚至导致死亡。

居住环境中的甲醛污染主要源于装修材料的塑料、化纤织物、人造板等均有甲醛成分。我国对甲醛浓度的最大容忍上限为0.08mg/m^3，而根据相关部门对部分城市新装修住宅的调查检测，超过90%的新装修住宅室内甲醛超标，有的甚至超标10倍。甲醛释放的特点是长期缓释，随室温越高挥发量加大。因此冬季供暖期和盛夏往往是甲醛释放的高峰。

措施：因甲醛等有害气体出自于劣质装修材料和家具，国家相关部门于2001年12月发布了有关室内装饰装修材料有害物质限量的十项国家标准：其中包括《室内装饰装修材料人造板及其制品中甲醛释放量》(GB18580-2001)。该标准已于2002年1月1日起正式生效，含量超标的装饰装修材料也从2002年7月起一律禁止销售。

• 烹饪油烟与燃料废气

烹饪过程中煎、炒、烹、炸高温之下食用油会发生裂解，产生超过300多种有害物质的油烟主要有醛、酮、烃、脂肪酸、醇、芳香族化合物，杂环化合物等。200℃以上的高温对食物中微量金属元素进行催化反映，生成过氧化物及大量氢过氧化物，它可加速细胞衰老，而油烟中脂肪氧化物也成为心脑血管病、直肠癌和肺癌的致病因子。由燃料燃烧所产生的苯并［a］芘（benzo［a］pyrene）也对呼吸道产生刺激；还会引起结膜炎。将伤及肺功能和免疫系统及潜在致癌性。

措施：针对上述烹饪油烟和燃烧产生的废气，需使用功率强劲的抽油烟机、导烟机或通过自然通风，力求减轻烹饪产生的各种空气污染。

b. 物理污染

• 氡气

居室装修铺装材料包括花岗岩、大理石、瓷砖中所含天然铀、镭、钍等放射性元素，经衰变形成氡气。氡气是指氡222原子，由放射性元素铀238衰变而形成的放射性气体原子，其半衰期仅3.8天。而长期生活在被氡气污染的空间中，所致肺痰的死亡率仅次于吸烟所导致的死亡率。依据国标《住房内氡气浓度控制标准》(GB/T 16146—1995)的有关规定，新建住房应控制在100Bg/m^3，而某些国产花岗岩（如杜鹃绿、杜鹃红）可超标3至5倍。

按我国有关石材和陶瓷制品放射性等级的分类，其放射性被分为三类：

(A)类：放射性比活度低，其产销与适用范围不受限，可用于居住装修；

(B)类：放射性比活度居中，不能用于居室内部装修，其他公共空间可以使用；

(C)类：放射性比活度较高，只能用于建筑外檐。

措施：确保室内不被氡气所污染，除了选择符合（A）类标准的石材和陶瓷制品，还要强化室内与室外的有效空气流动。一方面使含氡气的污浊空气通过门窗及通风管道等设施排出室外，同时使室外新鲜空气流入室内，以保障空气质量。

• 电磁辐射

人们周围所有运转着的或待机状态的电器设备都会产生不同强度的电磁辐射，无论是厨房设备、白色家电或黑色家电周围都会产生电磁场。

人的大脑对电磁辐射非常敏感，即使辐射程度很微弱，都会改变脑电活动。受到此类辐射的，会出现失眠、头痛和疲劳等症状。电磁辐射有时还损伤精神系统机能，甚至影响认知力。

措施：居室内所使用的全部家电均要选用经国家质量技术监督局认证的安全家电产品。为了健康安全，摒弃无商检标志以次充好的伪劣产品。而使用者要加强电磁辐射的安全意识。人体离电器越远，受到辐射的概率就越小。比如：一台距人头部附近交流电收音机工作所产生的电磁场强度相当于高压线的电磁场强度，而将其放置在 1m 以外，其电磁场作用于人脑的辐射强度几乎降为零而忽略不计。因此，建议在卧室的睡眠区域要设计“无导线与电器区域”，若有必要布置线路，也需使用安全屏蔽电缆，或将此区域形成一个独立电路系统，一经切断后，睡眠区域将无任何电流通过。当然，夜间更不可将手机放在睡眠区域内（即使关机也不宜）。

c. 可吸入颗粒物

可吸入颗粒物的 PM10 是指悬浮空气中，能进入人体呼吸系统、空气动力学当量直径≤10 微米的颗粒物。其浓度以每立方米空气中可吸入颗粒物的毫克数表示。PM10 可吸入颗粒物对人体危害不可忽视，可吸入颗粒物的 PM2.5 是≤2.5 微米的颗粒物，它将 100％深入到人们支气管和肺泡，是导致肺功能损害的联合体。

可吸入颗粒物在居室环境中漂浮时间很长，其中一些颗粒物来自污染源的直接排放，如烟尘、汽车尾气、裸露的沙石地面、建筑工地建材的破碎碾磨处理过程以及沙尘天气等，可吸入颗粒物的分类、来源见表 13-2。

可吸入颗粒物分类及其来源分析表 **表 13-2**

种类	粒径（μm）	来源	危害
香烟烟尘	0.01～0.3	室内外	呼入式伤害：可吸入颗粒物容易在肺部沉积，随血液和淋巴系统循环而影响全身，易造成矽肺、肺癌等其他疾病； 呼吸类过敏：灰尘、花粉过敏性鼻炎、咽喉炎、哮喘等； 接触类过敏：破伤风、皮肤过敏等
煤烟	0.01～10	室外	
细菌	0.3～5	室内外	
毛屑	0.5～30	室内	
棉絮	1～5 纤维状	室内	
沙尘	1～100	室外	
孢子、花粉	10～30	室外	

可吸入颗粒物被人吸入后，会累积在呼吸系统中，引发哮喘等呼吸道疾病，也可诱发心脏病。

措施：首先，阻止室外恶劣空气对室内环境产生的负面影响，门窗的密闭度是由其橡胶密封条决定的。因此要采用高质量的密封条使门窗密闭效果更好，以阻隔大直径颗粒物的进入。第二，空调出风口采用高效静电空气滤网，利用其带有电离子的过滤介质，进行静电除尘，从而拦截 0.1～10 微米的可吸入颗粒物。

2. 提倡能源节约

现代建筑的最大特点就是需要大量多种能源以维持室内环境。其消耗的能源是惊人的，要想改善与环境的关系，减少对环境的索取，体现绿色文化的内涵，达到绿色住宅的要求，节能是关键。目前，住宅节能主要是与其朝向、形状、颜色和围护及太阳能利用情况等有关。

住宅的朝向和形状对空调负荷影响很大。同样体形的住宅，南北向比东西向负荷小。所以，单从节能角度出发，住宅应首选南北向。另外，尽可能选用表面积小的圆形或方形体形住宅。不同的住宅外装修颜色对辐射的吸收、反射不同，直接影响住宅节能。表面越黑吸热越多，相反，表面越白吸热越少。围护体的热工性能高低直接影响住宅的节能效果。围护体保温和隔热性能越好，人工取暖和降温所耗能就越少。所以，要努力改善住宅围护体的热工性能。主要措施有：改造墙体、窗户、屋顶和楼板，提高其热工性能；采用隔热窗、气密性好的木包铝窗和塑钢窗；安装反射遮阳板；提高室内装修反射率；屋顶洒水、蓄水或做绿化、通风屋顶以隔热等。充分利用太阳能作为辅助能源，降低住宅耗能量。设计立面时，考虑南向大面积开窗。运用一定的技术手段，把太阳能转化为电能或热能，并能加以储存，为住宅供电和加热热水。也可在屋顶上设置太阳能设备，如平板式太阳能集热水器。目前，许多国家都对太阳能的利用进行研究，科技工作者已经把被动接受太阳能转化为主动接受太阳能。虽然太阳能的利用受到天气变化的影响，但其经济效益和社会效益是潜在的，充分利用太阳能是大有前景的。

3. 崇尚绿色的装修理念

近年来，室内环境质量越来越引起人们的重视。室内空气污染、光污染、辐射污染、噪声污染、视觉污染等严重影响着人们的身心健康。“无害、环保、绿色”的意识应渗透到家庭装修的设计、家具和装饰品配置等诸多环节中，市场呼唤绿色装修。

在建设绿色生态住宅中，对于装饰材料的选用至关重要。装修时一定要注意材料的选择，不能使用易散发有毒物质、刺激性气体、放射性元素的装饰材料。选购石材和建筑陶瓷产品时，要向经销商索要产品放射性检测报告，如无报告，最好请专家用仪器进行放射性检查。要提倡使用3R（可重复使用、可循环使用、可再生使用）的建筑材料，装饰宜采用取得国家环保标志的建筑与装饰材料。绿色建材包括水溶性涂料、环保型胶粘剂和塑料金属复合管及铜管。绿色墙面材料有无机涂料、草墙纸、麻墙纸、纱绸墙布。绿色地板主要是天然实木地板、环保地毯等。另外，还应须选用绿色家具，以减少室内甲醛等有害溶剂的释放量。

由于我国正处于经济快速发展阶段，火爆的装修市场也为大量伪劣装修材料和劣质家具提供了生存土壤。对此，国家相关部门已于2001年陆续发布了10项国家标准，对装修材料中的有害物质做出限定（表13-3）。

室内装饰装修材料有害物质限量标准 **表13-3**

	标准名称	标准编号
1	室内装饰装修材料人造板及其制品中甲醛释放限量	GB 18580—2001
2	室内装饰装修材料溶剂型木器涂料中有害物质限量	GB 18581—2009
3	室内装饰装修材料内墙涂料中有害物质限量	GB 18582—2008
4	室内装饰装修材料胶粘剂中有害物质限量	GB 18583—2008
5	室内装饰装修材料木家具中有害物质限量	GB 18584—2001
6	室内装饰装修材料壁纸中有害物质限量	GB 18585—2001
7	室内装饰装修材料聚氯乙烯卷材地板有害物质限量	GB 18586—2001
8	室内装饰装修材料地毯、地毯衬垫及地毯胶粘剂中有害物质限量	GB 18587—2001
9	混凝土外加剂中释放氨的限量	GB 18588—2001
10	建筑材料放射性核元素限量	GB 6566—2001

绿色住宅要有“绿色”的光环境。住宅光环境分为天然光环境和人工光环境。天然光环境应保证住宅采光系数的最低值和室外临界照度5000lx，以确保人视觉功能的要求和室内各空间的照度。人工光环境对于产生合适的光照度十分重要。有些学者认为，在住宅这样的范围中照度差值很大时可能会引起眩光，差值太小，则会使空间显得平淡。绿色照明概念的提出一方面能够节约能源，一方面能够排除环境中有害的光污染。

另外，还要注意防止电磁波对人体的危害，一是要与电器保持一定距离；二是一些易产生电磁波的家用电器最好不要放在卧室内。

4. 注重环境保护，减少污染

保护自然环境，实际上就是减轻对自然环境的破坏，减少对环境的污染，从而达到与环境的协调。对于绿色住宅而言，主要是减少生活污水污染和生活垃圾污染。

水与人类生活息息相关，目前我国水资源状况严重短缺。绿色住宅应有“绿色”水系统。在住宅系统中要设立将排水、雨水等处理和重复利用的中水系统。节水主要有两方面：一是节水设备的使用，如节水马桶、节水龙头等，可以大大减少污水排放量，二是住区中水处理，小区可实施污废水分流，将废水处理、回用，从而可达到节水减污的双重目的。

绿色住宅还应注意生活垃圾的分类收集、处理、循环再生利用等，以最大限度减少垃圾对环境的污染，使垃圾处理实现资源化、减量化、无害化。

绿色住宅的理想标准是健康舒适，绿色住宅的深层含义是与自然和谐共生。绿色住宅的核心内容是高效节能。因此，绿色住宅是多种技术集成的结果，它需要科学的进步，更不能离开政府相关政策法规的鼓励和正确引导。只有从技术、经济、环境、能源、社会各方面系统评价、设计住区内外环境，统筹考虑，才会有更多的绿色住宅出现。

（三）绿色住宅的意义

绿色住宅是一种全方位的系统环保工程。对自然而言，它以不触动生态平衡为目的，达到节能、环保的要求。绿色住宅的提出、发展及其推广是社会经济发展到一定阶段的产物，而绿色住宅在运作过程中，以最小的投入获取最大的经济利益，因此，对经济而言，能起到推动作用。绿色住宅是在全球实行可持续发展的进程中提出来的，它是全球实现可持续发展所必需的，而可持续发展又是人类在理解人与自然的关系过程中总结出来的。从根本上说，是人类的思想意识、价值观念、管理制度、决策体系、政策法规等诸方面综合作用的产物，所以，它具有重要的社会意义。绿色住宅强调以人为本，不论其自然意义、经济意义、社会意义最终都服务于人类，考虑到人的各种需求，包括心理需求、生理需求等，因此，它又具有重要的人文意义。

1. 自然意义

进入20世纪以来，伴随着全球经济的高速增长、人类改造自然强度的加大，人与自然的矛盾逐渐激化，生态破坏和环境污染已经成为严重的区域性和全球性问题。而城市则是人类活动相对频繁、物质和能量的输入和输出较多的区域。住宅区作为人居场所，在建设和使用过程中，对城市整个的物质循环和能量流动都有很大影响。城市的物质能量流动中建筑材料、装饰材料、各种能源、消费品占很大的比例，而城市固体废弃物的排放中住宅区的排放量也占有很大的比例。节能和环保是绿色住宅的两个重要内容，因此，推广绿色住宅，对于保护自然资源、保护环境具有重要意义。

我国是一个人均资源量缺少的国家。人均水资源不足世界平均水平的1/4，北方各大城市水资源短缺现象日益严重，中国已有300座城市被联合国列为缺水城市。因此，在住宅建设中，采取节水措施、中水处理设施和屋顶雨水收集系统可节约大量水资源。从家庭用水来看，烹饪、洗衣、冲厕、洗澡等用水占家庭用水的80%左右，因此采用节水型家用设备节水潜力很大。美国西部家庭安装节水装置后，一般可节约生活用水的20%，通常，淋浴喷头每分钟喷水20L以上，而节水型喷头至少可节省一半的水。美国、日本等发达国家，很早以前就已经对家庭节水设备作出了法律规定并已经收到良好的效果。通过推行“中水道”技术可达到污水和废水的重复利用，洗菜或洗刷用过的水经处理后可作为冲洗厕所、清洗汽车、庭院绿化浇灌用水，使用1m^{3}的中水就相当于节省1m^{3}清洁自来水，同时又少排出1m^{3}的污水。屋顶雨水收集系统或其他雨水收集措施目前已经从实验阶段进入推广实施阶段。通过研究和应用表明，除了能够节约水资源外，该技术对涵养雨水、抑制暴雨径流作用十分显著，是一种投资少、见效快、能发挥综合效益的节水型措施。

在住宅设计中，充分利用自然光采光，明厅、明卫、明厨的使用能节约大量的电能。应尽可能采用太阳能热水系统。德国已建成世界上第一座绿色办公大楼。这是一座利用太阳能实现能源完全自给的办公大楼。大楼上的玻璃可让阳光射入室内，同时玻璃上有透明的隔热材料，可防止室内温度散去，在夏天反射卷帘便可把阳光反射回去。又如澳大利亚为奥运会而设计的第一座绿色体育馆，由1000组设在屋顶的太阳能电池供电，由此减少了由火力发电过程中对大气的污染。

2. 经济意义

绿色住宅要求人们不仅要重视经济增长的数量，更要追求经济发展的质量，尽量使经济发展处于生存的可承受范围之内，达到经济效益与环境效益的统一。绿色住宅的建设不但要和环境融合，更要经济实惠，让投资人有适当的回报。在这样的过程当中，最重要的是如何达到资源利用的最高效率。各种资源利用效率中最重要的是能源效率。能源效率越高，越能节省全寿命周期费用。因此提高能源效率是进行绿色建筑建设的基本条件。

《中国21世纪议程》庄严宣告：中国的社会经济不再重蹈发达国家的覆辙，将同“高消耗、高污染和高消费”的传统发展模式决裂，而代之以“低消耗、低污染和适度消费”的可持续发展模式，绿色住宅完全遵循了这一原则，也标志着住宅领域的一种新的经济发展模式。房地产商在开发产品时，为了适应市场需求（有时还有一定的前瞻性），推出绿色品牌，从绿色的规划设计、绿色的施工过程、绿色的成品房到绿色的物业管理，这不仅来自“绿色市场”的压力，更重要的是来自企业自身的经济动力，即通过减少废料提高资源利用率，削减经营开支，避免环境污染导致的高额开支。“绿色”不是作为一种包袱被企业接受，而是作为企业发展的目标而被主动实现。

从消费者的角度而言，随着人们消费观念的转变，人们在消费时更为注重的是商品的性能价格比。绿色住宅在建设时，需要选用价格相对较高的绿色产品，因此，成本有所提高，绿色住宅的物业管理和一些辅助设施也需要比普通住宅更高的消费，但绿色住宅使用新能源和节能措施、能源的循环利用和废弃物的回收再利用等方法将物质消耗降到最低点，加之绿色住宅还拥有“以人为本”的居住环境和人文气息，因此其性能价格比是最优的，总体来看仍符合人们的消费理念。

绿色住宅推行绿色价格，绿色价格是指把企业用于环境保护方面的支出计入成本形成的一种价格，这是建立在“污染者付费”、“环境有偿使用”等新观念的基础上的，是对自然资源和生态资源价值的补偿。绿色价格是绿色消费的内容之一，当然也适用于绿色住宅。绿色价格可以具体应用于在物业管理收费中，将固定废弃物的排放、污水的排放、使用常规能源、汽车的停放、冲洗等各种对环境会造成影响的因素计入价格，作为小区绿色物业管理的一种辅助手段。

3. 社会意义

绿色住宅的推广，使人们对生态和环境的认识落实到具体的生活中，使人们在衣、食、住、行的身体力行之中尊重了自然界的生态平衡，并在长期的行动中强化了这种意识，而变成一种自然而然的自觉行为，从而将人类对人与自然的关系认识由强加于普通居民而最终变成一种全社会的普遍认识。

绿色住宅的实施和推广除有赖于人们自身意识上的提高外，更有赖于全社会的支持。绿色住宅从提出到众所周知，其概念从模糊到具体，并不是简单的人为确定的，其间涉及社会制度、决策体系、政策法规等多方面内容。我国在保护和改善生活环境和自然环境、防治污染和保障人体健康方面制定了一系列法律和法规。因此，绿色住宅的推广使住宅环境的设计的法制化更为健全，使住宅环境的标准有法可依。

绿色住宅的实施和推广借助于高新技术手段。住宅的选址、住宅结构的设计、住宅环境的设置、建筑材料的研究与开发、节能措施的研究、废弃物的回收处理与应用之中的每个环节都需要在科学技术上不断改进。科学技术的前进是无止境的，因此，绿色住宅的实施和推广在依赖于高新科技的同时，还有助于科学技术的进步与创新。

4. 人文意义

在住宅领域，西方近现代以来确立起来的人类中心主义的世界观、价值观和伦理观普遍地存在于当代建筑理论当中，支配着建筑师的创作活动。当代许多建筑师致力于把某个地方转变成真正满足人的生活需要的场所——能使人领悟到其自身存在具有一定意义和特征的环境的同时，强调社区文化应当以人为中心，这个“人”不仅仅是物理、生理学意义上的人，而且是社会的人、有情感的人，是需求层次丰富的“多元”的人。绿色住宅通过景观的整体规划布局，空间结构、构景因素的选择与组合，具体的造型等多种环境营造的手段，综合形成系列地加以体现的，而不仅仅是某些外加的装饰和某些局部的模仿与复制，以及通过运用现代景观设计手段，将某一具体的人文特色，经变形、抽象处理，自然而然地融入具体的景观形态中，充分体现其画龙点睛的神韵，在似与不似之间更追求对某一人文的“神似”表现，使人既熟悉亲切，又颇感新颖别致。

从人的直观感受来讲，绿色住宅舒适宜人，既体现于视觉感受的和谐悦目、优美舒展，又体现于使用上的便利、合理合宜。环境整体和谐统一，色调柔和宜人，比例、尺度、空间形态得当合适，符合环境心理学和形式美的基本规律；室内设施的尺寸、造型符合人体工程学，便于使用；空间尺度符合特定环境功能的需要，既能使人从容自如地活动其中，又不显得单调而失去居住空间的亲和力。

在设计绿色住宅时，还应考虑安全因素，考虑到不同年龄段居民的人身安全。如空间各界面的装修设计要考虑到其结构的稳定、防滑、防跌等。

绿色住宅“以人为本”的优化设计能够创造出一种具有高度亲和力的居住环境，使人产生归属感，形成某种精神上的依托和踏实的安全感、着落感，使住宅这一物质形态的环境更成为人们心之向往的精神家园。人与人之间生活在融洽、祥和气氛之中是我们中华民族的传统观。今天的高层居住可能使得人与人之间的交往减少，感情淡漠。绿色住宅在住宅设计中充分考虑了交往的空间和场所，努力创造人与人之间接触的机会和情感交流的空间，增进人与人之间的相互了解。

好的住宅反映人性，追求意境。绿色住宅重新定义人与自然的关系，打破了室内空间与室外景观、绿化分离的格局。

绿色住宅中还存在不可度量的艺术性、社会性（包括邻里关系），以及其他精神文化教育因素。这些因素都直接作用于人的心理，影响着人的心理感受甚至心理健康。如居住空间的视觉效果、审美意向，环境功能配置、设施配置的合理性、舒适性，邻里关系的融洽和睦，环境的认同感、归属感，社区文化的内涵。

作为社会意识形态的文化艺术内涵是在人类不断认识自然的过程中逐渐形成的，其与自然的关系应是和谐统一即“天人合一”的关系，绿色住宅作为一种文化载体和有生命的物质艺术形式，其造型既延承传统文脉，又具有时代风貌。住宅也是家庭的生态基础，其功能具有多样性和适应性，以适应未来生活方式和人口结构发生变化的趋势。在设计时运用环境心理学、居住行为学、人体工程学、生态学等学科的原理达到空间使用舒适、方便、私密性好，居住者的个性得到尊重，同时，还考虑到人际交往的需要，创造出和谐、融洽的生活氛围。总之，与自然和谐共存的可持续发展的绿色住宅能同时满足人们多方面的要求，它将成为21世纪人们追求的理想的居住模式。

第四节　设计个性化

从满足需求的角度来说，居住空间的设计应该满足人们的行为需求、心理需求、审美需求，并实现艺术美、满足文化认同。以个性化为例，设计师在创造满足使用功能的物质价值的同时，也要考虑到满足使用者对“个性化”的精神价值的追求。满足个性的行为需求、个性的心理需求、个性的审美需求和个性的文化需求，使住宅成为很好的个性化居住空间场所。

设计的流行性表现了时代的特征，如流行色、流行款式和流行风格等。目前，个性化空间本身是一个非常时尚、非常流行的概念，而且这种时尚和流行的变化周期可能很短，因此，设计师在这个问题上要有足够敏感才能准确把握其设计趋向，以适应人们不断更新的对个性化的居住需求。

如前所述，居住空间的设计方法包括功能、人性化、绿色设计、无障碍设计，但这些设计方法有些是相互交叉、相互融合的，只是在切入点和侧重点上有所不同。另外，提倡个性化设计，也是一种很重要的设计方法。

居室设计作为一门综合艺术是科学与艺术的完美结合。既然属于艺术的范畴，那么追求个性化也就是必然的了。

就室内设计风格而言，不同个性的设计会给人带来不同的生活体验。以下列举一些引领潮流、颇具个性的居住空间设计典范，用以解读个性化设计的生命力。

（一）历史积淀

自有人类历史以来，装饰即伴随其间。如史前岩画，早在原始社会中，人类已经开始以简单的绘画来装饰其生活空间，在生存环境中对美的追求是人类生存愿望的表现之一。

德国著名美学家莫里茨·盖格尔指出“在艺术的发展过程中……有两种最突出的目的，即宗教和装饰”。历史积淀和民族文化底蕴为居室设计提供了丰富而厚重的形式。五千年的中华文化必定是极其丰富的设计素材。重视历史的继承和文脉的环境，汲取不同民族、不同地域和不同传统的造型语言及符号，将其巧妙地、恰如其分地融合到一起，并具体运用这些文化的象征语言引发人们对历史、文化的深层遐思，这样我们的室内设计作品才会显出文化的灵感（图 13-7、图 13-8）。

图 13-7　和式风格的空间带给人们东方情调的审美感受

（二）装饰的个性化

在居室空间的个性化设计中，装饰陈设起到重要作用。在强调个性化的设计思维影响下，轻装修、重装饰成为当今的趋势。装饰艺术最重要的价值是其装饰性，装饰作品只有和居室空间融为一个和谐的整体才有可能营造出富有个性的环境。这里所强调的装饰主体

图 13-8 传统造型语言在现代空间中的演绎

与空间主体的和谐统一是至关重要的。如果装饰风格、形式背离了其所在的特定空间主体和功能，将给空间气氛的塑造带来负面的影响（图 13-9）。

图 13-9 罗伯特·赖特住宅—赖特设计

（三）材料的个性化

材料作为室内设计的重要元素，传达着视觉和触觉的双重信息，也反映了设计师的审美标准，更反映了设计师把握材料的能力。不同的材料因其特性和肌理的不同，而影响着整个视觉效果。由于其特性和肌理形式存在视觉与触觉的感觉反映，并直接对人的心理情绪构成影响。可以说，不同的材料传达着不同的个性。

原始自然的石材、木材具有美丽、自然的纹理，它们作用于人的视觉、触觉能够影响人的视觉经验和心理联想，其肌理的差异传达着大自然丰富玄妙的内涵，其独特的纹理会带来无穷的艺术魅力（图 13-10、图 13-11）。

图 13-10　流水别墅—赖特设计

纤维艺术被广泛运用于当代的室内设计中。由棉、麻、毛或丝等材料制作成的纤维状制品以其质朴、柔软的特性带来温暖、舒适和柔和的特质，恰恰缓解了现代钢筋混凝土空间那冷漠单调的感觉。这一“温暖人心的艺术”，又附加着迥异的个性，其不同的构成关系会带来不同的艺术效果，图形、肌理编织技法必会导致触觉、视觉与心理效果的不同，肌理图案与材料形成综合的审美取向。同时纤维艺术又具有深厚的民族文化积淀，这也是当代室内设计所需要的艺术特质。

室内设计的个性和品质并不取决于其所用材料价格的高低，而在于它的审美品位以及空间的融合。如果盲目追求材料的档次而忽略其艺术的个性和审美情趣，必定是失去个性的失败结果。

（四）“少就是多”

著名现代设计大师密斯·凡·德·罗（Miss Van DerRohe）的名言“少就是多”影响了一代现代主义设计师（图 13-12）。这一室内和家具以其流畅的线条和仿生的曲线造型产

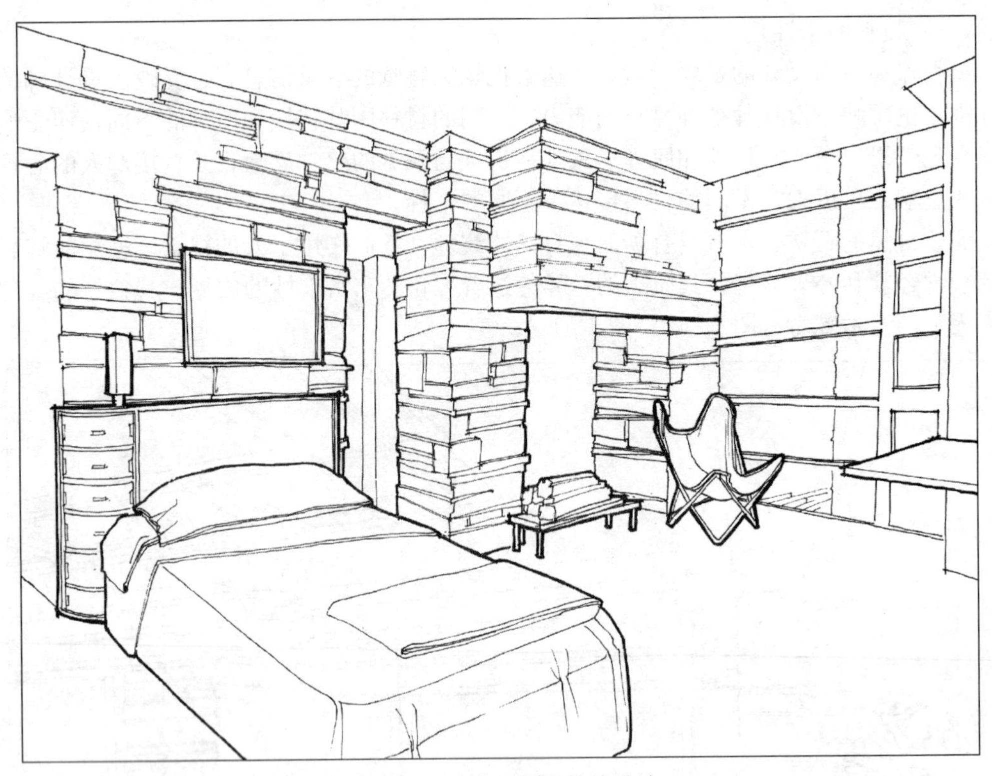

图 13-11　流水别墅—赖特设计

图 13-12　范斯沃斯住宅——密斯・凡・德・罗设计

生了令人耳目一新的极简主义。荷兰的“风格派”也对现代的室内设计风格产生了很大的影响，设计师们都在寻求形式和功能的完美结合（图 13-13、图 13-14）。

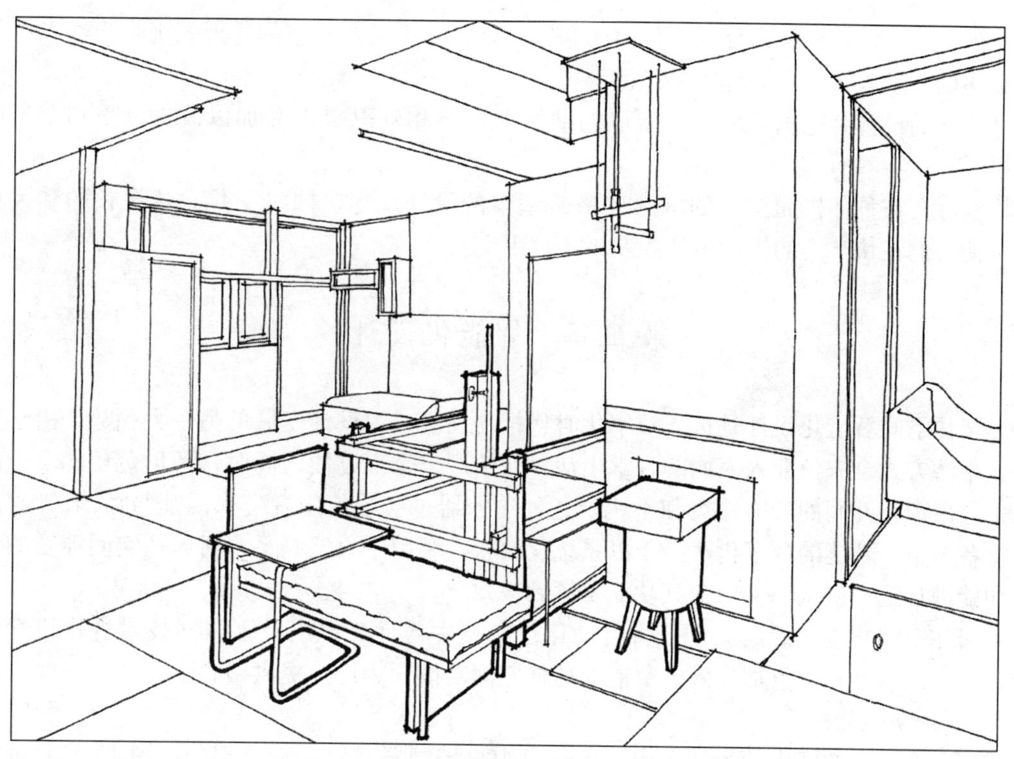

图 13-13　风格派代表作品施罗德住宅——里特维尔德设计

图 13-14　施罗德住宅——里特维尔德设计

现代主义设计师所设计的居住空间和家具，既实用又节省空间，形式上追求线条的简洁和明确，融入了宁静而健康的生活环境。

北欧的设计师把国际风格与斯堪的纳维亚风格相互融合，并加以改进，受到广泛的赞扬。

实际上被称作极简主义的国际风格是基本的设计理念，同时又是意味深长的和经典的，使人们在快节奏的工作生活中获得心理平衡。

第五节　智能化设计

居住空间智能化设计是进入数字化时代推动住宅室内设计发展的另一大趋势。由于数字化生活方式全方位介入人们的日常生活，在给用户带来方便的同时，形形色色的电子产品也会出现相互间的功能冲突和干扰，各种遥控器也会给使用者带来混乱与烦恼。因此，应将各个单一功能的数字化产品予以系统化整合，利用中央控制平台对居住空间涉及的各项功能进行统一协调，从而令其功能发挥到极致。

居住空间智能化的定义是：将自动化控制技术与计算机以及互联网技术进行科学整合、统筹管理、形成更加高效、节能的居住空间功能，为用户提供贴心服务。

（一）功能分析

用户在居住空间内的生活需求，可通过中央控制器对以下五个部分（图 13-15）进行科学高效的控制，从而使其功能更趋完善，进而达到舒适、安全、便利和环保的目的。

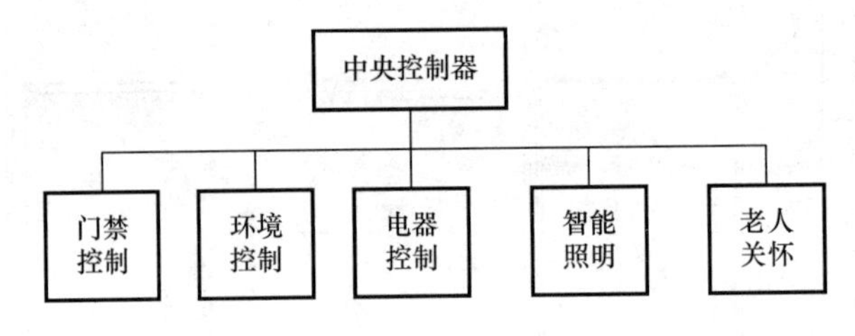

图 13-15　智能化设计功能系统示意

（二）设计要点

1. 门禁控制

在居住空间的门禁方面早已具备了视频监控、可视对讲以及指纹识别技术。而智能化设计则是将上述内容进一步整合，以方便用户的出入及安保。

（1）无钥匙进入

如同使用汽车遥控器锁车和开车门，居住空间的门禁系统也是由手机终端来控制 C-Bus 系统[1]。需要强调的是在开门的同时将触发相应的功能，诸如照明、空调、背景音乐等系统同时被开启。

（2）视频对讲

客人造访时视频对讲发出铃声，屏幕出现访客形象，主人可以通过无线电话迎接客

---

〔1〕 C-Bus 是以非屏蔽双绞线作为总线载体，广泛应用于室内照明、空调、火灾探测，出入口安防系统的综合控制与综合能量管理的智能化控制系统。C-Bus 系统最早是由澳大利亚奇胜公司开发的。

人，并在辨别后在遥控器上按下“开门”按钮。

（3）再见开关

当主人离开家时，C-Bus 再见开关即刻关闭除冰箱以外的所有电器和燃气设备，同时启动安防监控系统。因此，主人无论身在何处，甚至是在国外，都可借助于安防监控探头，在手机屏幕上监控家里的每一个角落，如遇问题即可联络保安。

2. 环境控制

居住空间的环境控制包括温度、湿度两方面。借鉴 LEED V4 标准[1]。在设计中可有效地减少环境对人们的负面影响。

（1）室内空气控制

以二氧化碳传感器触发以下自动功能：自动开窗或定时关闭；新风机组采用高科技空气过滤和杀菌措施进行换气，提高空调设备的抗菌能力。

（2）室内温度控制

在分户计量式供热条件下，用户在下班路上即自动提前启动居室温度预热。当用户进家门时，室内已经达到采暖温度了。此外，在夜间室内温度自动稍稍下降以利于节能，同时联动加湿器，使居室的温度与湿度保持相对恒定的水平。

3. 电器控制

如今的居住空间所使用的家用电器名目繁多、功能各异。诸如 DVD 播放器、笔记本电脑、数码相机及摄像机、MP3 播放器、ipad 等。于是，通过一个多媒体连接器将上述设备连接到电视机，令众多音视频能在统一的终端上自如调谐。C-Bus 系统即可连接以上家用电器设备，用户可用一个被整合的控制系统，以直观的手机客户端便可将空调、安防、音视频等众多电器设备加以操控。

厨房电器是一套烹饪系统组合，包括电磁炉、电陶炉、电烤箱，吸排油烟机、消毒柜、洗碗机、微波炉等。智能厨房的控制中心可预置烹饪模式、设定吸排油烟机启动参数、烹饪定时以及节能模式等综合人机界面操作系统，通过 cpu 数码编程和客户端显示实现厨房电器一体化控制。

智能厨房的设计要点即是树立全新的厨房设计标准，坚持以用户为中心，合理安排流程，设置最短捷的操作路线，在相对狭小空间里创造出足够的储存空间，科学安排厨房工作三角区，对烹饪操作的每一细节精心考虑、周密安排。

4. 智能照明

依据 LEED V4 标准，贯彻以自然光为主，以人工照明为辅原则。将照度传感器所获数据供智能照明控制器分析，以预制的节能模式输出指令，自动切换自然光与人工照明形式。即当自然光的照度达到设计要求时，关闭人工照明系统，同时减少空间冷负荷。

利用智能“向日葵”系统，对自然光进行遮光调节。所谓“向日葵”系统，是根据住宅的经纬度和高度位置，系统内的 365 天的天文时钟等追踪太阳移动的位置，综合建筑物遮挡形成的阴影等因素，计算控制居住空间遮光帘的升降和百叶窗角度的调整。在夏天能有效地将强烈日照遮挡，减轻空调冷负荷，冬天开启全部遮光帘，借助日光提高室内温

---

〔1〕 LEED 是美国绿色建筑协会于 1995 年编写的《Leadership in Energy and Environmental Design》，即《能源与环境设计先锋奖标准》2013 年 7 月颁布 V4 版本，是全球使用范围最广、最具权威性的绿色建筑评价标准。

度，减轻供暖负荷，节省能源。该系统又与照度传感器配合，当自然光充足时自动关闭人工照明，当自然光不足时则自动调亮人工照明，保证照度均匀。

5. 老年关怀

助老型智能关爱系统设计可分为基础准备、使用运转和回访维护三个环节。

(1) 基础准备：首先将用户基本信息录入。用户确定使用呼叫系统后，将其基本信息包括家庭详细住址、身体健康信息以及病史、家庭联系人情况、志愿者和邻里帮助人的联系电话录入系统数据库，确保准确无误并及时更新；第二，设备安装与调试。终端用户的设备包括呼叫器、无线遥控器、电源适配器、电话线等。在老年用户家中选择适当的位置安装呼叫器座机，并调试可移动式和常用点位遥控器与呼叫座机的互动信号有效，以及确保用户终端座机与系统中心服务器的信息通畅。耐心指导老年用户熟练掌握使用方法；第三，对相关工作人员及志愿者进行培训。明确呼叫关爱系统的工作人员岗位责任制。在用户出现紧急状况时，实施分片上门服务，并借助社会力量培训社区助老志愿者和邻里等，普及急救常识，进行模拟训练，熟悉救助操作流程；第四，门窗破拆相关法律文书的签订。终端用户与紧急呼叫中心签订协议，由双方签字生效。当老年用户意识部分或完全丧失，或无能力开门时，选择在第三方（如警方）在场的情况下由救援人员破拆防盗安全门以救助老人。

(2) 使用运转：当老年用户遇紧急情况需要提供助老服务时，可即刻按下呼叫器或无线遥控器按钮，并等待紧急呼叫系统中心工作人员应答。随之工作人员的应答。在紧急呼叫系统中心工作人员接到呼叫后立即接听并耐心询问老年用户的情况与需求。此外，对意外情况进行判断。紧急呼叫系统中心工作人员通过与老年用户的沟通，迅速判断意外情况的严重程度，同时调出数据库中预存的相应的健康信息，及时做出专业性的指导与安慰。若接到无声呼叫，可能意味着更加复杂严重的情况已经发生，必须马上联络工作人员前往终端用户住所实施救助，必要时应通知第三方到场，准备破拆门窗实施救援。进入现场安排相应救助措施。紧急呼叫系统中心工作人员接到求救信息后，按照救助预案迅速做出相应安排。措施一：及时通知120急救中心，并告知已知信息。措施二：调集就近工作人员、邻里或志愿者迅速到老年用户住所辅助救援。措施三：及时通知家庭联系人。

(3) 回访维护：包括定期查访与回访。紧急呼叫系统中心工作人员定期回访，关注老年终端用户的情况。包括身体状况、心理状态、生活状况等。同时解答老年用户的疑问。对于曾利用紧急呼叫系统得到救助的老用户定期进行回访。此外还需定期维护设备、定期检查系统设备运转情况，确保户户畅通。检验内容包括信号接收强度、呼叫器各项工作状态是否正常等，以确保用户终端设备高效可靠。

第六节 概念设计

“概念设计”不仅在当代设计领域是被广泛关注的一个话题，甚至已应用于其他许多以创新为目标的行业和领域，如IT行业、企业经营管理、商业销售、广告、演艺活动、影视创作等等。

最初，倡导并努力实践“概念设计”的领域是工业设计，然后才辐射到环境设计等领域。由于工业产品具有批量化、自动化和时尚性等特点，设计对生产领域带来的影响更直接，对市场信息做出的反映更迅速、更灵敏。在向市场推广一个新产品之前，在引导人们消费观念的时候，概念设计就显得尤为重要。特别是汽车工业，概念设计成为推动汽车工业不断创新的发动机。厂家对新的时尚、技术和功能的探索往往首先通过概念设计来完成，同时，概念车也成为引领时尚的风向标。

毫无疑问，"概念设计"在推动一个产品、一个工程、一项活动、一个事件的过程中能起到重要作用，在创新和推动商业利益方面能产生更大的价值。设计脱离了对"概念"的追求，常常会使作品落入陈规、俗套。因此，对于从事设计工作的人来说，弄清楚到底什么是概念设计，如何进行概念设计是十分必要的。

（一）概念设计的定义

所谓"概念"指的是"反映对象的本质属性的思维形式"，即通过某种媒介或手段，把我们对事物本质属性的认识确定下来，是人们通过实践活动从对象的许多属性中抽出其特有属性概括而成。人对世界的认知、人类的全部文化、科学知识以及思想都是由概念组成的。从这个意义上说，如果没有概念，就没有人类的历史和一切文明成果。

"概念设计"从本质上说，传递的是"主题"和"思想"。媒介有许多不同的类型，而符号是人们用来表达概念的主要媒介之一，包括文字符号和图形符号。"概念设计"就是通过视觉符号，将人们对事物本质属性的认识表达出来，这种认识就是我们从事物中提炼、概括出来的"主题"或"思想"。换言之，它提供的是创意，即从某种理念、思想出发，对设计项目在观念形态上进行的概括、探索和总结，为设计活动正确深入地开展指引前进的方向。简而言之，概念设计是利用设计概念并以其为主线贯穿全部设计过程的设计方法。

（二）概念设计的特点

1. 原创性。概念设计首先强调设计的原创性。从形式和内容上都拒绝复制，主张用新的视角看问题，用新的手法解决问题。

2. 抽象性。概念的形成是对纷然杂陈的生活现象加以提炼、概括、抽象的结果。任何概念都有一定的抽象性，它来源于我们提炼出的某种理念或思想，我们欲倡导的主张以及我们欲表达的某种意向。

3. 探索性。概念设计是用概念作为线索，展开充满想象力和探索性的过程，一切是未知的、发散的、不可预见的。概念最初阶段可以不用过多地涉及具体的功能问题，因为功能问题可以在方案设计阶段进行配合、协调。因此，与实际生活保持一定距离可以保证思维有足够的想象空间。

4. 先进性。概念设计要求我们具有超前意识，要立足于时代赋予我们最先进的物质技术和社会意识，尝试利用时代最前沿的新技术、新材料、新工艺、新的生活观念，凝聚时代最先进的技术成果，使设计具有前瞻性、开创性和激励社会不断向前的探索精神。

（三）概念设计的方法和程序

进行概念设计的关键在于概念的提出与运用两个方面。具体包括了设计前期的策划准备、技术及可行性的论证、文化意义的思考、地域特征的研究、客户及市场调研、居住空间形式的理解、设计概念的提出与讨论、设计概念的扩大化、概念的表达、概念设计的评审等诸多步骤。由此可见，概念设计强调的是设计的系统性和整体性，是将居住空间客观的设计限制、市场要求与设计者的主观能动性统一到一个设计主题的方法。

1. 设计概念的定位及引发

概念定位好比是确立一篇小说的主线，作家写作之前需经过大量素材采集、实地生活体验之后才能开始动笔。同样，室内项目设计在确立概念之前需要进行深入的项目分析和调查研究，正确的概念定位是建立在缜密的项目分析和细致的调查研究之上的。

任何一个实际项目都存有一定的条件限定，它或许是旧有的、带有历史限定的，或许是潜在的、模糊的，或许是地域性、具有行业特征的等等。每一项室内设计，根据其空间类型和使用功能，可以从不同的构思概念进入设计。虽然条条道路都可以通往目的地，但如何筛选达到最优，则是颇费脑筋的，因此，在正式设计之前，一定要明确设计任务的要求，并作认真的调研分析。

首先要进行场地分析。场地分析包括具体的位置分析、建筑结构分析、环境及光照分析、空间功能分析等几个部分。对于居住空间设计来说，房屋的面积、层高、开窗、管井、朝向及通风情况，均应经过实地测量并仔细核实图纸。

其次是客户分析。客户分析旨在了解客户的设计需求，针对不同的客户进行不同的设计定位，从而体现设计以人为本的思想。对于居住空间设计来说，家庭人口状况、业主的生活习惯、文化背景、职业、兴趣爱好都是应进行调查分析的内容。而业主的身高体态，健康状况则指导着家具尺度、细节处理等人体工程学的各个方面，对客户的分析是设计概念定位的一个重要方面。

再次是市场调查。对现有同类设计的分析调查往往能进一步指导和调整设计，从而提出别具一格的设计概念，创造出独特的空间形象和装饰效果。其中应具有个案分析、市场发展走向的预测、不同设计的空间布局等等，市场调查的深入有利于设计者调整设计思维，巧妙应对特殊空间限定性的设计处理。

其后进行资料收集。搜集整理相关的设计资料并进行分析，有助于设计者对当今设计走向的了解，以及对特殊空间人体工学尺度的把握，使设计的功能趋于完美。

最后是设计概念的定位及引发。在进行了前面的几项深入调研、分析之后，设计者必会产生若干关于整个设计的构思和想法，而且这些思维都是来源于对设计客体的感性思维，进而我们便可遵循综合、抽象、概括、归纳的思维方法将这些想法加以分类，找出其中的内在关联，进行设计的定位从而形成设计概念。

由于我们的想法都是基于方案之上并由此而展开，所以从其归结出的设计概念必定具有相对性和独特性，也就保证了我们设计出的设计作品具有创新和独特的意义。

2. 设计概念的导入和转换

将概念导入设计不仅能帮助我们主动打开设计思路，展开有目的的想象，开拓设计疆域，而且还能避免在设计之初依赖翻看大量的设计图片从中模仿的习惯。在这个方法的启发下，以科学的思维方法一步步作指导，将设计人的构思和情感融入进去，赋予设计以生命力，结果会很快水落石出。空间设计将可能在不同主题的引导下呈现出千变万化的姿态，从而实现既实用美观又具有个性的设计。

设计概念的导入和转换过程是理性地将设计概念赋予设计的过程。它包括了对设计概念的演绎、推理、发散等思维过程，从而将概念有效的呈现在设计方案之中。如果说概念设计的得出是设计者的感性思维结论，那么概念的转换则需要设计者将与概念有关的抽象语言转换为形象鲜明的视觉语言，并延伸到设计的每个部分。

面对一项设计任务，应该如何导入概念的问题往往是初学者接触设计专业时的一个很大的困惑。概念导入是针对室内空间形象的构思。室内的空间形象构思是体现审美意识表达空间艺术创造的主要内容。由于室内是一个由界面围合而成相对封闭的空间体，空间形式美主要体现于建筑界面实体和围合虚空间所呈现的空间氛围。空间形象构思的着眼点应该主要放在空间形体的塑造上，同时与建筑构件、界面装修、装饰陈设、采光照明所构成的空间总体艺术气氛相融汇。例如，以艺术主题为关联的概念导入，可以依托于具体的艺术形式（音乐、绘画、戏剧、文学作品或电影）展开，用艺术主题进行空间形象构思、塑造空间，创造出全新的空间视觉形象。

（1）空间形式思考

对空间形式的思考是设计概念运用中首要考虑的部分。首先应考虑各个空间组成部分功能的合理性。可采用“列表分析”、“图例比较”的方法对空间进行分析，思考各空间的相互关系，包括人流量的大小、空间地位的主次、私密性的比较、相对动静空间的研究等等。这样便会使我们在平面布置上更有效、划分空间更合理、使用功能完善。其次是进行空间流线的概念化。例如某设计是以创造海洋或海底世界的感觉为概念，则其空间流线将应多采用曲线、弧线、波浪线的形式为主；若是要表达理性、机械的概念就应多运用几何直线、折线来进行空间划分。在空间布置这一步骤中，应竭力将设计概念的表达与空间安排的合理性结合起来，找到最佳的空间表达形式。

（2）装饰陈设及材质选择

装饰陈设设计来源于对设计概念以及概念发散所产生的形态的分解。由一个设计概念能联想到许多能表达该概念的造型，将这些形打散、组合、重构，即能得到若干可以利用的形，在将这些形态变化运用到装饰陈设设计的每一个方面。材料的选择是依据是否能准确有利的表达设计概念来决定的。选择带有地域特点的天然材质，或选择高科技的彰显现代感的材质都是由不同的设计概念而决定的。如此就可以保证同一个概念体现既有变化又有统一特点的形象，因为这其中有一条主线将它们贯穿了起来，那就是设计概念。

（3）室内色彩配置

色彩的色相、明度、纯度的选择与搭配与室内主题表达息息相关，往往决定了整个空间气氛，是表达设计概念的重要组成部分。而空间色彩配置也是由设计概念所决定的。

在室内设计中设计概念即是设计思维的演变过程，也是设计得出所能表达概念的结果。概念设计程序是一个有机的统一的思维形式，各个部分相互依存，从而使设计概念的表达贯穿设计作品的每一部分。

3. 概念设计的思维方法

（1）概念提出阶段

概念设计需要全面的思维能力，概念设计的中心在于设计概念，设计概念的提出与运用是否准确、完善决定了概念设计的意义与价值。设计概念的提出注重设计者的主观感性思维，只要是出自于设计分析的想法都应扩展和联想并将其记录下来，以便为设计概念提出准备丰富的材料。在这个思考过程中主要运用的思维方式有联想、组合、移植和归纳。

所谓联想即是对当前的事物进行分析、综合、判断的思维过程中，连带想到其他相关事物的思维方式，扩大原有的思维空间。在概念设计的实际运用过程中便是依靠市场调查、客户分析等实践而得出的结论进行联想，从而启发进一步思维活动的开展，设计者的本体思维差异也决定了其联想空间深度和广度的差异。

组合性思维是将现有的现象或方法进行重组，从而获得新的形式与方法，它能为创造性思维提供更加广阔的线索。

移植是将不同学科的原理、技术、形象和方法运用到室内设计领域中进行对原有材料加以分析的思考方法。它能帮助我们在设计思考的过程中扩展更加广阔的思维空间。

归纳在于对原有材料及认知进行系统化的整理，在不同思考结果中抽取其共同部分，从而达到化零为整，抽象出具有代表意义的设计概念的思考模式。设计概念的提出往往是归纳性思维的结果。

（2）概念推导阶段

设计概念的推导阶段在于将抽象出来的设计细分化、形象化，以便能被充分利用到设计之中去，在这个过程中运用的思维方法有演绎，类比、形象化思维等几种方法。

演绎是指将设计概念实际运用到具体事物的创造性思维方法，即由一个概念推演出各种具体的概念和形象，设计概念的演绎可以从概念的形式方向、色彩感知、历史文化特点、民族地域特征诸多方向进行思考，逐步将设计概念加以扩散，演变为一个系统性的庞大网状思维形象。比如从莲花的主题可以演绎出莲花、莲叶、莲子、藕节等形象，进而还有佛陀、七步生莲等引申意义。演绎的深度和广度直接决定了设计概念利用的充分与否。

类比是依据对设计概念的认识和发展的创造性思维方法。设计概念是将不同的事物抽象出共同的特性进而总结形成的，而类比则是又将概念的可利用部分进行二次创造与发散，产生不同的形式与新事物。比如利用山羊的形象进行思维发散，得到了胡须、羊毛和羊角等元素，胡须是其他动物共有的形象语言，不具有特殊性，而羊角是其独特，可以继续发散演绎，继而产生新的抽象构成形象。

形象思维的过程是借助概念演绎及类比产生的形象进行创造的构思方法。运用形象思维将原有得出的图形符号等形象进行思考，展现出三维的空间形象，是将设计概念及其发展立体化，可视化的表达。

在实际的概念设计过程中运用到的思维方式不仅局限于以上几种，这需要设计者深入的分析设计运作和策划，进而进行广泛而深刻的思考探索，更需要敏捷的思维和广博的知识结构来总结和诠释设计概念。常用的思维方法包括头脑风暴法和图解思考法。

1）头脑风暴法

头脑风暴法是由美国创造学家 A·F·奥斯本于 1939 年首次提出、1953 年正式发表的一种激发群体创造性思维的方法。它是一种通过小型会议的组织形式，让所有参加者在自由愉快、畅所欲言的气氛中，自由交换想法或点子，并以此激发与会者创意及灵感，使各种设想在相互碰撞中激起脑海的创造性“风暴”。这种方法适合于解决需要大量的构思、创意的思维课题。

2）图解思考法

图解思考法是一种思维发散的方法，能帮助我们打破传统的线性思考模式，把思考对象的相关要素在纸面上铺开，展现出问题的全景图，从而将各个对象之间的关系一目了然地呈现出来，使人们能在众多信息中得到符合想法的构思，有助于将复杂问题简单化，将抽象问题具体化并快速找到解决问题的突破口。

表达概念设计的构思过程一般以徒手画的速写草图为主。内容可以是文字也可以是图形。图形可以是三维的，也可以是二维的。总之，图解思考能帮助设计者尽快确立完整的空间形象概念，速写草图则尽可能从多方面入手，把海阔天空跳跃式的想象落实于纸面。形象构思的内容和方向有：

- 形体结构
- 平面构成
- 意境联想
- 艺术风格
- 建筑构件
- 材料
- 装饰细节

图解思考法不受时间、空间限制，其过程的最佳表现形式之一就是速写草图，当每一张草图呈现的时候都可能触发新的灵感，抓住可能发展的每一个线索，变化、发展并绘制出下一张草图，循环往复直到达到最好的结果。

图解语言也有着自己的语法规律。就室内设计的图解语言来讲，它的语法是由图解词汇“本体”、“相互关系”和“修饰”组成。“本体”多以单体的几何图形表示，如方、圆、三角等；“相互关系”的符号以多种类型的线条或箭头表示；“修饰”的符号是各本体及相互关系按照等级体系进行的强调（图 13-16）。

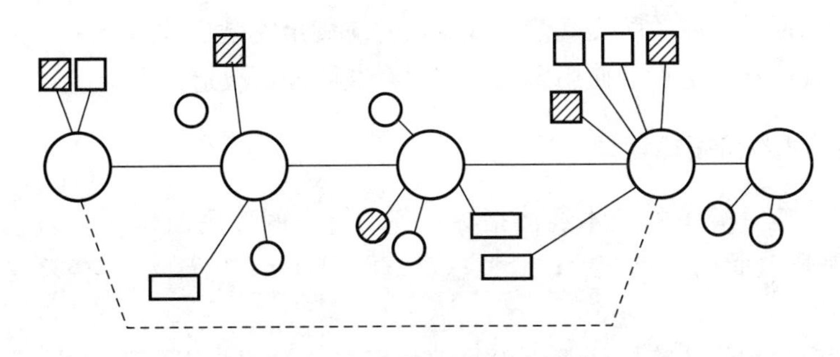

图 13-16　图解思考语法模式

课后思考题：

1. 居住空间室内设计的发展有哪些趋势？
2. 什么是弹性设计？
3. 怎样全面理解绿色设计？
4. 在居住空间中如何落实绿色设计？
5. 什么是概念设计？怎样进行概念设计？

附录1：住宅设计相关标准与法规

由于篇幅有限，以下内容是结合2011版《现行建筑设计规范大全》，从《住宅设计规范》GB 50096—2011中提取与居住空间有关的部分常用内容，希望大家在使用过程中熟悉、掌握并运用。

一、住宅设计基本原则

1. 住宅设计应符合城镇规划及居住区规划的要求，并应经济、合理、有效地利用土地和空间。

2. 住宅设计应使建筑与周围环境相协调，并应合理组织方便、舒适的生活空间。

3. 住宅设计应以人为本，除应满足一般居住者使用要求外，尚应根据需要满足老年人、残疾人等特殊群体的使用要求。住宅设计应满足居住者所需的日照、天然采光、通风和隔声的要求。对有私密性要求的房间，应防止视线干扰。

4. 住宅设计必须满足节能要求，住宅建筑应能合理利用能源，宜结合各地能源条件，采用常规能源与可再生资源结合的供能方式。

5. 住宅设计应推行标准化、模数化及多样化，并应积极采用新技术、新材料、新产品，积极推广工业化设计、建造技术和模数化应用技术。

6. 住宅设计应符合相关防火规范的规定，并应满足安全疏散的要求。

7. 住宅设计应在满足近期使用要求的同时，兼顾今后改造的可能。

二、住宅技术经济指标计算

1. 住宅设计应计算下列技术经济指标：各功能空间使用面积（m^2）；套内使用面积（m^2/套）；套型阳台面积（m^2/套）；套型总建筑面积（m^2/套）；住宅楼总建筑面积（m^2/套）。

2. 套型阳台面积的计算应注意，无论何种形式，封闭与否，阳台的面积均应按其结构底板投影净面积的一半计算；

3. 套内使用面积应包括卧室、起居室（厅）、餐厅、厨房、卫生间、过厅、过道、贮藏室、壁柜等使用面积的总和；跃层住宅中的套内楼梯应按自然层数的使用面积总和计入套内使用面积；烟囱、通风道、管井等均不计入套内使用面积；利用坡屋顶内的空间时，屋面板下表面与楼板底面的净高低于1.2m的空间不应计算使用面积，净高在1.2～2.10m的空间应按1/2计算使用面积，净高超过2.10m的空间应全部计入套内使用面积；坡屋顶无结构顶层楼板，不能利用坡屋顶空间时不应计入使用面积；

4. 套型总建筑面积应按全楼各层外墙结构外表面及柱外沿所围合的水平投影面积之和求出住宅楼建筑面积得出计算比值；套型总建筑面积应等于套内使用面积除以计算比值所得面积，加上套型阳台面积。

5. 住宅层数计算规定：当住宅楼的所有楼层的层高不大于 3.00m 时，层数应按自然层数计；当住宅和其他功能空间处于同一建筑物时，应将住宅部分的层数与其他功能空间的层数叠加计算建筑层数。当建筑中有一层或若干层的层高大于 3.00m 时，应对大于 3.00m 的所有楼层按其高度总和除以 3.00m 进行层数折算，余数小于 1.50m 时，多出部分不应计入建筑层数，余数大于或等于 1.50m 时，多出部分应按 1 层计算；层高小于 2.20m 时的架空层和设备层不应计入自然层数；高出室外设计地面小于 2.20m 的半地下室不应计入地上自然层数。

三、套内空间设计

1. 住宅应按套型设计。每套住宅应设卧室、起居室（厅）、厨房和卫生间等基本功能空间。由卧室、起居室（厅）、厨房和卫生间等组成的套型，其使用面积不应小于 $30m^2$；由兼起居的卧室、厨房和卫生间等组成的最小套型，其使用面积不应小于 $22m^2$。

2. 双人卧室不应小于 $9m^2$；单人卧室不应小于 $5m^2$；兼起居的卧室不应小于 $12m^2$。

3. 起居室（厅）的使用面积不应小于 $10m^2$。套型设计时应减少直接开向起居室（厅）的门的数量。起居室（厅）内布置家具的墙面直线长度宜大于 3m。无直接采光的餐厅、过厅等，其使用面积不宜大于 $10m^2$。

4. 厨房设计应符合下列要求：

（1）由卧室、起居室（厅）、厨房和卫生间组成的住宅套型的厨房使用面积，不应小于 $4.0m^2$；

（2）由兼起居的卧室、厨房和卫生间等组成的住宅最小套型的厨房使用面积，不应小于 $3.5m^2$；

（3）厨房应设置洗涤池、案台、炉灶及排油烟机、热水器等设施或为其预留位置；

（4）厨房应按炊事操作流程布置。排油烟机的位置应与炉灶位置对应，并应与排气道直接连通。单排布置设备的厨房净宽不应小于 $1.5m^2$；双排布置设备的厨房其两排设备之间的净距离不应小于 $0.9m^2$。

5. 卫生间设计应符合下列要求：

（1）每套住宅应设卫生间，至少应配置便器、洗浴器、洗面器三件卫生设备或为其预留设置位置及条件。三件卫生设备集中配置的卫生间的使用面积不应小于 $2.50m^2$。

（2）卫生间可根据使用功能要求组合不同的设备。不同组合的空间使用面积应符合下列规定：设便器、洗面器时不应小于 $1.80m^2$；设便器、洗浴器时不应小于 $2.00m^2$；设洗面器、洗浴时不应小于 $2.00m^2$；设洗面器、洗衣机时不应小于 $1.80m^2$；单设便器时不应小于 $1.10m^2$；无前室的卫生间的门不应直接开向起居室（厅）或厨房。

（3）卫生设备间距应符合下列规定：

a. 洗脸盆或盥洗槽水嘴中心与侧墙面净距不宜小于 0.55m；

b. 并列洗脸盆或盥洗槽水嘴中心间距不应小于 0.70m；

c. 单侧并列洗脸盆或盥洗槽外沿至对面墙的净距不小于 1.25m；

d. 双侧并列洗脸盆或盥洗槽外沿之间的净距不小于 1.80m；

e. 浴盆长边至对面墙面的净距不应小于 0.65m；无障碍盆浴间短边净宽不应小于 2m；

f. 单侧厕所隔间至对面墙面的净距离：当采用内开门时，不应小于 1.10m；当采用外开门时不应小于 1.30m；双侧厕所隔间之间的净距：当采用内开门时，不应小于 1.10m；当采用外开门时不应小于 1.30m；

g. 单侧厕所隔间至对面小便器或小便槽外沿的净距：当采用内开门时，不应小于 1.10m；当采用外开门时，不应小于 1.30m。

（4）卫生间不应直接布置在下层住户的卧室、起居室（厅）、厨房和餐厅的上层。

（5）当卫生间布置在本套内的卧室、起居室（厅）、厨房和餐厅的上层时，均应有防水和便于检修的措施。每套住宅应设置洗衣机的位置及操作条件。

6. 住宅层高和室内净高应符合下列要求：

（1）住宅层高宜为 2.80m。

（2）卧室、起居室（厅）的室内净高不应低于 2.40m，局部净高不应低于 2.10m，且这种局部净高的室内面积不应大于室内使用面积的 1/3。利用坡屋顶内空间作卧室、起居室（厅）时，至少有 1/2 的使用面积的室内净高不应低于 2.10m。

（3）厨房、卫生间的室内净高不应低于 2.20m。厨房、卫生间内排水横管下表面与楼面、地面净距离不得低于 1.90m，且不得影响门、窗扇的开启。

7. 住宅阳台设计应符合下列要求：

（1）每套住宅宜设阳台或平台。阳台栏杆设计必须采用防止儿童攀登的构造，栏杆的垂直杆件间净距不应大于 0.11m，放置花盆处必须采取防坠落措施。阳台栏板或栏杆净高，6 层及 6 层以下的不应低于 1.05m；七层及七层以上的不应低于 1.10m。

（2）封闭阳台栏板或栏杆也应满足阳台栏板或栏杆净高要求。7 层及 7 层以上住宅和寒冷、严寒地区住宅宜采用实体栏板。顶层阳台应设雨罩，各套住宅之间毗连的阳台应设分户隔板。阳台、雨罩均应采取有组织排水措施，雨罩及开敞阳台应采取防水措施。

（3）当阳台设有洗衣设备时应设置专用给水、排水管线及专用地漏，阳台楼、地面均应做防水；严寒和寒冷地区应封闭阳台，并应采取保温措施。

（4）当阳台或建筑外墙设置空调室外机时，应能畅通地向室外排放空气和自室外吸入空气；在排出空气一侧不应有遮挡物，应为室外机安装和维护提供方便操作条件，安装位置不应对室外人员形成热污染。

8. 住宅内过道、储藏空间和套内楼梯设计应符合下列要求：

（1）套内入口过道净宽不宜小于 1.20m；通往卧室、起居室（厅）的过道净宽不应小于 1.00m；通往厨房、卫生间、贮藏室的过道净宽不应小于 0.90m。

（2）套内楼梯当一边临空时，梯段净宽不应小于 0.75m；当两侧有墙时，墙面之间净宽不应小于 0.90m，并应在其中一侧墙面设置扶手。套内楼梯的踏步宽度不应小于 0.22m；高度不应大于 0.20m，扇形踏步转角距扶手中心 0.25m 处，宽度不应小于 0.22m。

9. 住宅门窗设计应符合下列要求：

（1）窗外没有阳台或平台的外窗，窗台距楼面、地面的净高低于 0.90m 时，应设置防护设施。

（2）当设置凸窗时，窗台高度低于或等于 0.45m 时，防护高度从窗台起算不应低于 0.90m；可开启窗扇都洞口底距窗台面的净高低于 0.90m 时，窗洞口处应有防护措施。其防护高度从窗台面起算不应低于 0.90m；严寒和寒冷地区不宜设置凸窗。

（3）户门应采用具备防盗、隔声功能的防护门。向外开启的户门不应妨碍公共交通及相邻户门开启。

（4）厨房和卫生间的门应在下部设置有效截面积不小于 0.02m² 的固定百叶，也可距地面留出不小于 30mm 的缝隙。

（5）各部位门洞的最小宽度，共用外门为 1.20m，户门 1.00m，起居室、卧室门 0.90m，厨房门 0.80m，卫生间及阳台门 0.70m。所有门洞口高度均不小于 2.00m。

四、共用部分设计

1. 窗台、栏杆和台阶

（1）楼梯间、电梯厅等共用部分的外窗，如果窗外没有阳台或平台，且窗台距楼面、地面的净高小于 0.90m 时，应设防护设施。

（2）公共出入口台阶高度超过 0.70m 并侧面临空时，应设防护设施，防护设施净高不应低于 1.05m。

（3）外廊、内天井及上人屋面等临空处的栏杆净高，6 层及 6 层以下不应低于 1.05m，7 层及 7 层以上不应低于 1.10m。栏杆应以坚固、耐久的材料制作，并能承受荷载规范规定的水平荷载；防护栏杆必须采用防止儿童攀登的构造，栏杆的垂直杆件净距不应大于 0.11m。栏杆离楼面或屋面 0.10m 高度内不宜留空。放置花盆处必须采取防坠落措施。

（4）公共入口台阶踏步宽度不宜小于 0.3m，踏步高度不宜大于 0.15m 并不宜小于 0.10m，踏步高度应均匀一致，并应采取防滑措施。台阶踏步数不应少于 2 级，当高差不足 2 级时，应按坡道设置；台阶宽度大于 1.80m 时，两侧宜设置栏杆扶手，高度应为 0.90m。

2. 安全疏散出口

（1）10 层以下的住宅建筑，当住宅单元任一层的建筑面积大于 650m²，或任一套房的户门至安全出口的距离大于 15m 时，该住宅单元每层的安全出口不应少于 2 个。

（2）10 层及 10 层以上且不超过 18 层的住宅建筑，当住宅单元任一层的建筑面积大于 650m²，或任一套房的户门至安全出口的距离大于 10m 时，该住宅单元每层的安全出口不应少于 2 个。

（3）19 层及 19 层以上的住宅建筑，每层住宅单元的安全出口不应少于 2 个。

（4）安全出口应分散布置，两个安全出口的距离不应小于 5m。

（5）楼梯间及前室的门应向疏散方向开启。

（6）10 层以下的住宅建筑的楼梯间宜通至屋顶，且不应穿越其他房间。通向平屋面的门应向屋面方向开启。

（7）10 层及 10 层以上的住宅建筑，每个住宅单元的楼梯均应通至屋顶，且不应穿越其他房间。通向平屋面的门应向屋面方向开启。各住宅单元的楼梯间宜在屋顶相连通。但符合下列条件之一的，楼梯可不通至屋顶：a. 18 层及 18 层以下，每层不超过 8 户、建筑面积不超过 650m²，且设有一座共用的防烟楼梯间和消防电梯的住宅；b. 顶层设有外部联系廊的住宅。

3. 楼梯

（1）楼梯梯段净宽不应小于 1.10m，不超过六层的住宅，一般设有栏杆的梯段净宽不应小于 1.00m。

(2) 楼梯踏步宽度不应小于 0.26m，踏步高度不应大于 0.175m。扶手高度不应小于 0.90m。楼梯水平段栏杆长度大于 0.50m 时，其扶手高度不应于 1.05m。楼梯栏杆垂直杆件间净空不应大于 0.11m。

(3) 楼梯平台净宽不应小于楼梯段净宽，且不得小于 1.20m。楼梯平台的结构下缘至人行道的垂直高度不应低于 2.00m。入口处地坪与室外地面应有高差，并不应小于 0.10m。

(4) 楼梯为剪刀梯时，楼梯平台的净宽不得小于 1.30m。

(5) 楼梯井净宽大于 0.11m 时，必须采取防止儿童攀滑的措施。

五、室内环境要求

1. 采光

(1) 各类建筑应进行采光系数的计算，其采光系数标准值应符合规范的规定。

(2) 有效采光面积计算应符合下列规定：

a. 侧窗采光口离地面高度在 0.8m 以下的部分不应计入有效采光面积；

b. 侧窗采光口上部有效宽度超过 1m 以上的外廊、阳台等外挑遮挡物，其有效采光面积可按采光口面积的 70%计算；

c. 平天窗采光时其有效采光面积可按侧面采光口面积的 2.50 倍计算。

2. 通风

(1) 建筑物室内应有与室外空气直接流通的窗口或洞口，否则应设自然通风道或机械通风设施。

(2) 采用直接自然的通风空间，其通风开口面积应符合下列规定：

a. 生活、工作的房间的通风开口有效面积不应小于该房间地板面积的 1/20；

b. 厨房的通风开口有效面积不应小于该房间地板面积的 1/10，并不得小于 0.60m^2，厨房的炉灶上方应安装排出油烟设备，并设排烟道；

c. 严寒地区居住用房、厨房、卫生间应设自然通风道或通风换气设施；

d. 无外窗的浴室和厕所应设机械通风换气设施，并设通风道；

e. 厨房、卫生间的门的下方应设进风固定百叶，或留有进风缝隙；

f. 自然通风道的位置应设于窗户或进风口相对的一面。

六、无障碍设计要求

1. 7 层及 7 层以上的住宅在建筑入口、入口平台、候梯厅、公共走道进行无障碍设计。

2. 住宅入口及入口平台的无障碍设计应符合下列规定：

(1) 建筑入口设台阶时，应同时设置轮椅坡道和扶手。

(2) 坡道的坡度应符合下表的规定。

坡道的坡度与高度

坡度	1∶20	1∶16	1∶12	1∶10	1∶8
最大高度 (m)	1.50	1.00	0.75	0.6	0.35

(3) 供轮椅通行的门净宽不应小于 0.8m。

(4) 供轮椅通行的推拉门和平开门，在门把手一侧的墙面，应留有不小于 0.5m 的墙面宽度。

(5) 供轮椅通行的门扇应安装视线观察玻璃、横执把手和关门拉手，在门扇的下方应安装高 0.35m 的护门板。

(6) 门槛高度及门内外地面高差不应大于 0.15m，并应以斜坡过渡。

3. 7 层及 7 层以上的住宅建筑入口平台宽度不应小于 2.00m，7 层以下住宅建筑入口平台宽度不应小于 1.50m。

4. 供轮椅通行的走道和通道净宽不应小于 1.20m。

七、地下室和半地下室

1. 严禁将幼儿、老年人生活用房设在地下室或半地下室；卧室、起居室（厅）、厨房不应布置在地下室；当布置在半地下室时，必须对采光、通风、日照、防潮、排水及安全防护采取措施，并不得降低各项指标的要求。

2. 除卧室、起居室（厅）、厨房以外的其他功能房间可布置在地下室，当布置在地下室时，应对采光、通风、日照、防潮、排水及安全防护采取措施。

3. 住宅的地下室、半地下室做自行车库和设备用房时，其净高不应低于 2.00m。

4. 当住宅的地上架空层及半地下室做机动车停车位时，其净高不应低于 2.00m。

5. 地上住宅楼、电梯间入口处应设置乙级防火门，严禁利用楼、电梯间为地下车库进行自然通风。

6. 地下室、半地下室应采取防水、防潮及通风措施，采光井应采取排水措施。

附录 2：居住空间经典项目案例

- 胥江府别墅
- 法式别墅
- 摩洛哥式别墅
- 红树西岸住宅
- LOFT 住宅——$50m^2$
- LOFT 住宅——$90m^2$
- “十二间”公益设计展样板间-1
- “十二间”公益设计展样板间-2

胥江府别墅

主创设计师：琚宾

案例介绍：

在江南烟雨环境的熏染下，整个设计与悠然宁静的城市氛围完美融合，在大尺度空间中塑造了温暖舒适的人居环境，寓自然文化于一室。设计手法简洁干净，但随处都流淌着设计者还现象于本真、道法自然的设计理念。

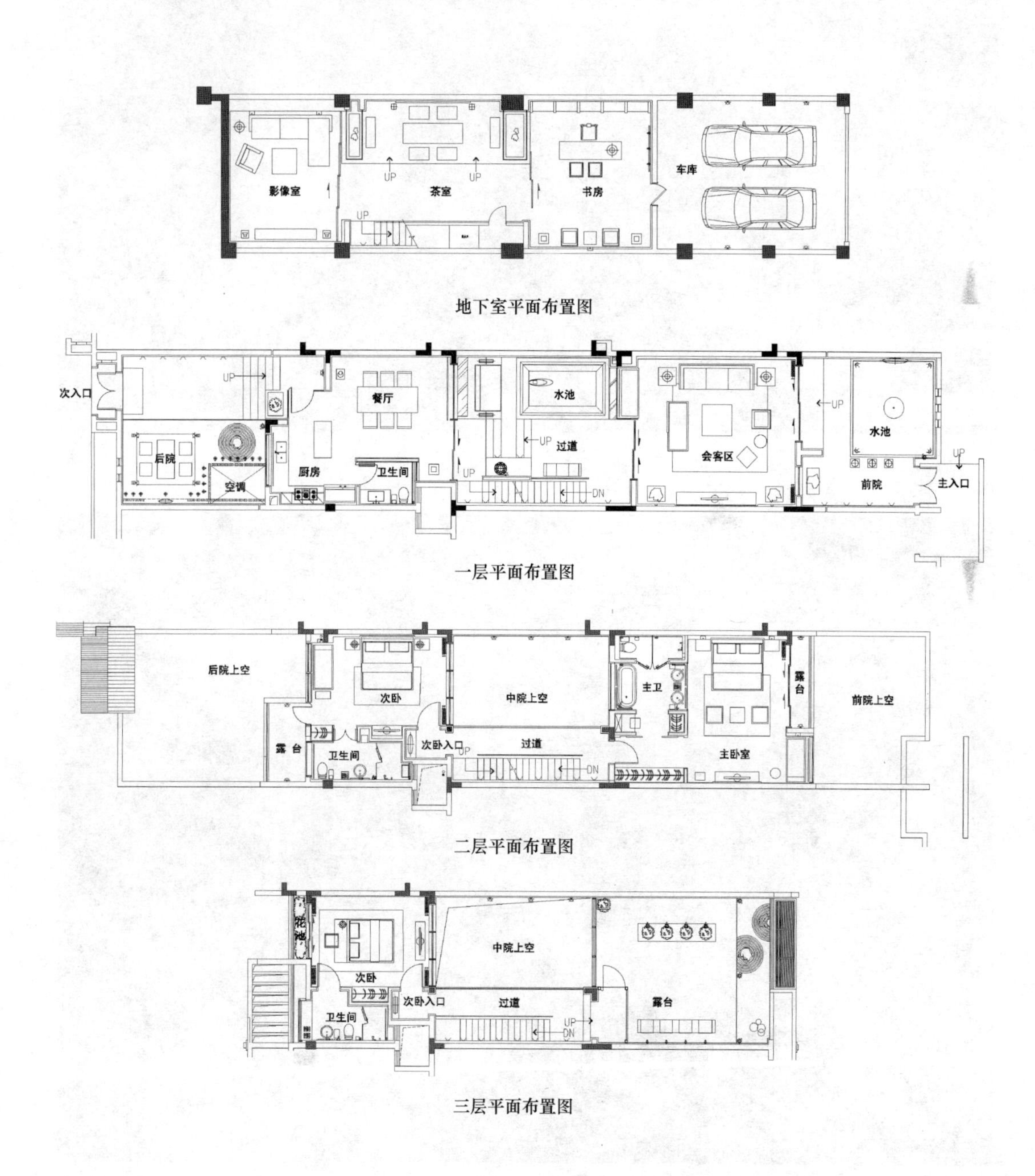

地下室平面布置图

一层平面布置图

二层平面布置图

三层平面布置图

茶室实景图

餐厅实景图

客厅实景图

次卧实景图

书房实景图

主卧实景图

法式别墅

主创设计师：任清泉

案例介绍：

本套别墅在空间布局上，设计师秉承将空间利用率最大化的理念，通过对隔断墙的调整，在户型结构上强化了舒适性。改变一层楼梯间的朝向，此前需要绕过餐厅上楼，通过调整，使得室内动线更加流畅，餐厅空间的利用率也大大提高。一层公共洗手间朝房中央的天井拓宽，增设洗手台，改变客卧洗手间门的朝向。调整布局后改浴缸为淋浴房。

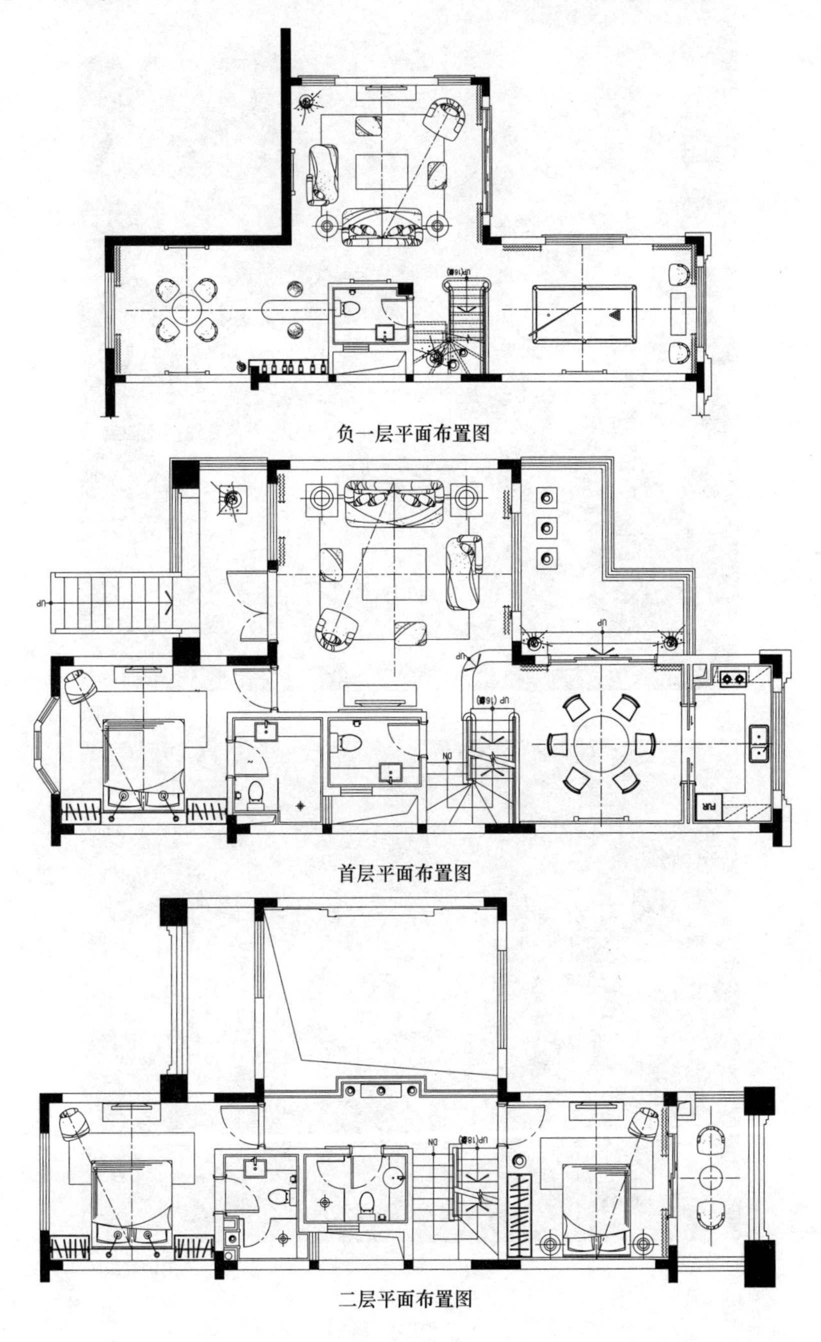

负一层平面布置图

首层平面布置图

二层平面布置图

客厅效果图

主卧效果图

餐厅效果图

娱乐室效果图

次卧效果图

起居室效果图

摩洛哥式别墅

主创设计师：任清泉

案例介绍：

本套别墅样板房为非洲风情浓郁的摩洛哥风格。设计后别墅总面积为 $425m^2$。在空间上布局上，设计师依旧秉承将空间利用率最大化的理念，对室内几处结构不甚合理的地方进行了调整。一层餐厅与楼梯间的隔断改为玻璃，在视觉上促成了客厅与餐厅间的互动，厨房门改为推拉门，在使用时不仅方便且更加节约空间。公共洗手间朝房中央的天井拓宽，增设洗手台，客卧的洗手间改变原来的布局，增设淋浴房。

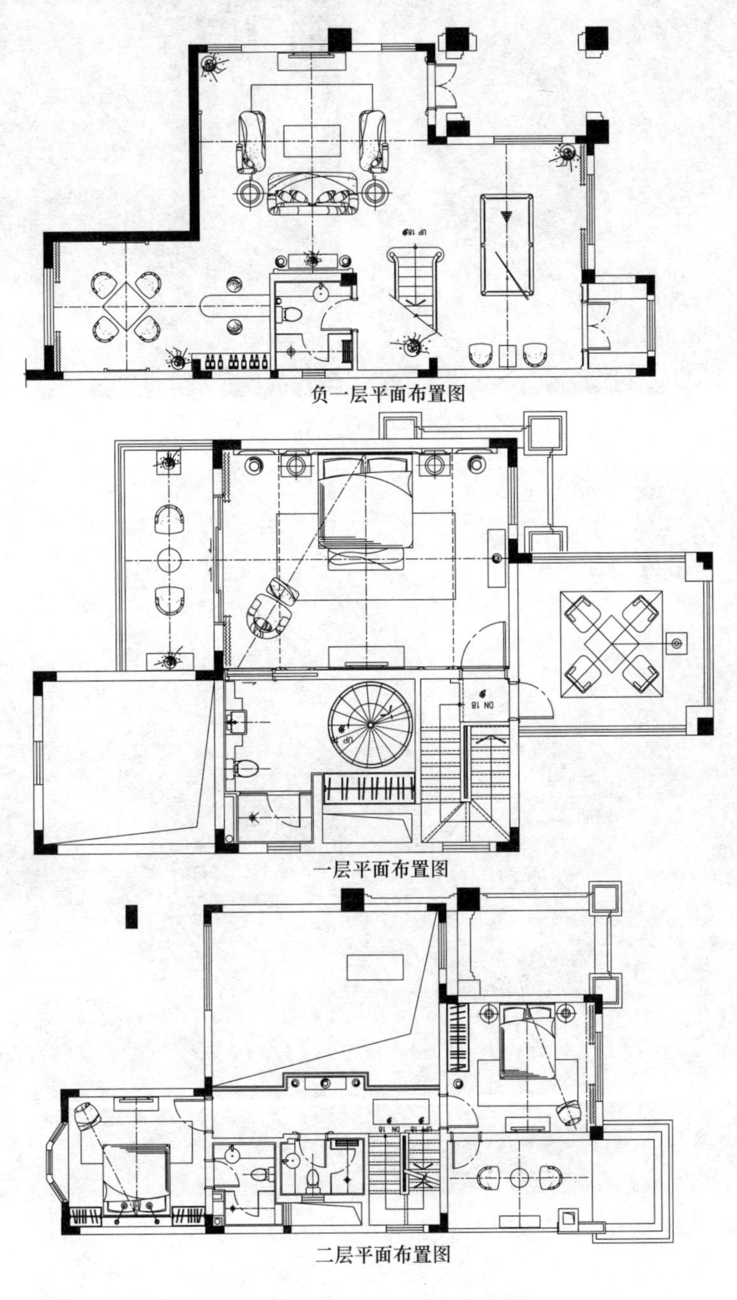

负一层平面布置图

一层平面布置图

二层平面布置图

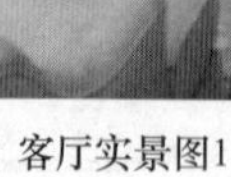

客厅实景图1

客厅实景图2

客厅实景图3

主卧实景图

休闲区实景图

餐厅实景图

书房实景图

吧台实景图

地下室实景图

红树西岸住宅

主创设计师：任清泉

案例介绍：

此方案为现代简约风格。在平面布局上，设计师吸取了中国传统建筑中的影壁文化，将客厅左右的墙凿穿，使客厅与其他空间既彼此区分又能互相贯通，在视觉上扩大了整个空间。在软装配饰上，为了达到室内装饰设计与周围环境的统一，设计师打造了一个既典雅庄重又大气、简约的生活空间。

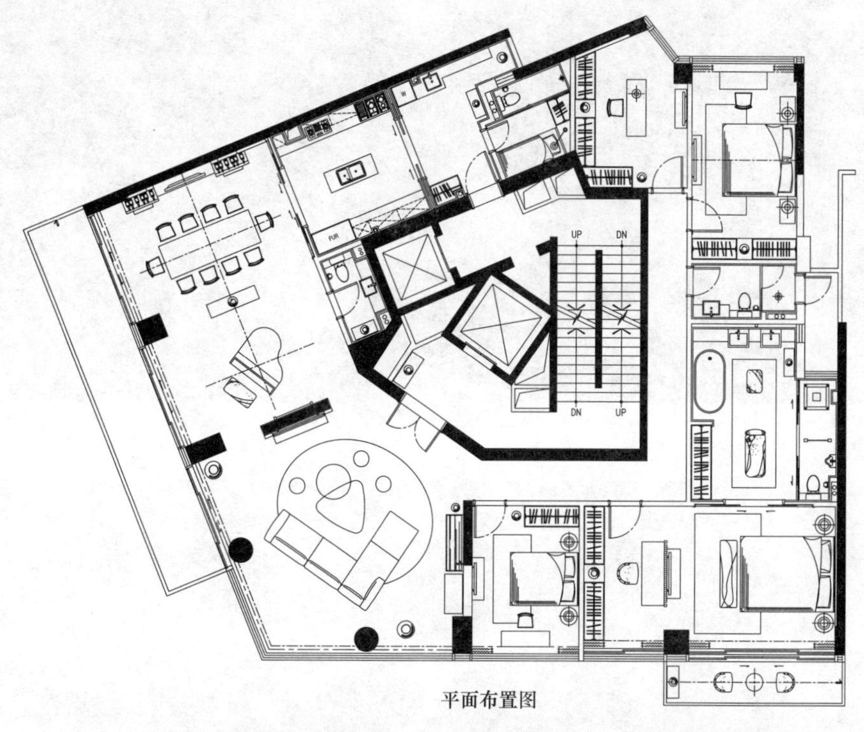

平面布置图

客厅效果图

餐厅效果图1

餐厅效果图2

儿童房效果图

主卧效果图1

主卧效果图2

主卫效果图

LOFT 住宅——50m²

主创设计师：陈耀光

案例介绍：

Loft 是当今一种时尚的居住与生活方式，它将空间重新界定和划分，挣脱了传统空间的束缚。在这 50m² 的户型中，展现了逆传统、反次序的空间特征，个性的色彩和流动的弧面无时无刻不反映着青年时尚一族对个性的追求与释放。

全景效果图

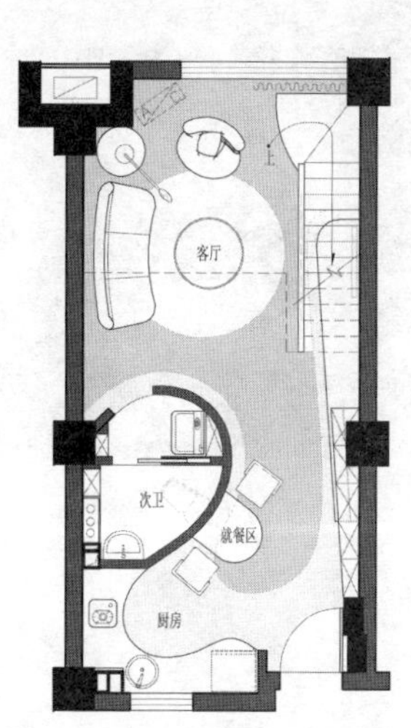

一层平面布置图及铺地材料图

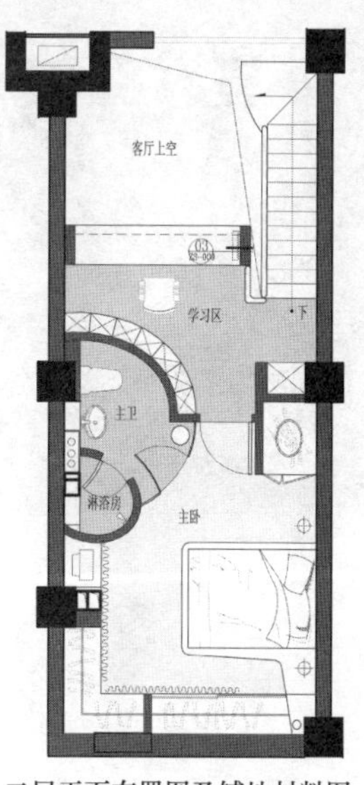

二层平面布置图及铺地材料图

主卧效果图1

主卧效果图2

LOFT 住宅——90m²

主创设计师：陈耀光

案例介绍：

在这 90m² 的户型中，通过挑空客厅、错层设计、规划动线，使空间利用率达到近 150 ㎡以上的空间面积，展现了精致、时尚、现代、明快、新美学和新空间理论观。

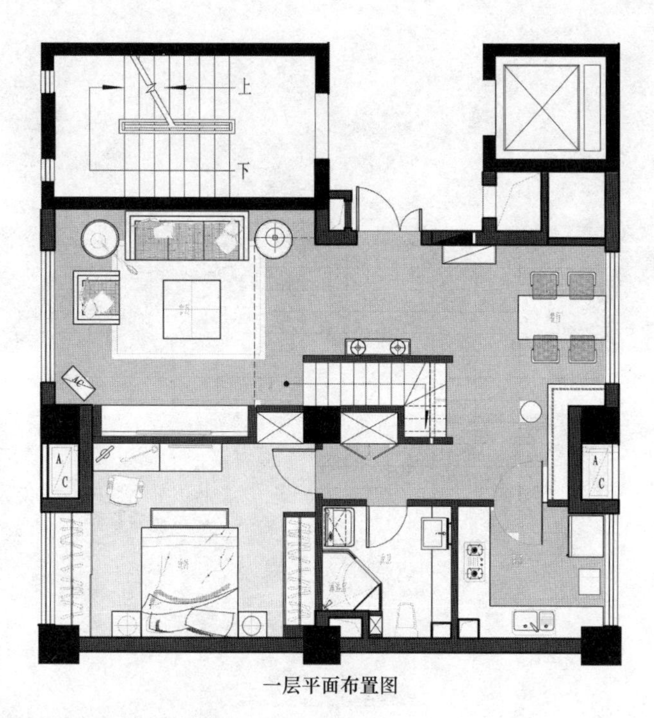

一层平面布置图

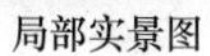

局部实景图

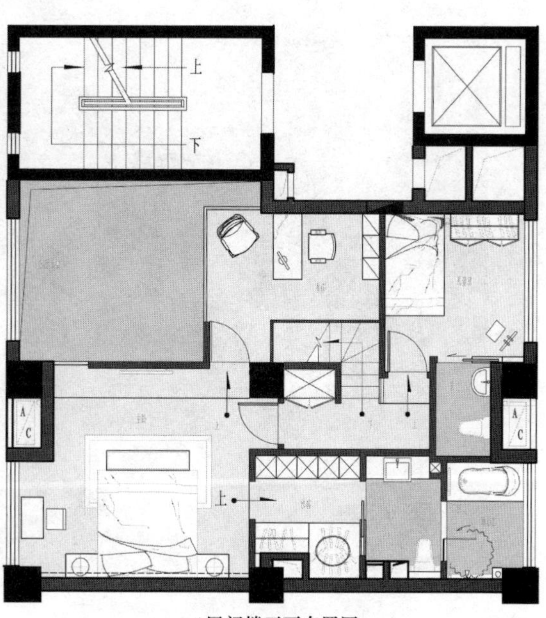

二层阁楼平面布置图

全景效果图

客厅效果图

“十二间”公益设计展样板间-1

主创设计师：琚宾

案例介绍：

该项目从设计的角度看民生，以“ 容”字概括了整个设计的思考。“容”字最能代表几千年来中国百姓的一种生活价值观，从空间设计的角度再来剖析解构它，也就有了三个方向。容纳、容易和容质。

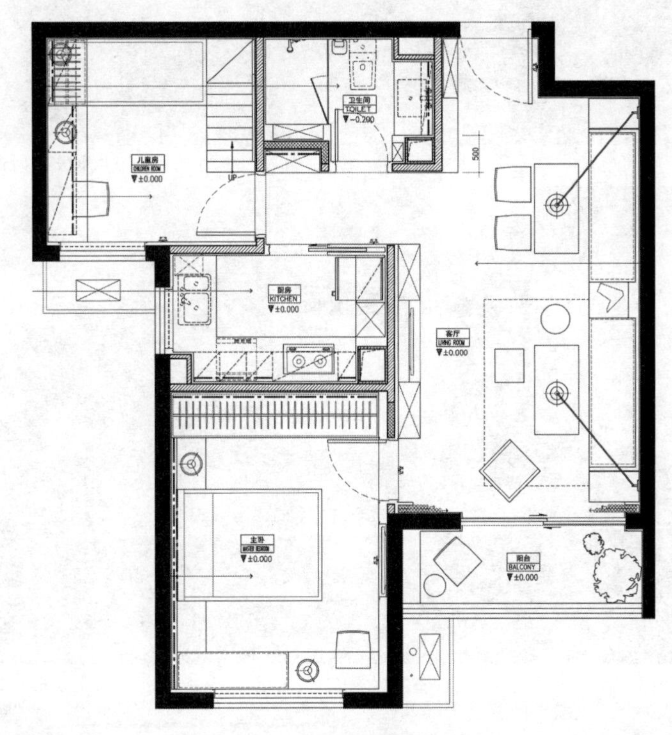

平面布置图

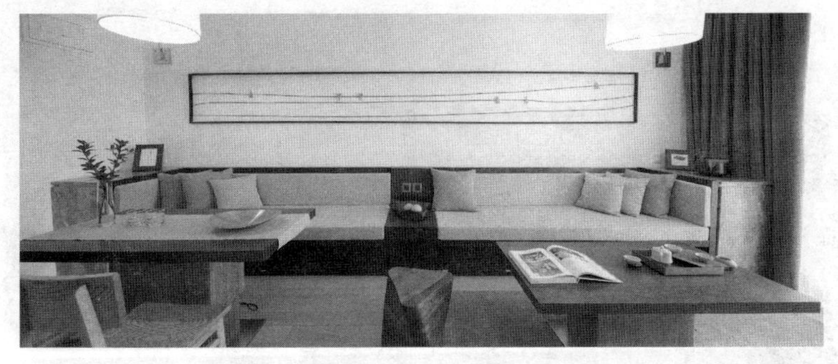

客厅实景图1

儿童房实景图1

儿童房实景图2

客厅实景图2

客厅实景图3

主卧实景图1

主卧实景图2

主卧实景图3

客厅实景图4

“十二间”公益设计展样板间-2

主创设计师：梁志天

案例介绍：

整个户型以温馨素雅的米色为主调，配合现代的设计手法，选用橡木饰面、仿木纹瓷砖及特色墙纸，搭配优雅舒适的家具，于细节处展现设计智慧，为户主营造理想的生活空间。

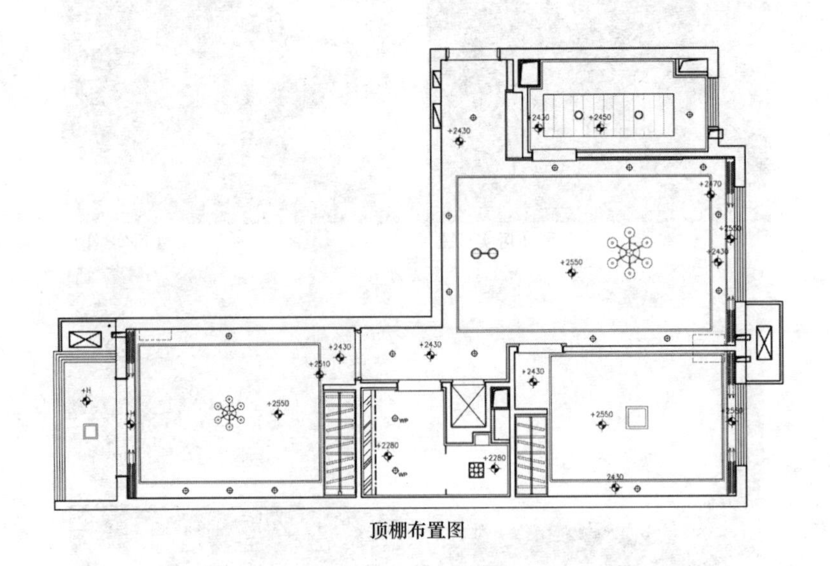

顶棚布置图

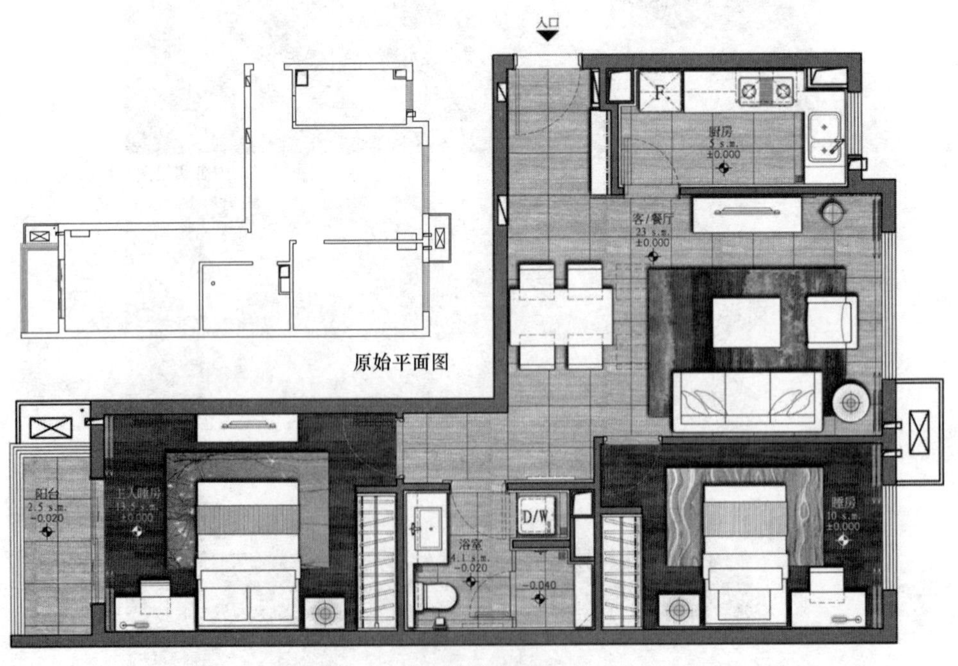

原始平面图

平面布置图

客厅实景图1

客厅实景图2

客厅效果图

卫浴间实景图1

卫浴间实景图2

卫浴间效果图

主卧实景图

主卧效果图

次卧实景图

艺术品配饰图1

艺术品配饰图2

艺术品配饰图3

艺术品配饰图4

艺术品配饰图5

附录 3：居住空间项目施工图

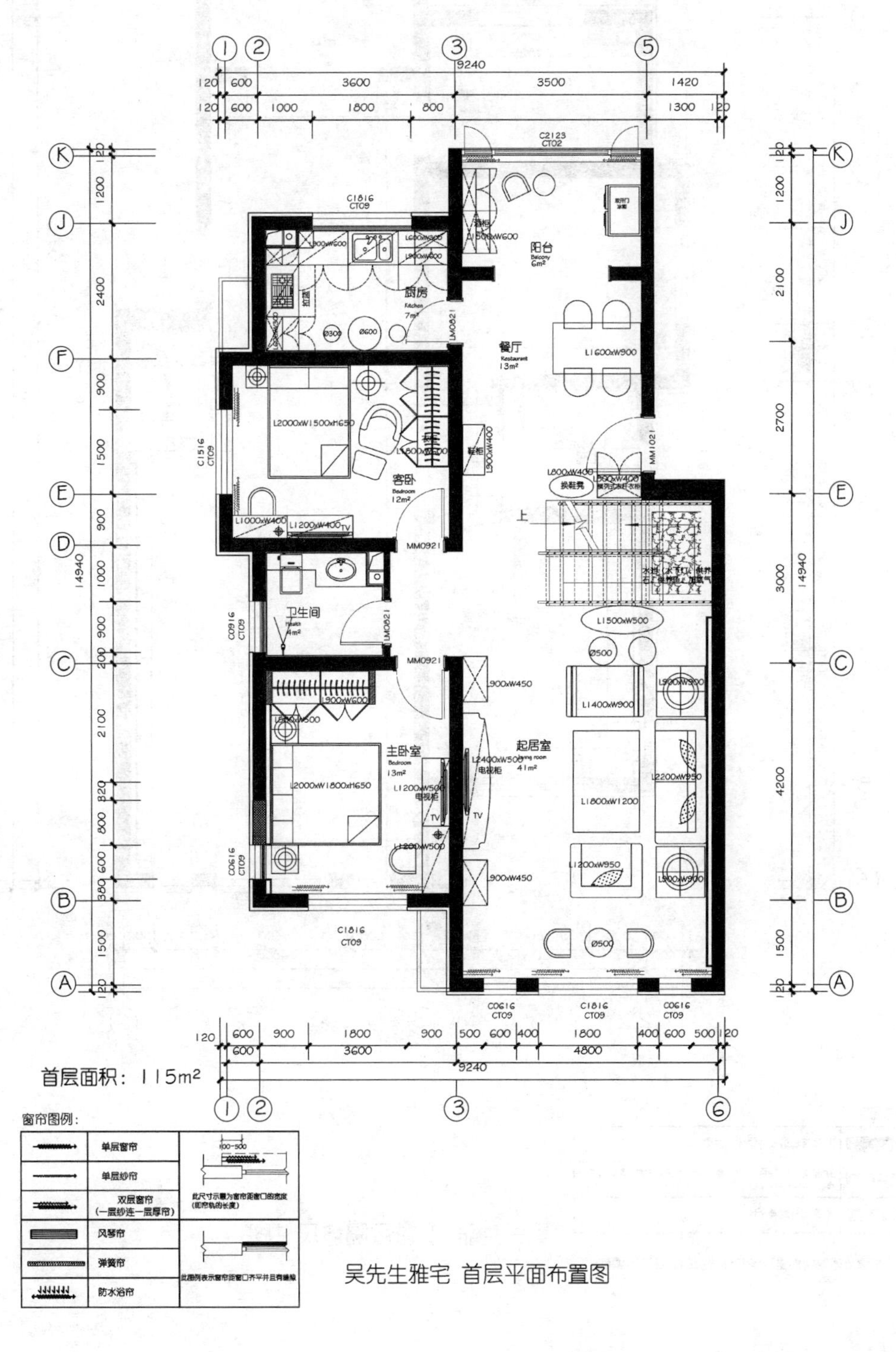

吴先生雅宅 首层平面布置图

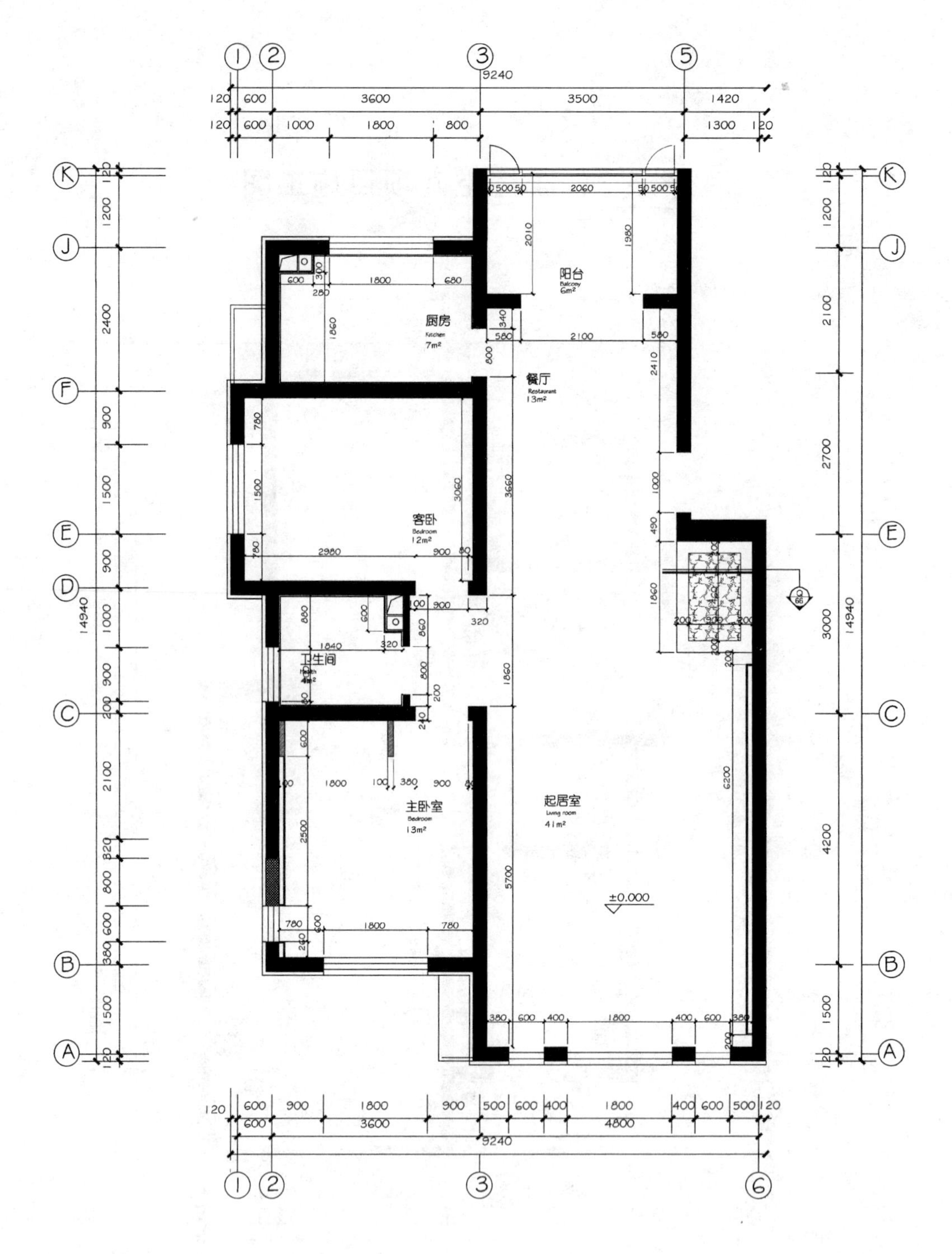

隔墙图例：

（黑色实心）	原建筑间墙及外墙体及柱体
（斜线填充）	新建墙D100轻钢龙骨石膏板墙（12石膏板+75轻钢龙骨+12石膏板）其中卫生间内侧为水泥压力板
（网格填充）	新建加气混凝土墙

吴先生雅宅 首层隔墙尺寸图

注：新建墙体厚可根据现场实际情况的需要进行调整。

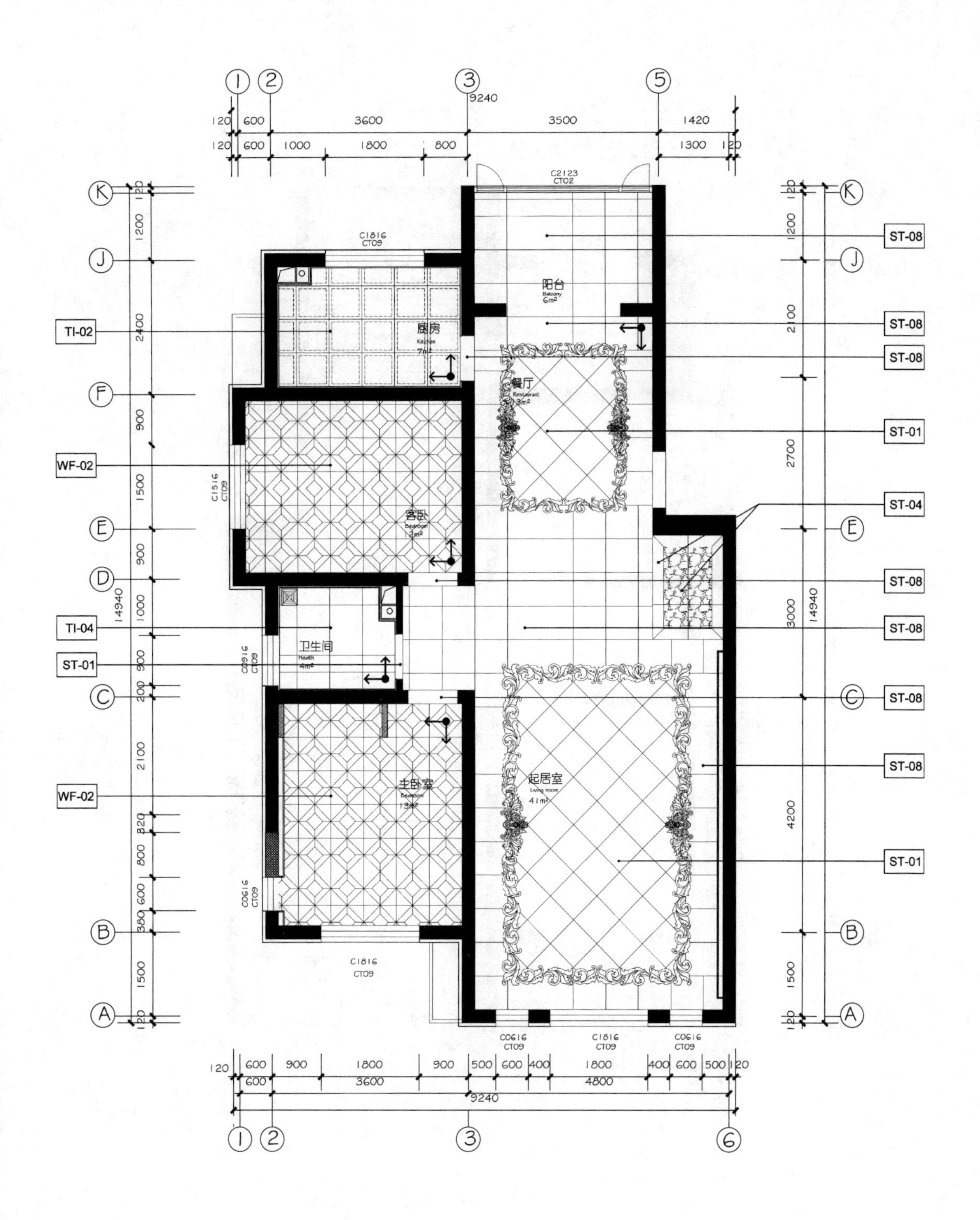

注：石材地面和瓷砖地面用砖色嵌缝剂。深色石材与浅色石材交接处用深色石材嵌缝剂

吴先生雅宅 首层地面铺装图

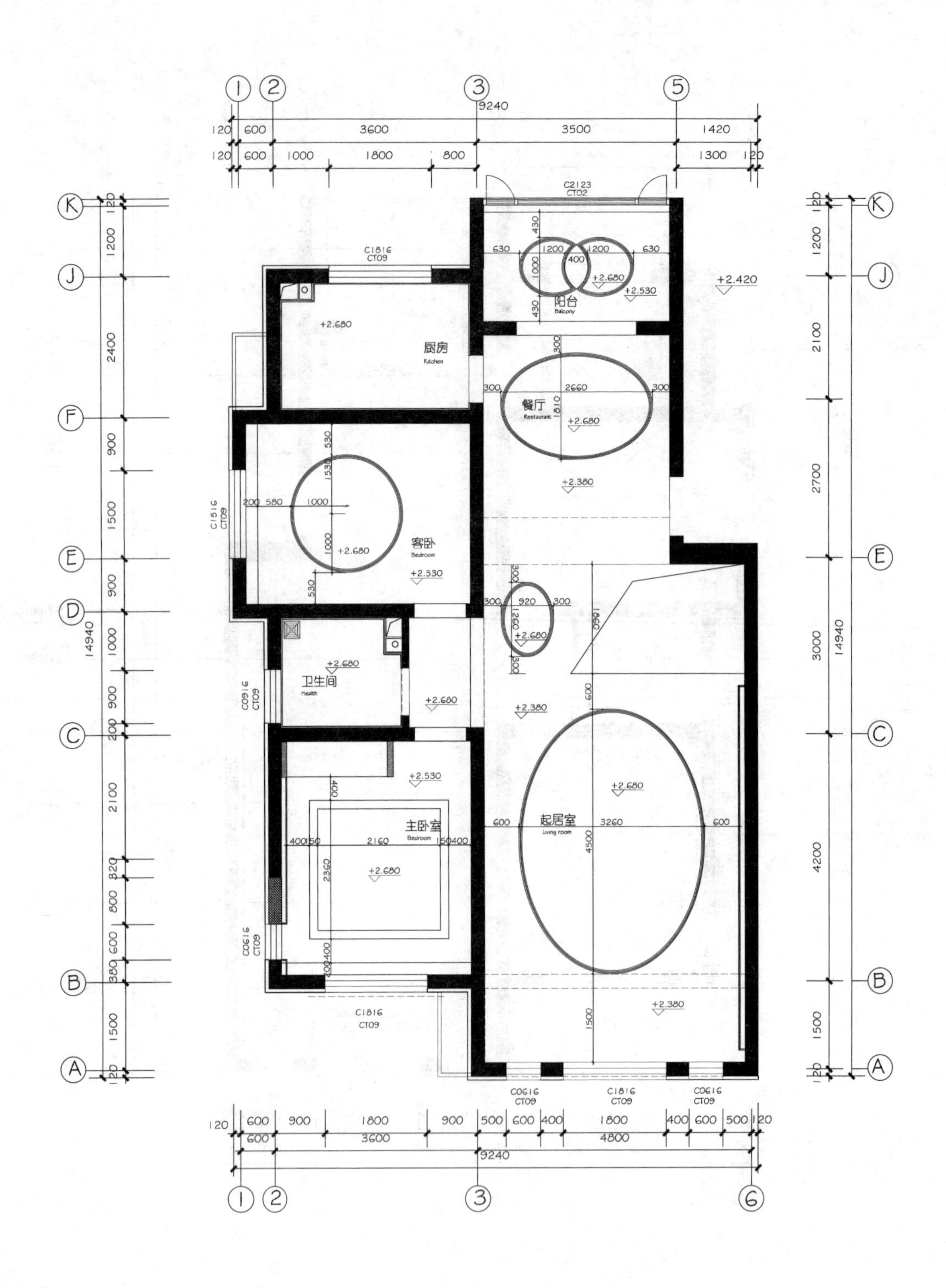

注：顶棚造型标高可根据现场尺寸进行调整，尽量做高。顶棚阴角处加热镀锌收边条

吴先生雅宅 首层顶棚造型图

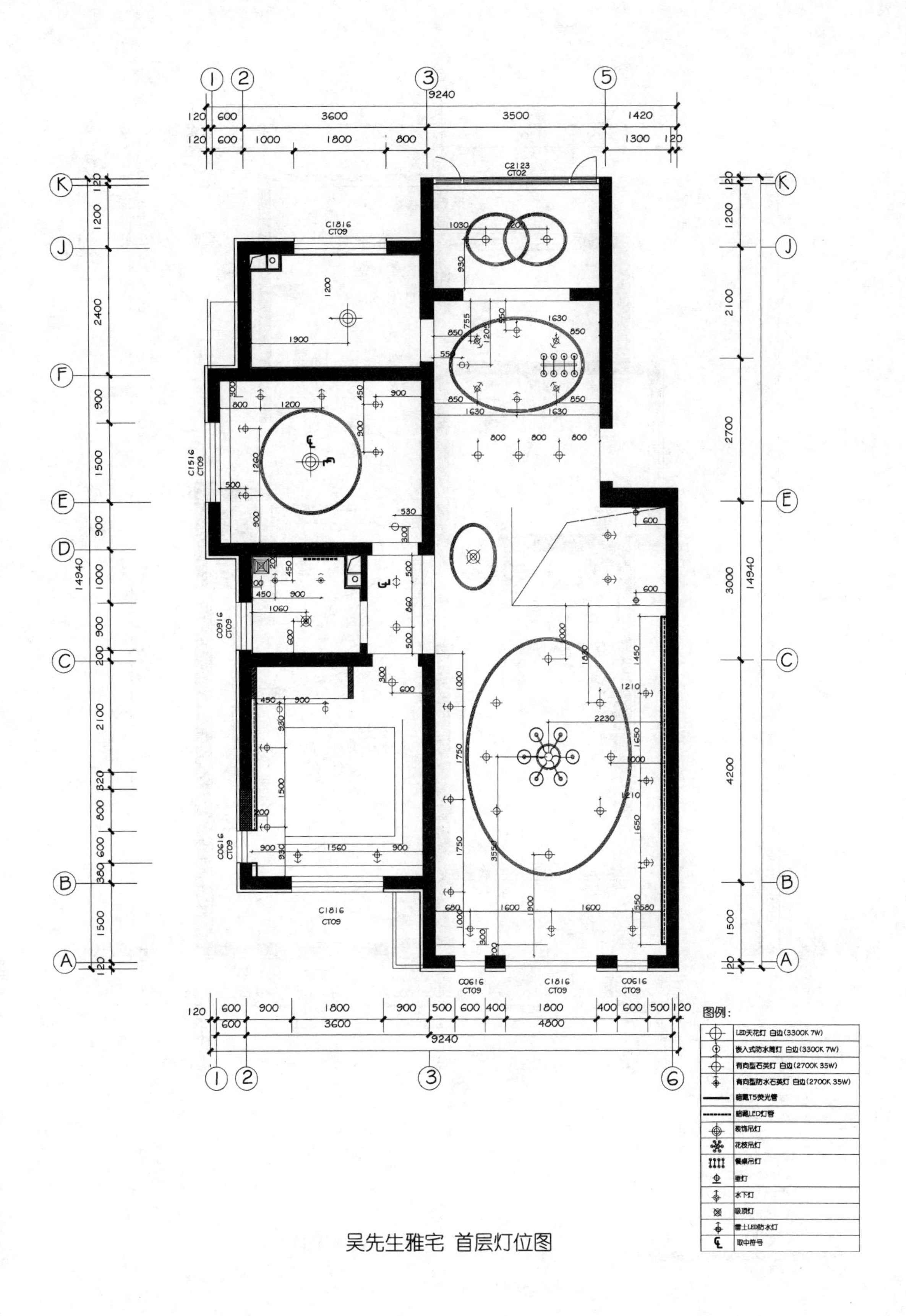

9240
C2123
CT02
C1816
CT09
C1516
CT09
C0916
CT09
C0616
CT09
14940
图例:
LED天花灯 白边(3300K 7W)
嵌入式防水筒灯 白边(3300K 7W)
有向型石英灯 白边(2700K 35W)
有向型防水石英灯 白边(2700K 35W)
暗藏T5荧光管
暗藏LED灯管
装饰吊灯
花枝吊灯
餐桌吊灯
壁灯
水下灯
吸顶灯
雷士LED防水灯
取中符号
吴先生雅宅 首层灯位图

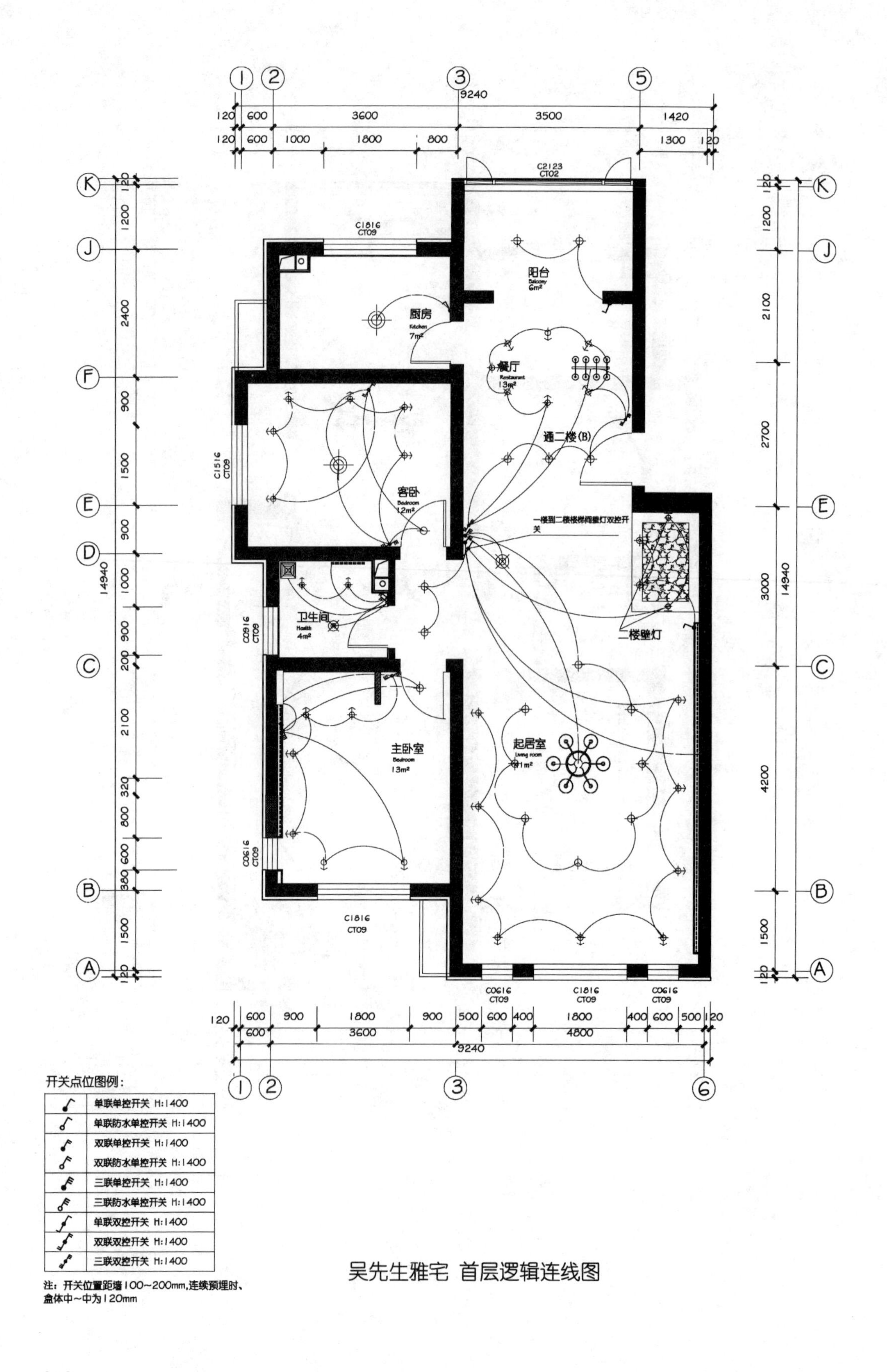

阳台
Balcony
6m²
厨房
Kitchen
7m²
餐厅
Restaurant
13m²
通二楼(B)
客卧
Bedroom
12m²
一楼到二楼楼梯间壁灯双控开关
卫生间
Health
4m²
二楼壁灯
主卧室
Bedroom
13m²
起居室
Living room
C2123
CT02
C1816
CT09
C1516
CT09
C0916
CT09
C0616
CT09
9240
14940
开关点位图例：
单联单控开关 H:1400
单联防水单控开关 H:1400
双联单控开关 H:1400
双联防水单控开关 H:1400
三联单控开关 H:1400
三联防水单控开关 H:1400
单联双控开关 H:1400
双联双控开关 H:1400
三联双控开关 H:1400
注：开关位置距墙100~200mm,连续预埋时、盒体中~中为120mm
吴先生雅宅 首层逻辑连线图

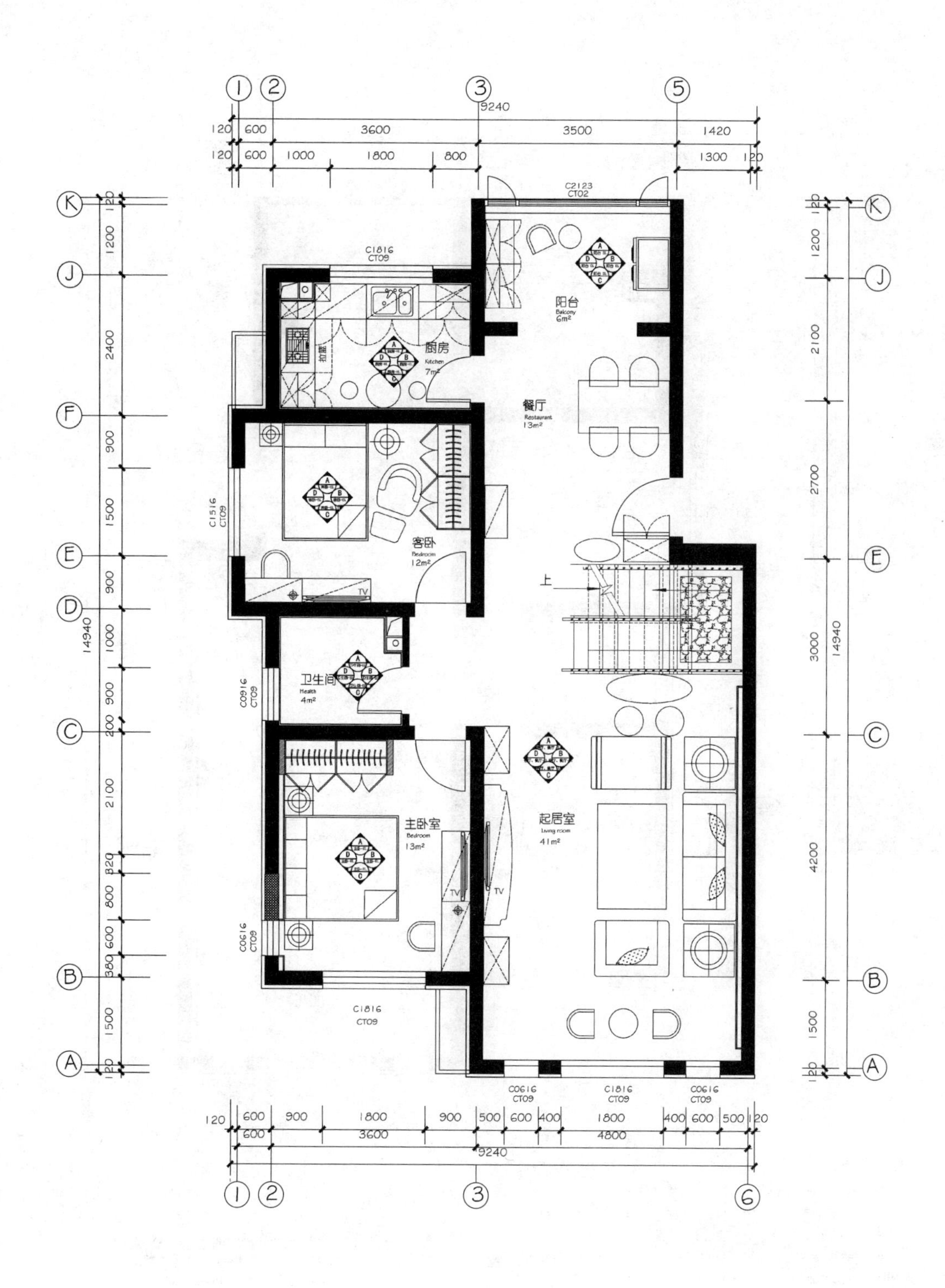

吴先生雅宅 首层立面索引图

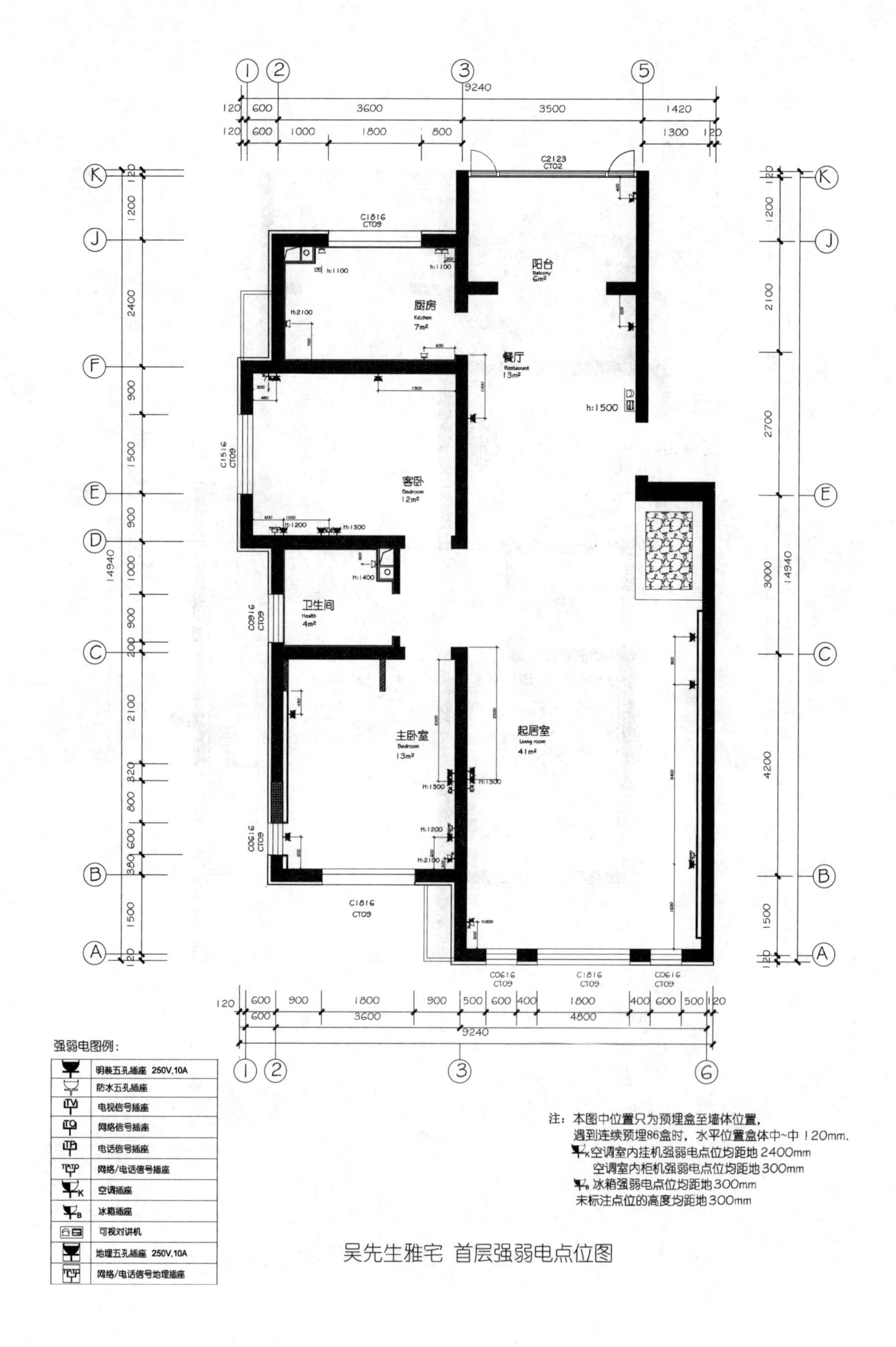

吴先生雅宅 首层强弱电点位图

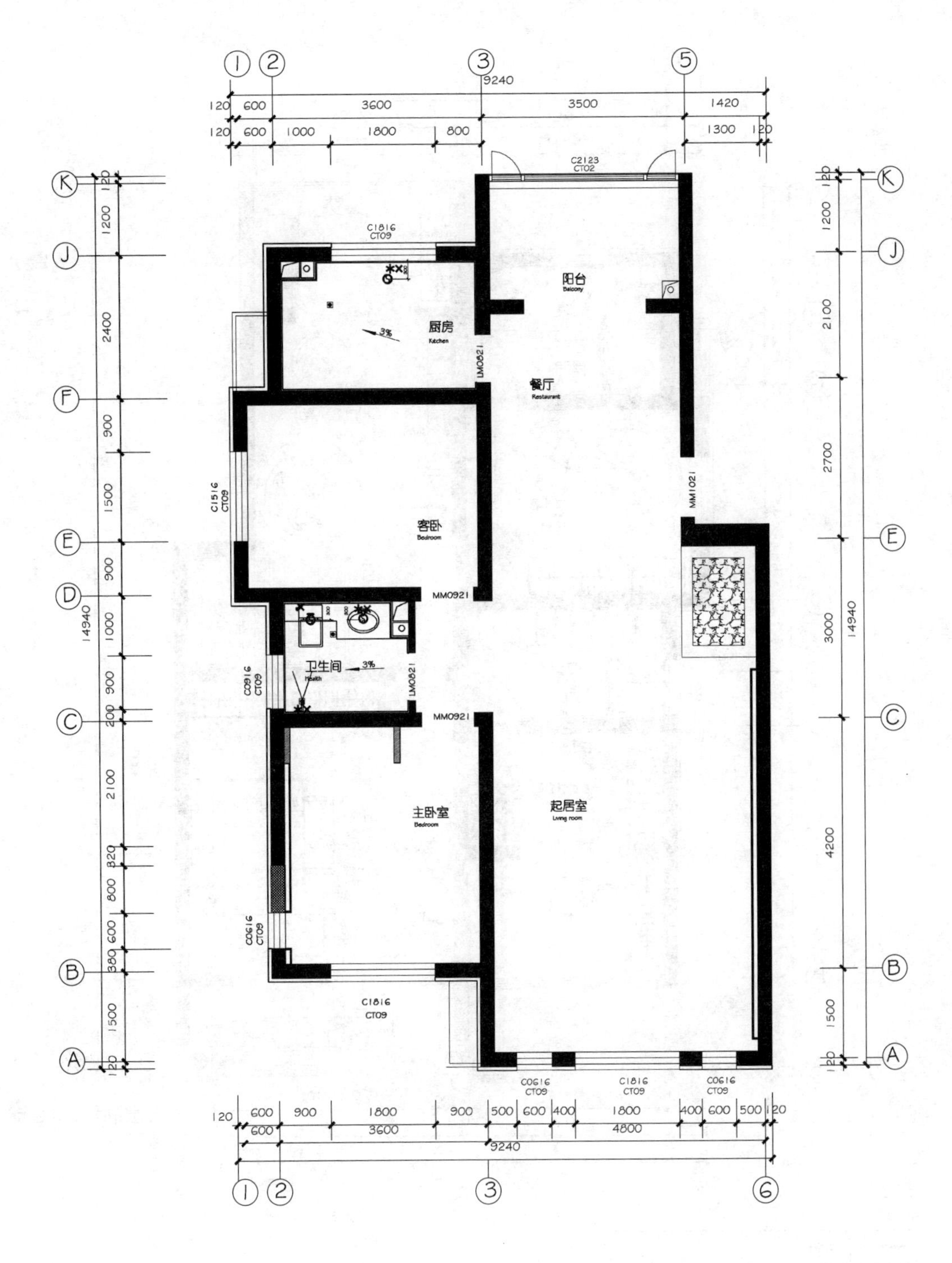

给排水图例：

×	常温给水（预埋入墙体）
*	热水（预埋入墙体）
*×	冷热混和给水（预埋入墙体）
⊘	污水管
◙	防臭地漏（方形）

吴先生雅宅 首层给排水图

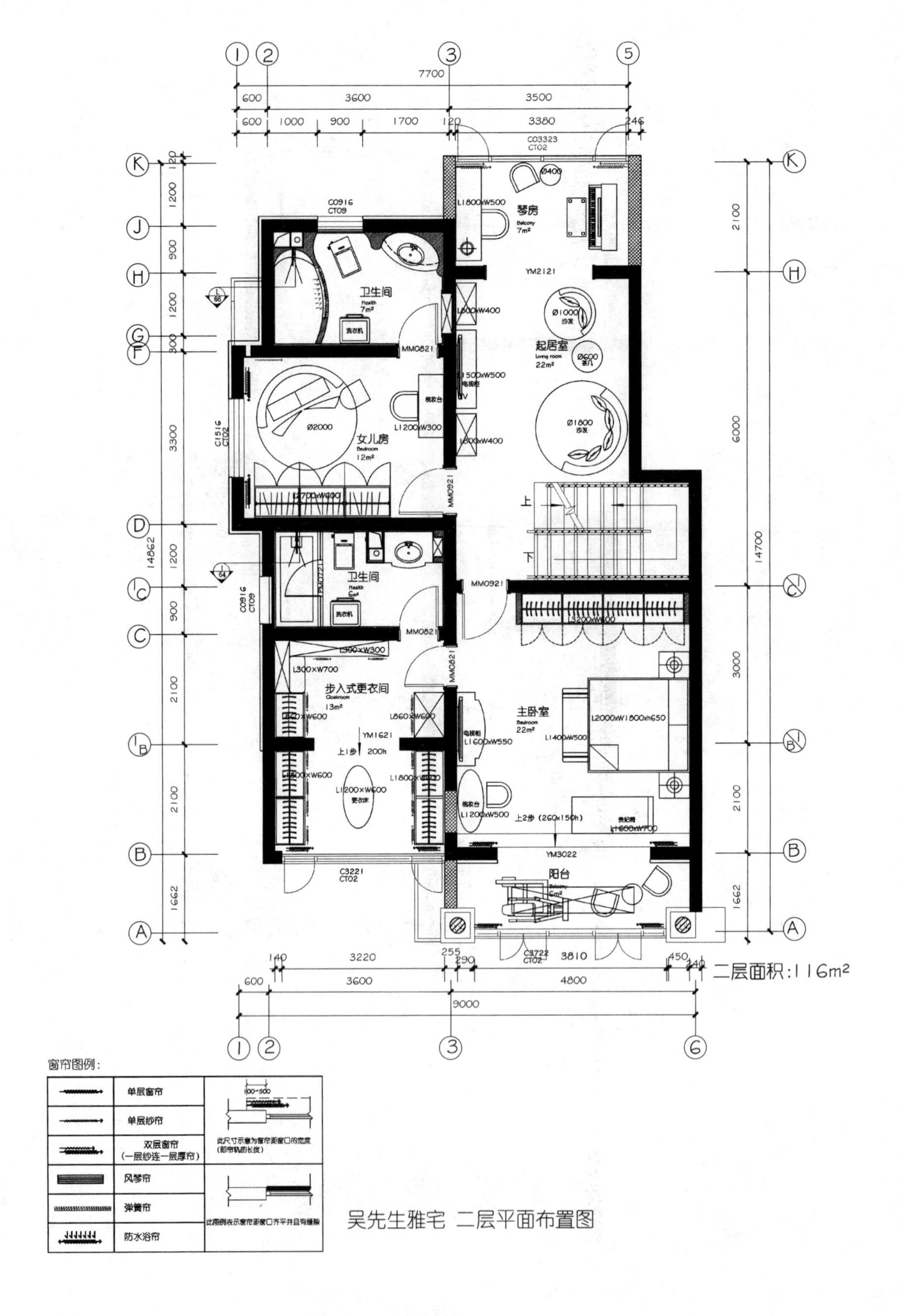

吴先生雅宅 二层平面布置图

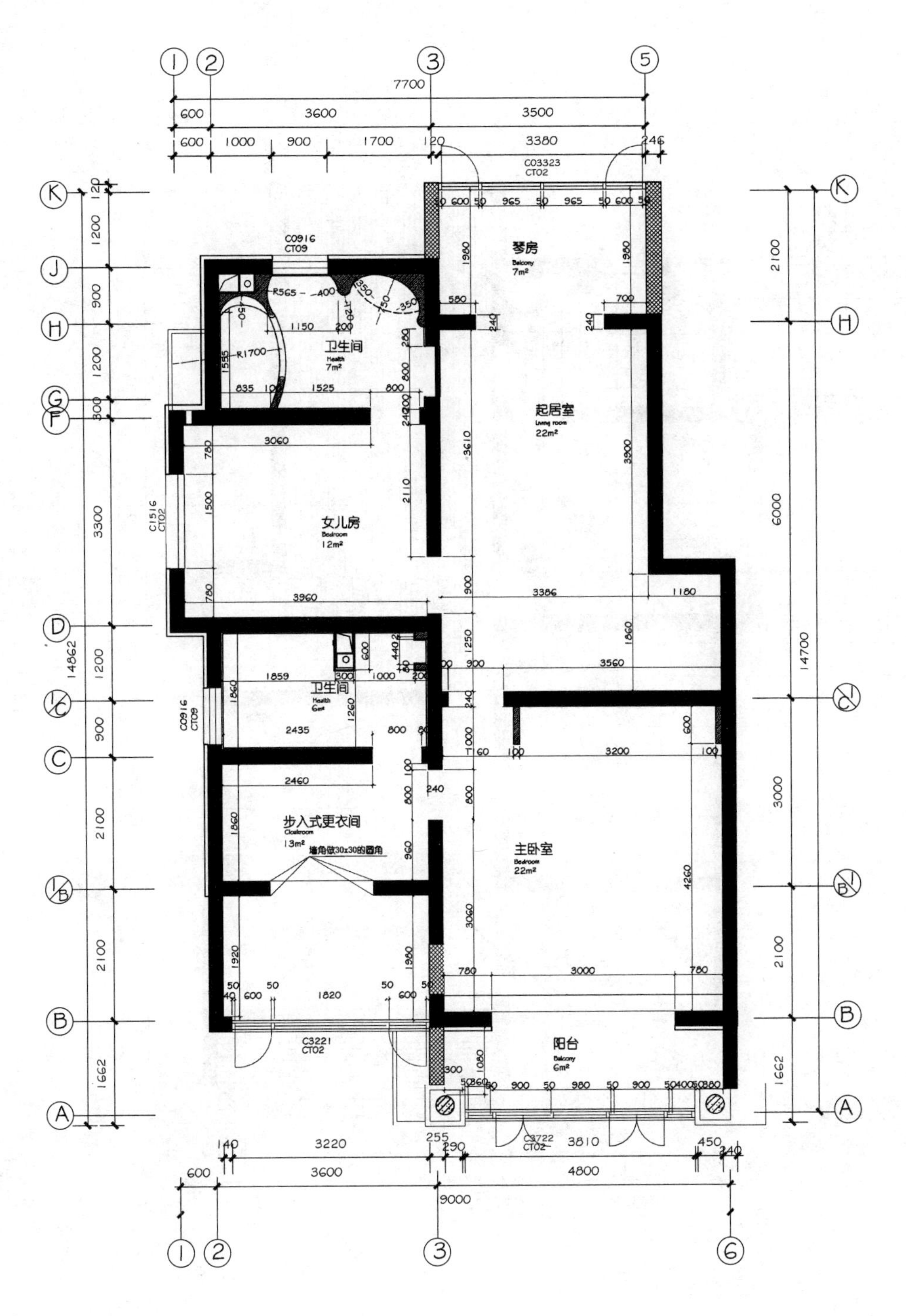

隔墙图例：

图例	说明
（黑色实心）	原建筑间墙及外墙体及柱体
（斜线填充）	新建墙D100轻钢龙骨石膏板墙（12石膏板+75轻钢龙骨+12石膏板）其中卫生间内侧为水泥压力板
（网格填充）	新建加气混凝土墙
（空心双线）	新建墙D50轻钢龙骨石膏板墙（12石膏板+25轻钢龙骨（副骨）+12水泥压力板） 厨房内侧为水泥压力板

注：新建墙体厚可根据现场实际情况的需要进行调整。

吴先生雅宅 二层隔墙尺寸图

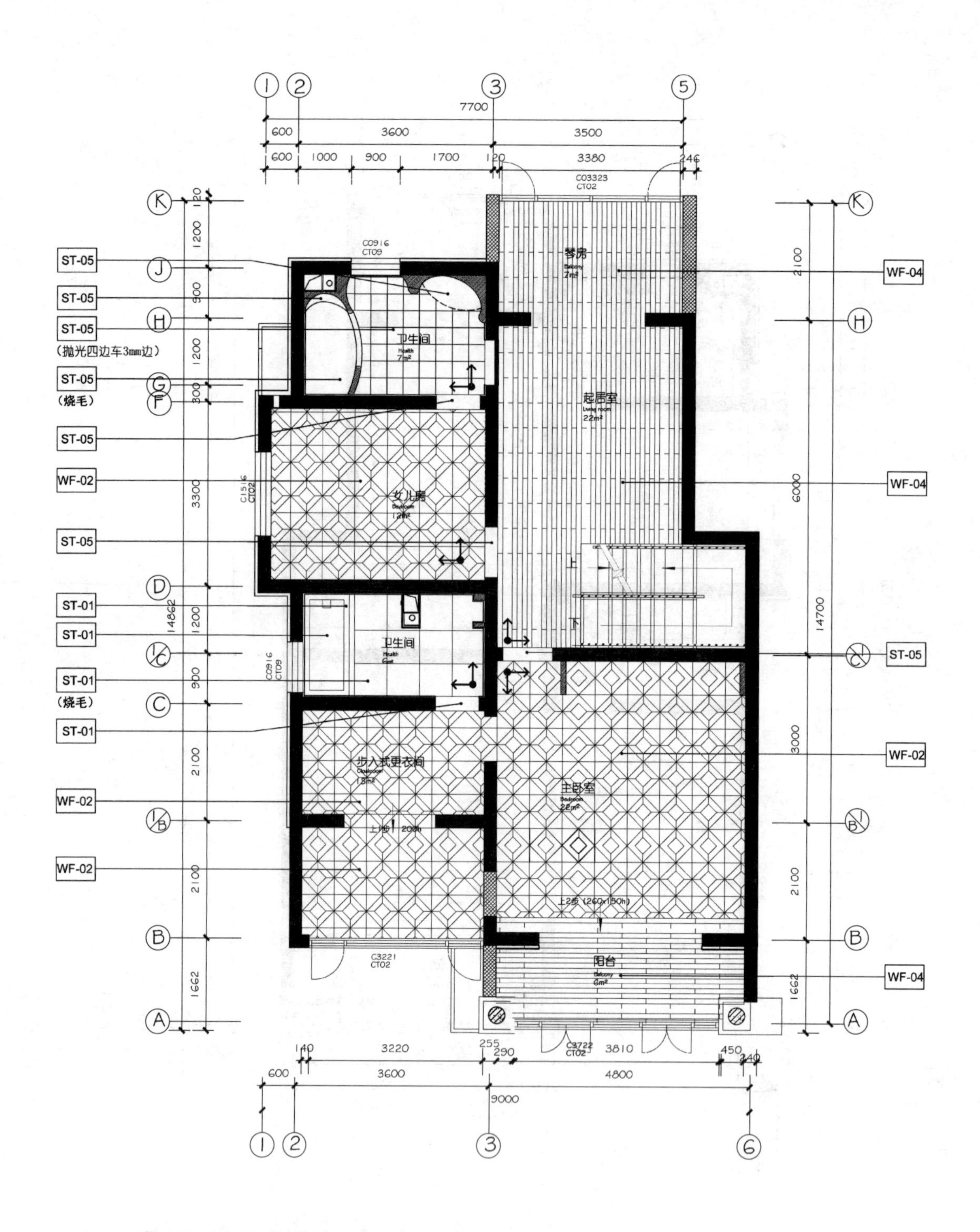

注：石材地面和瓷砖地面用砖色嵌缝剂。深色石材与浅色石材交接处用深色石材嵌缝剂

吴先生雅宅 二层地面铺装图

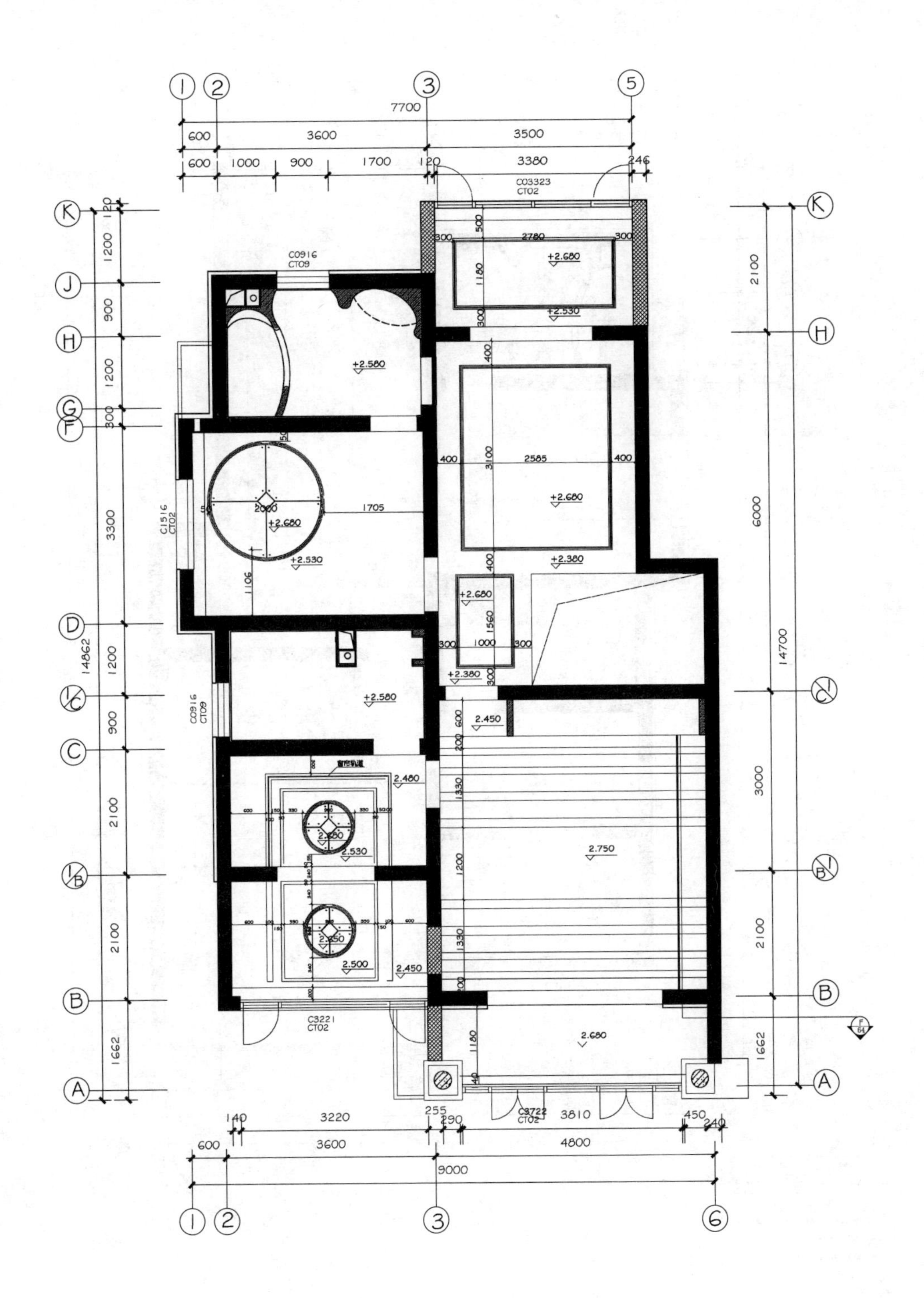

注：顶棚造型标高可根据现场尺寸进行调整，尽量做高。顶棚阴角处加热镀锌收边条

吴先生雅宅 二层顶棚造型图

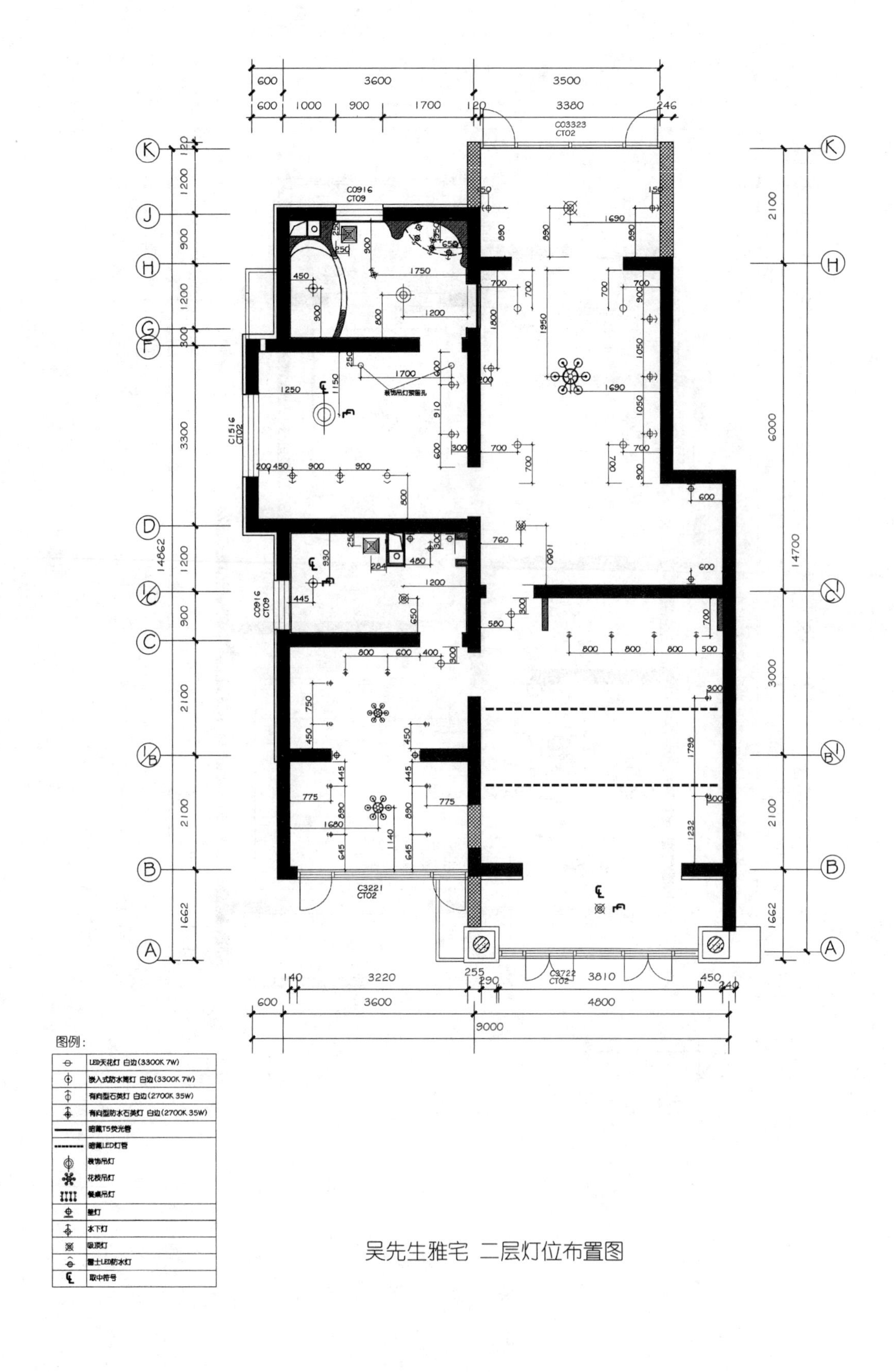

吴先生雅宅 二层灯位布置图

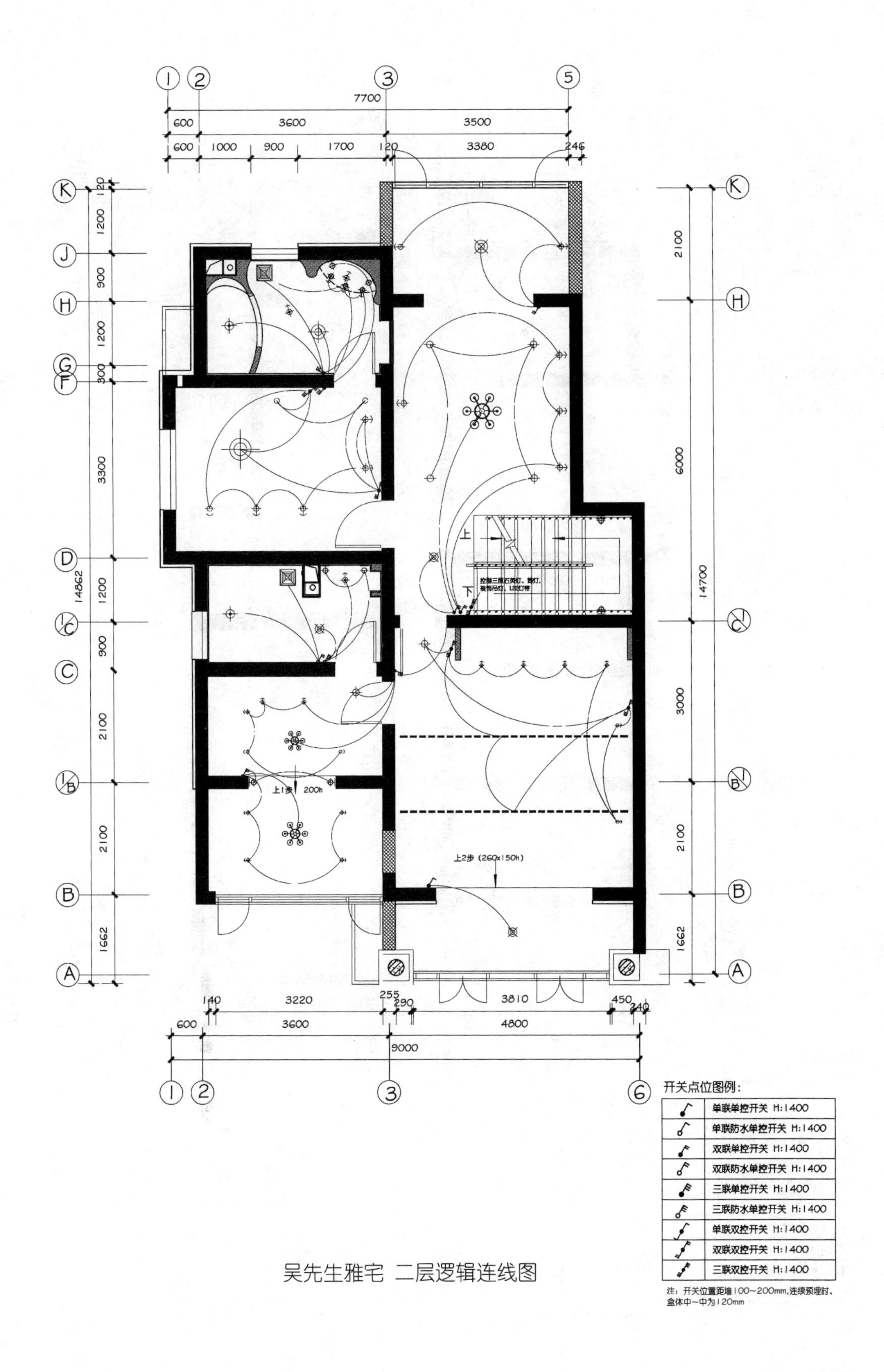

吴先生雅宅 二层逻辑连线图

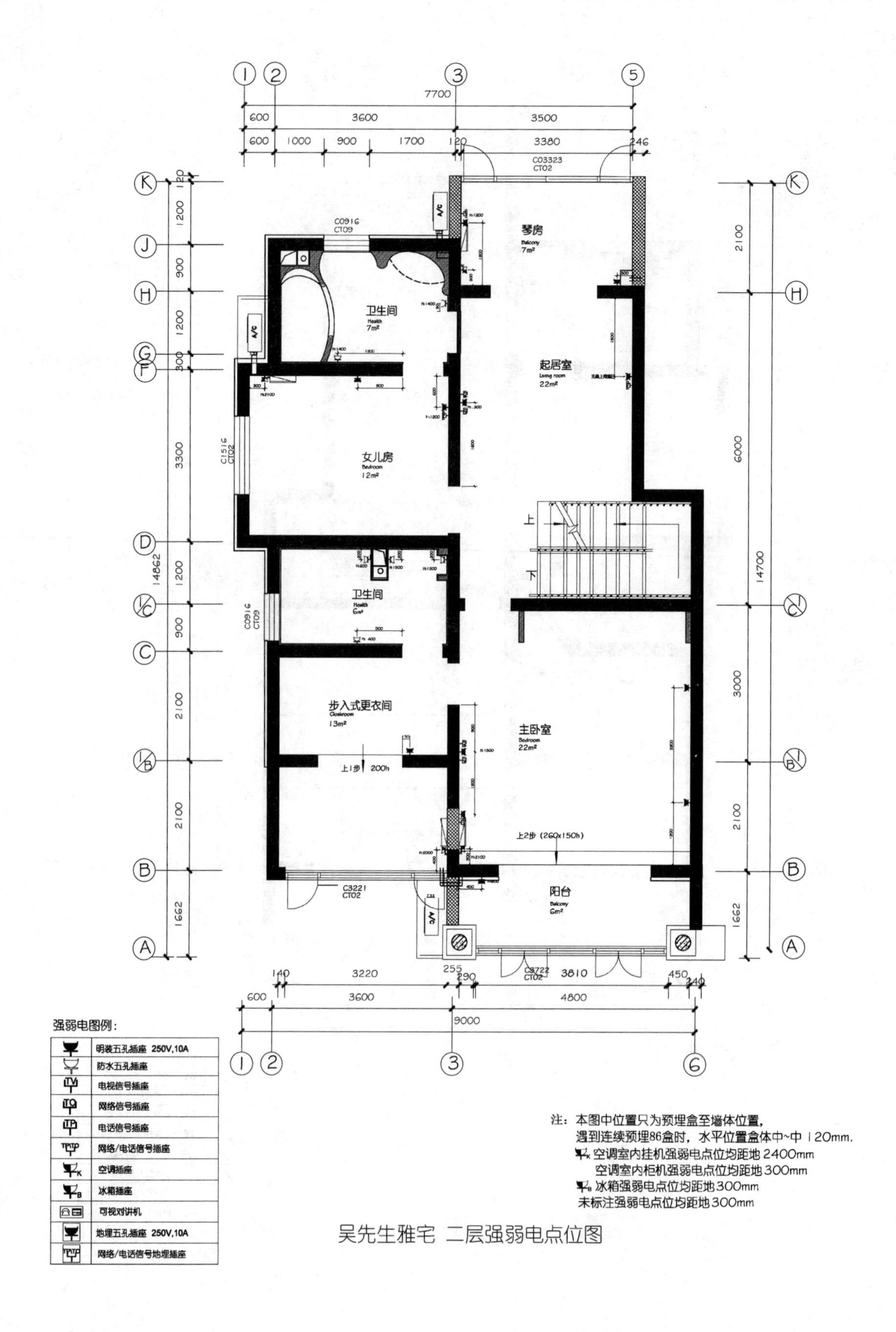
琴房
Balcony
7m²
卫生间
Health
7m²
起居室
Living room
22m²
女儿房
Bedroom
12m²
卫生间
Health
6m²
步入式更衣间
Cloakroom
13m²
上1步 200h
主卧室
Bedroom
22m²
上2步 (260x150h)
阳台
Balcony
6m²
C0916 CT09
C03323 CT02
C1516 CT02
C3221 CT02
C3722 CT02
A/C
上
下
7700
600 3600 3500
600 1000 900 1700 120 3380 246
140 3220 255 290 3810 450 240
600 3600 4800
9000
14862
14700
强弱电图例：
明装五孔插座 250V,10A
防水五孔插座
电视信号插座
网络信号插座
电话信号插座
网络/电话信号插座
空调插座
冰箱插座
可视对讲机
地埋五孔插座 250V,10A
网络/电话信号地埋插座
注：本图中位置只为预埋盒至墙体位置，
遇到连续预埋86盒时，水平位置盒体中~中 120mm.
空调室内挂机强弱电点位均距地 2400mm
空调室内柜机强弱电点位均距地 300mm
冰箱强弱电点位均距地 300mm
未标注强弱电点位均距地 300mm
吴先生雅宅 二层强弱电点位图

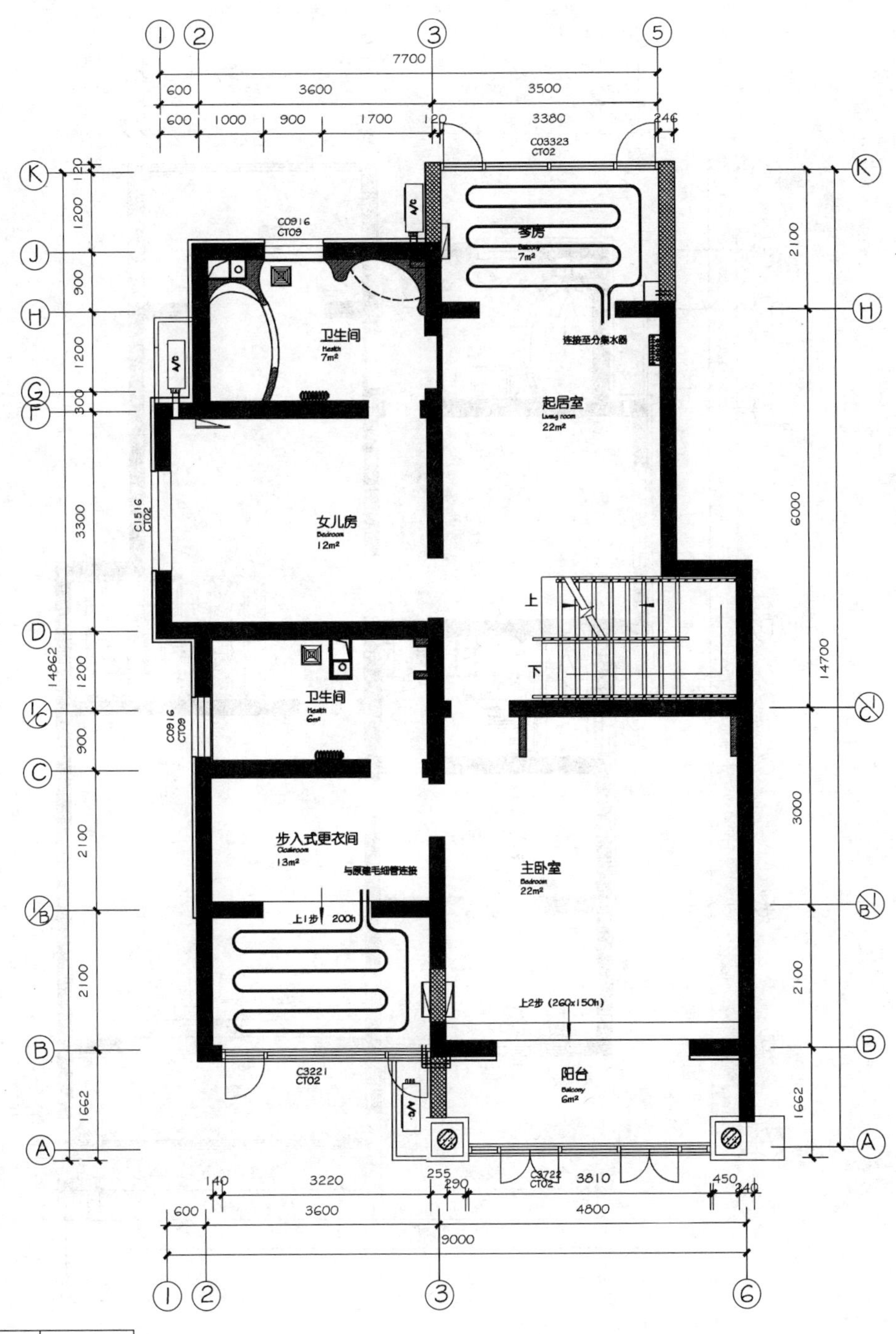

暖通图例：

图例	名称	备注
	空调外机	（选型、材质、规格、式样、色彩、尺寸由业主、建筑设计暖通工师与本办公室另定）
	空调室内挂机	
	空调室内柜机	
	散热器	
	排气扇（直排入吊顶层内）	
	分集水器	

注：地暖图仅为示意图，具体由专业公司进行深化设计。

吴先生雅宅 二层暖通点位图

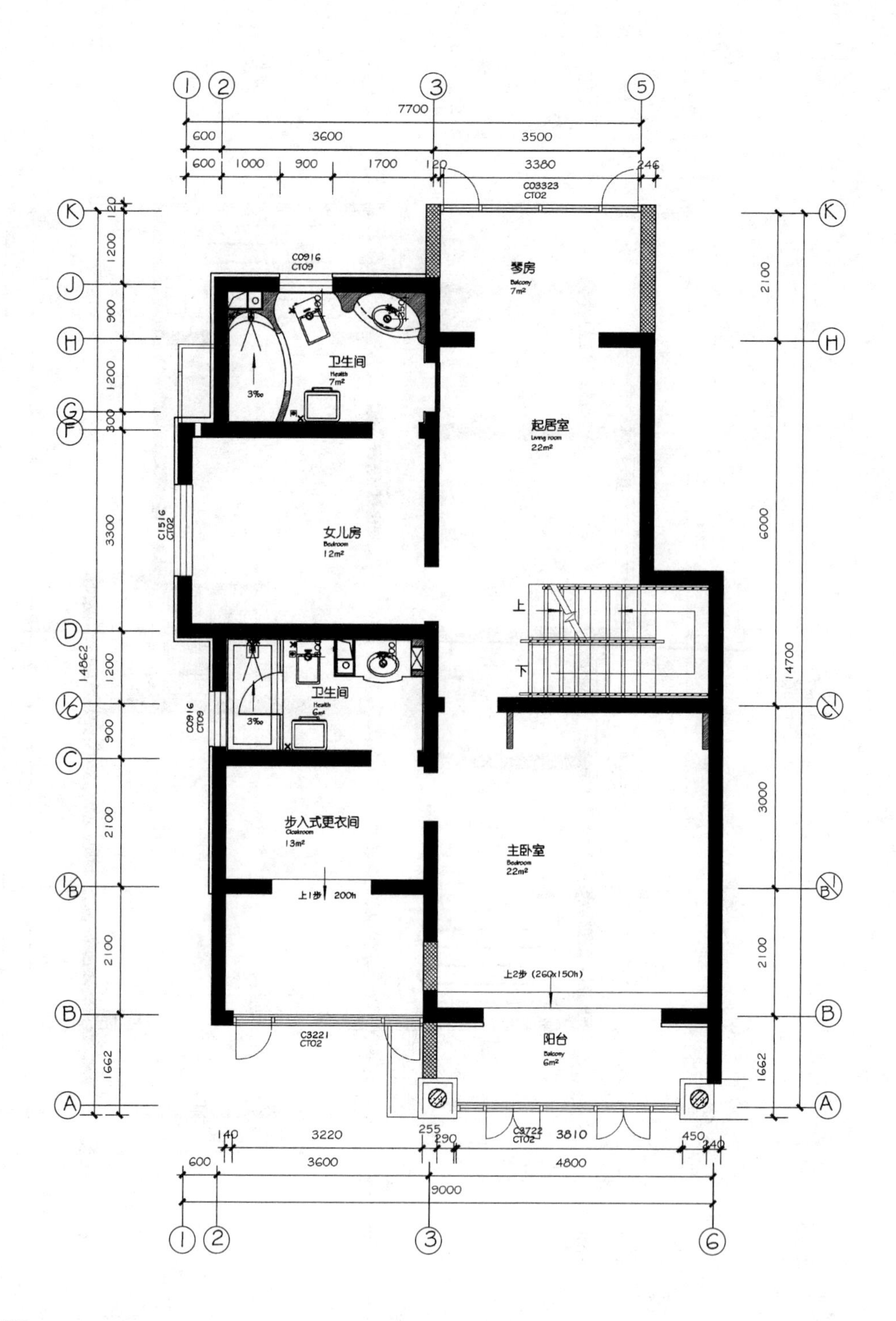

给排水图例：

符号	说明
×	常温给水（预埋入墙体）
*	热水（预埋入墙体）
*×	冷热混和给水（预埋入墙体）
⊘	污水管
●	防臭地漏（方形）

吴先生雅宅 二层给排水图

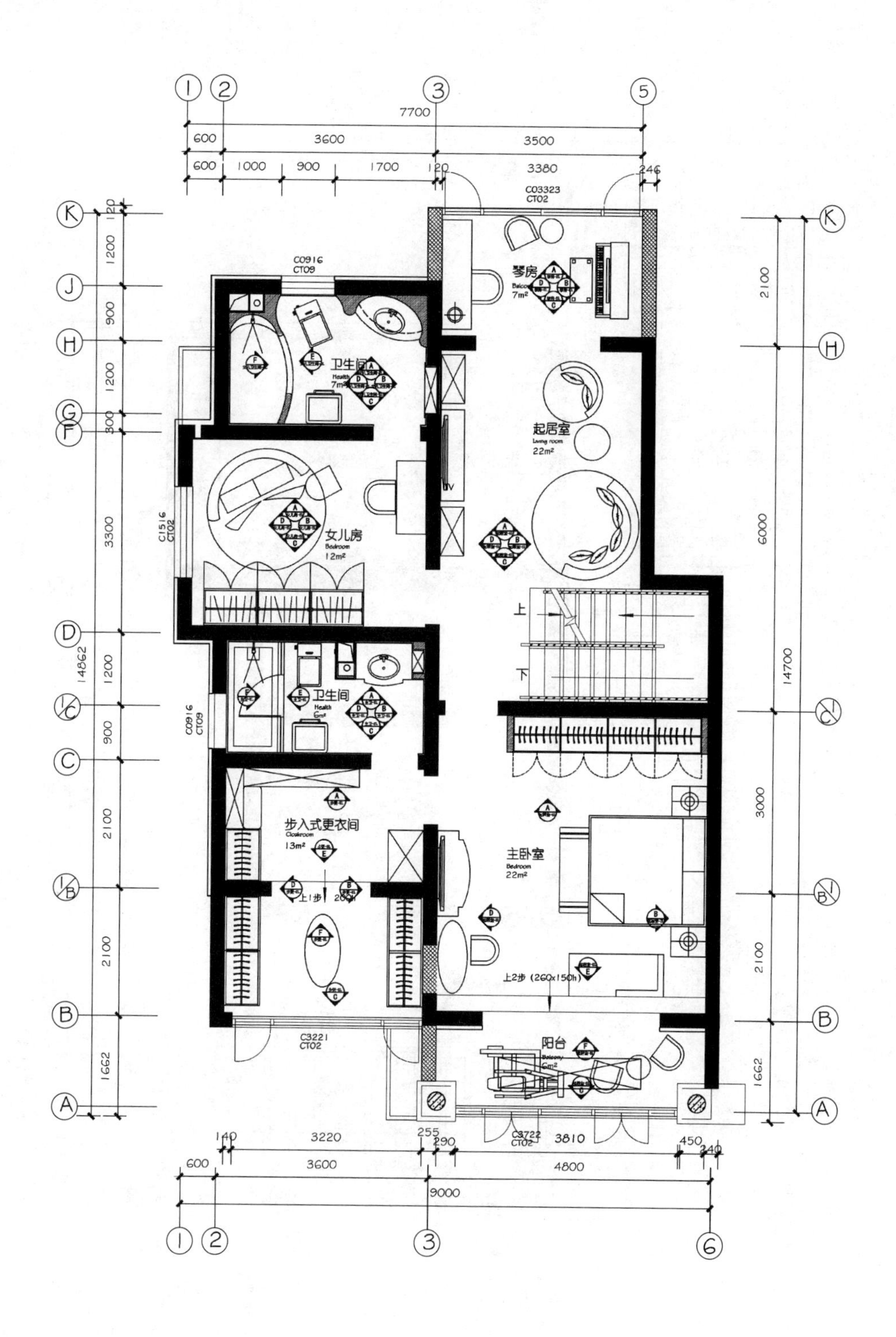

吴先生雅宅 二层立面索引图

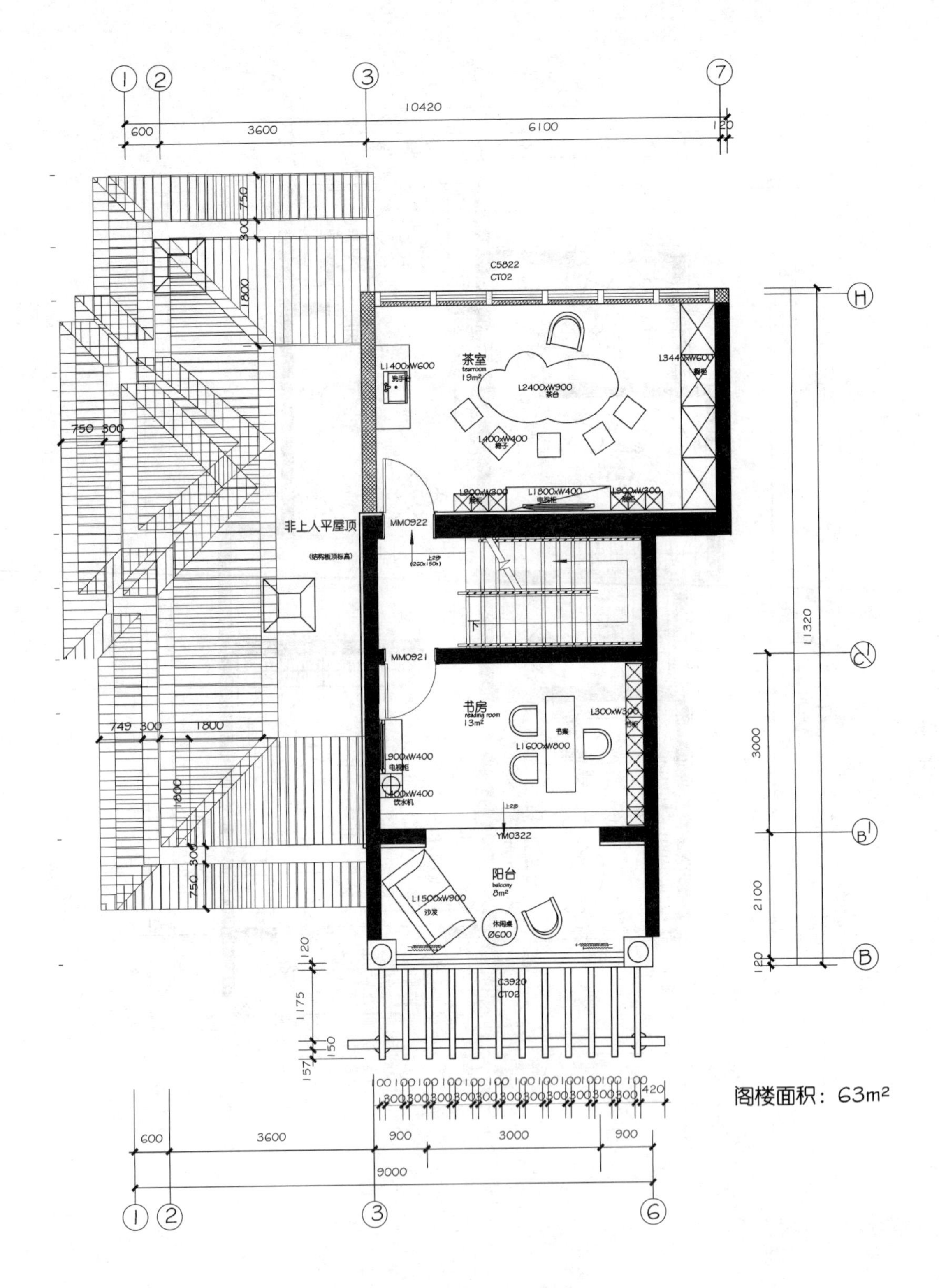

吴先生雅宅 阁楼平面布置图

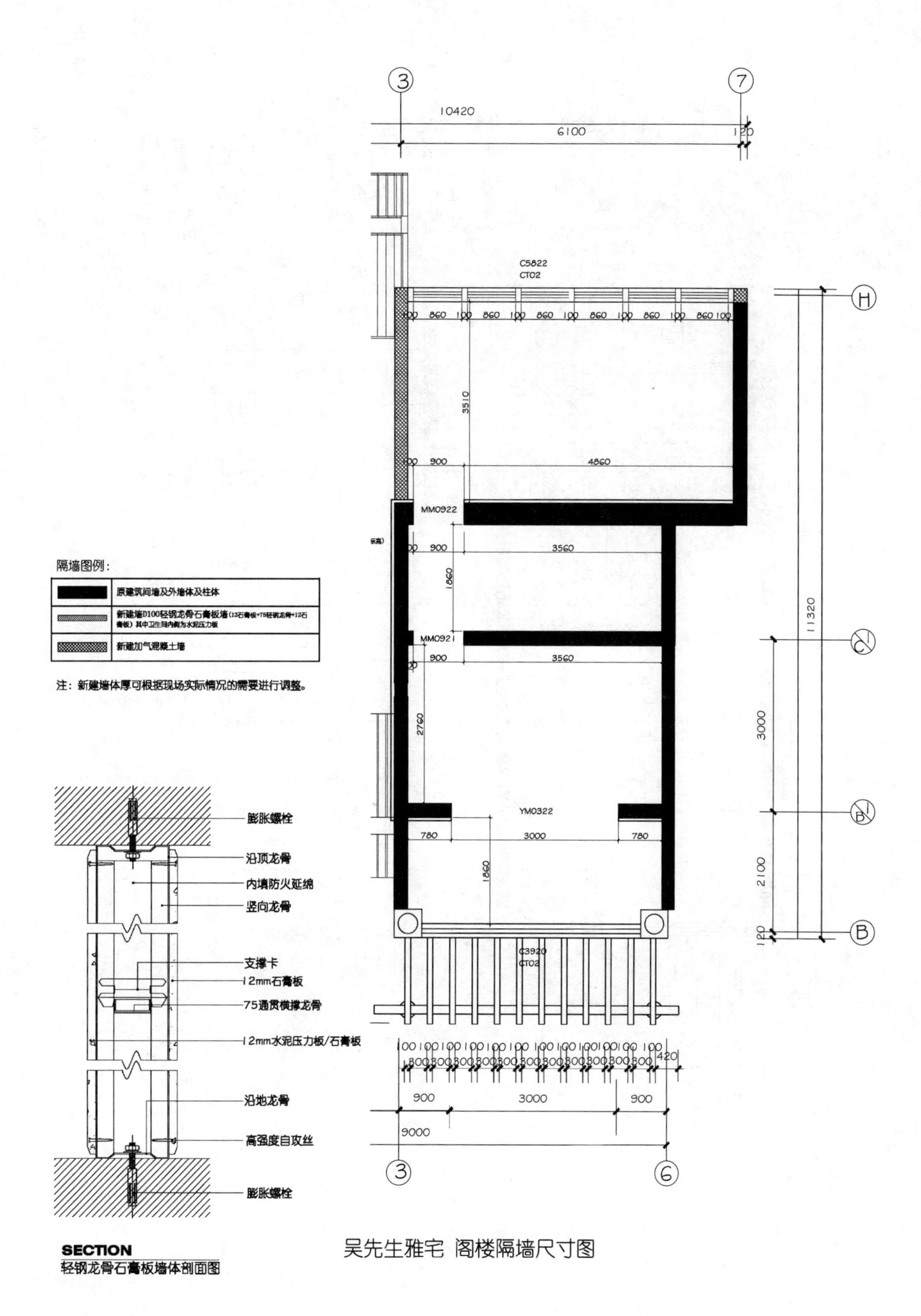

SECTION

轻钢龙骨石膏板墙体剖面图

吴先生雅宅 阁楼隔墙尺寸图

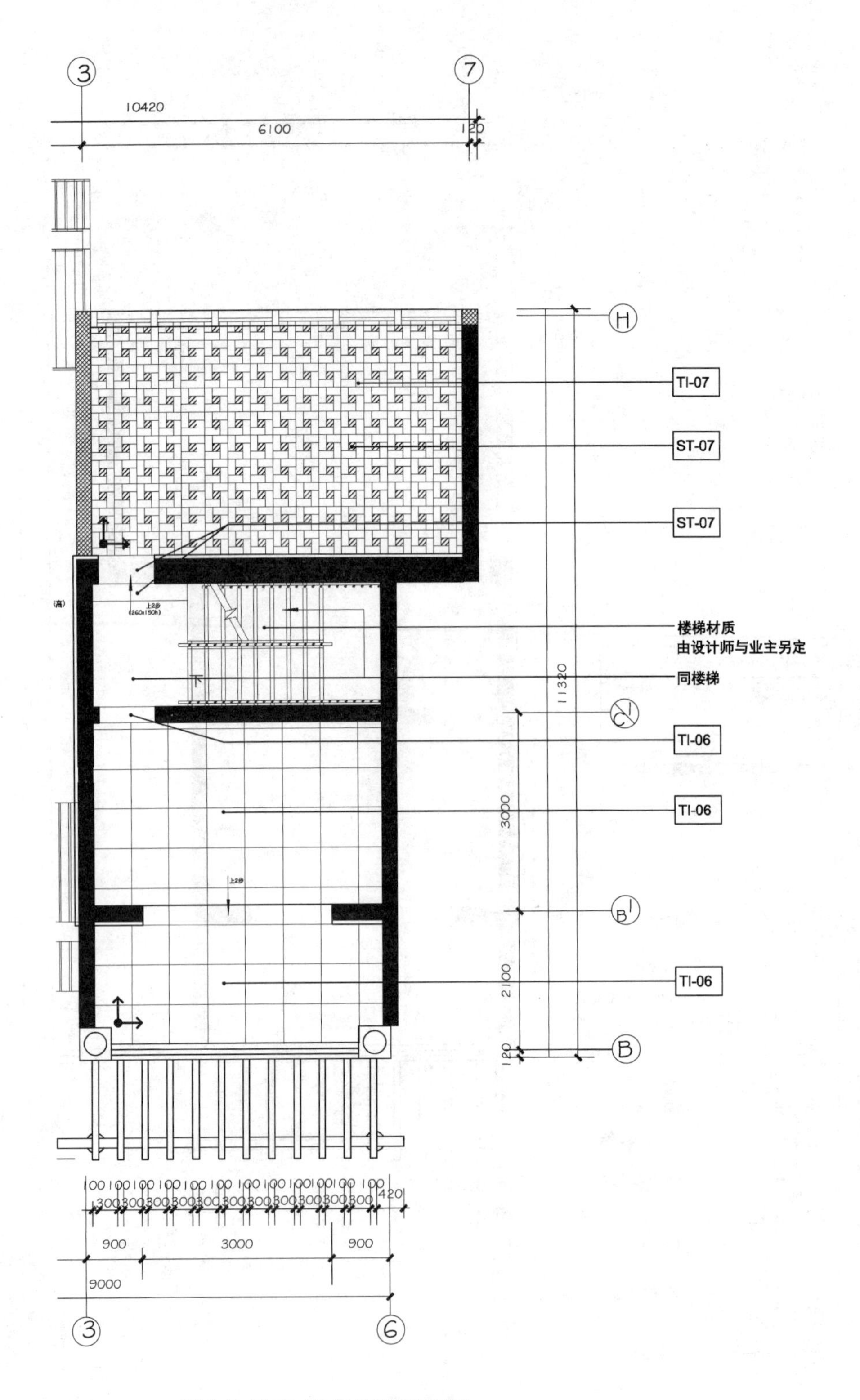

吴先生雅宅 阁楼地面铺装图

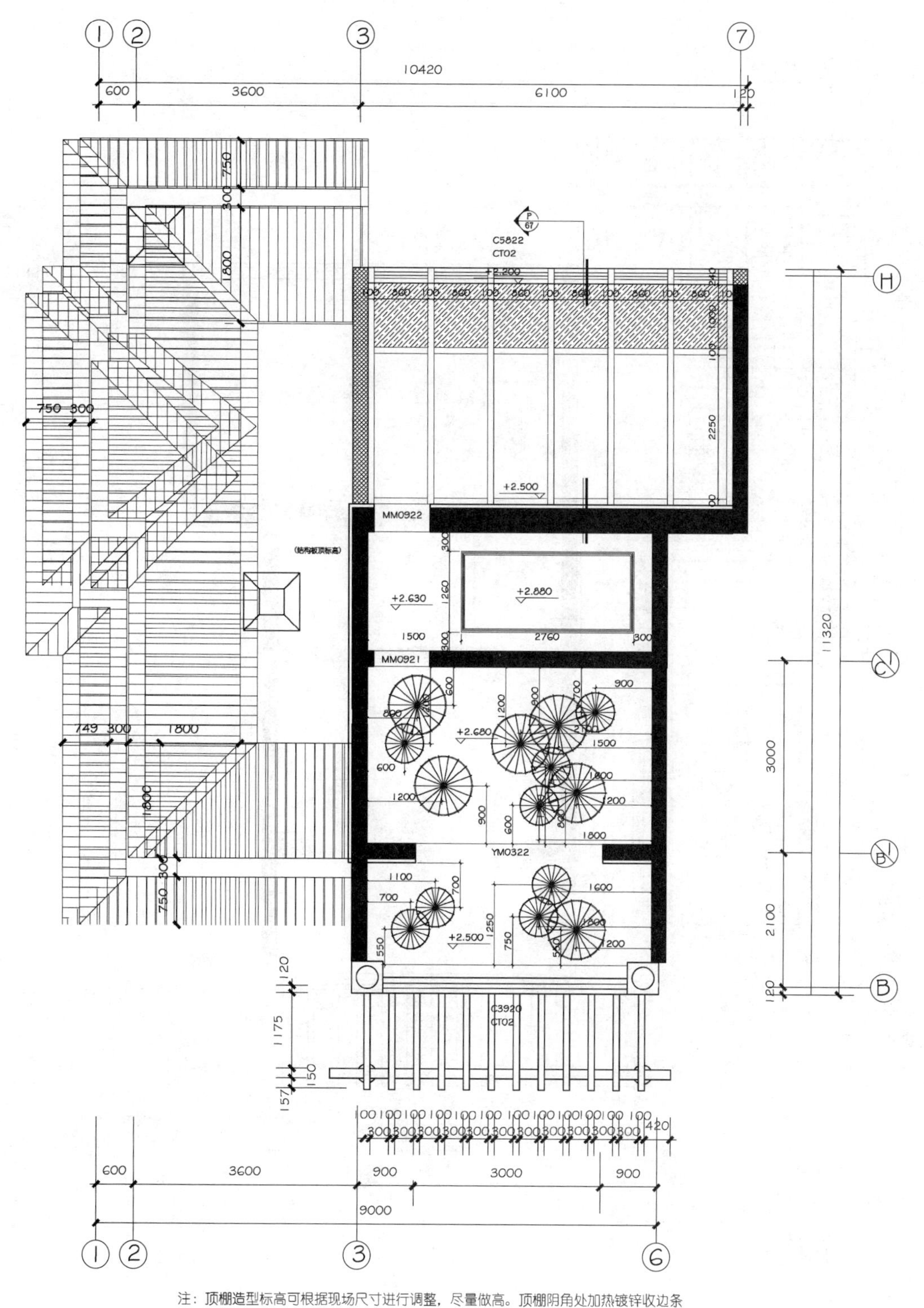

注：顶棚造型标高可根据现场尺寸进行调整，尽量做高。顶棚阴角处加热镀锌收边条

吴先生雅宅 阁楼顶棚造型图

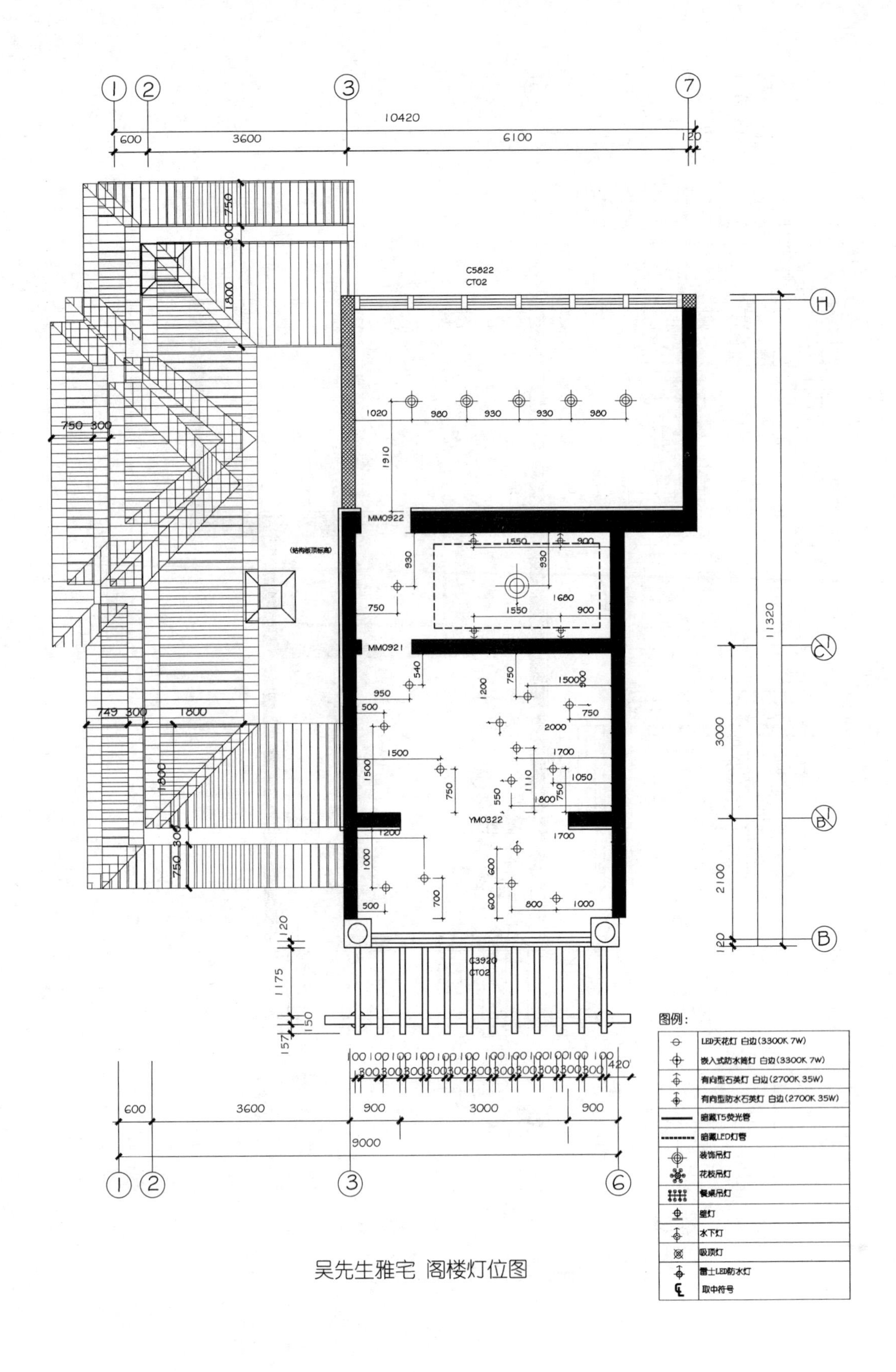
10420
600
3600
6100
120
C5822
CT02
MM0922
MM0921
YM0322
C3920
CT02
(结构板顶标高)
11320
3000
2100
9000
图例:
LED天花灯 白边(3300K 7W)
嵌入式防水筒灯 白边(3300K 7W)
有向型石英灯 白边(2700K 35W)
有向型防水石英灯 白边(2700K 35W)
暗藏T5荧光管
暗藏LED灯管
装饰吊灯
花枝吊灯
餐桌吊灯
壁灯
水下灯
吸顶灯
雷士LED防水灯
取中符号

吴先生雅宅 阁楼灯位图

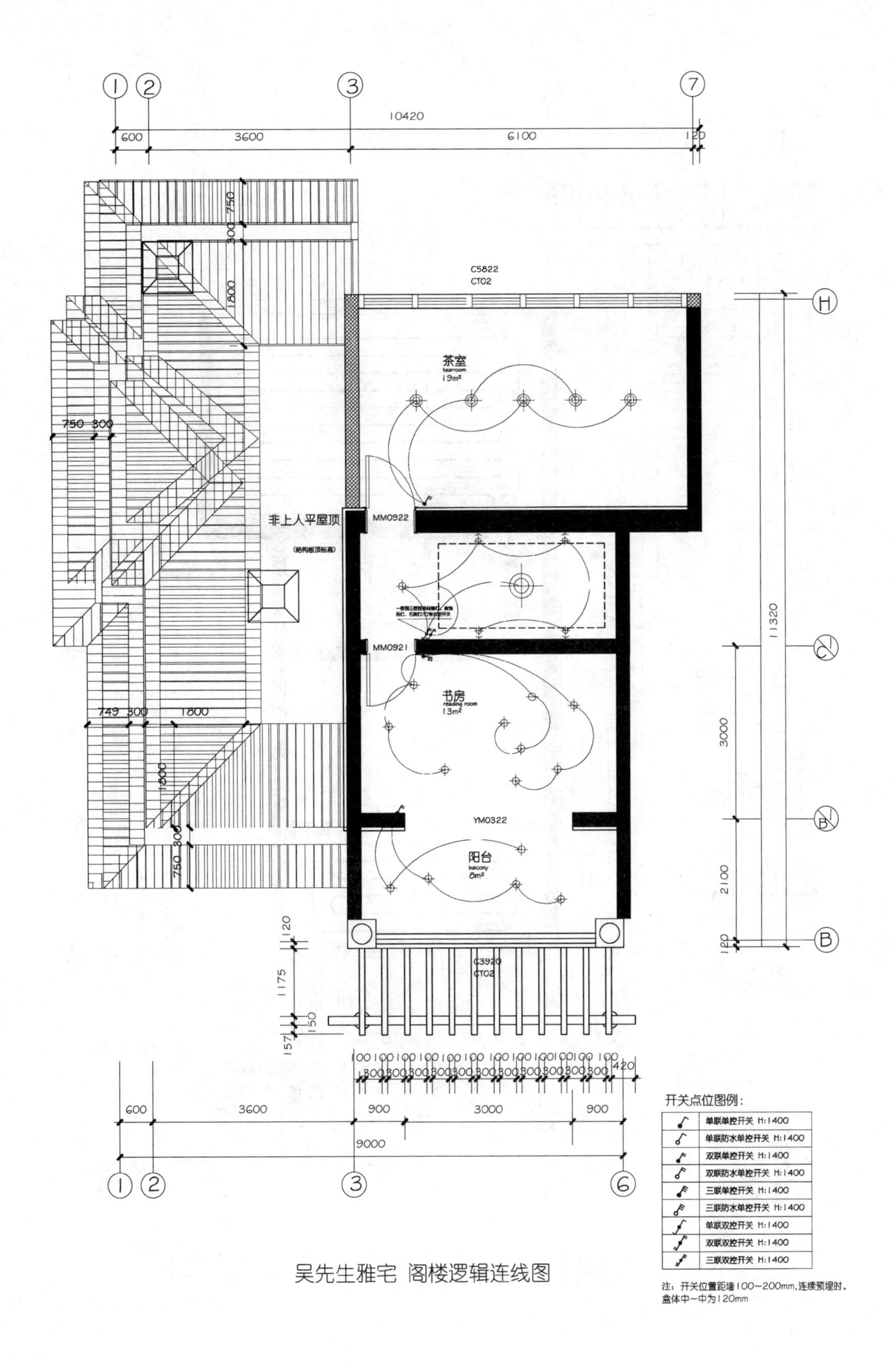

吴先生雅宅 阁楼逻辑连线图

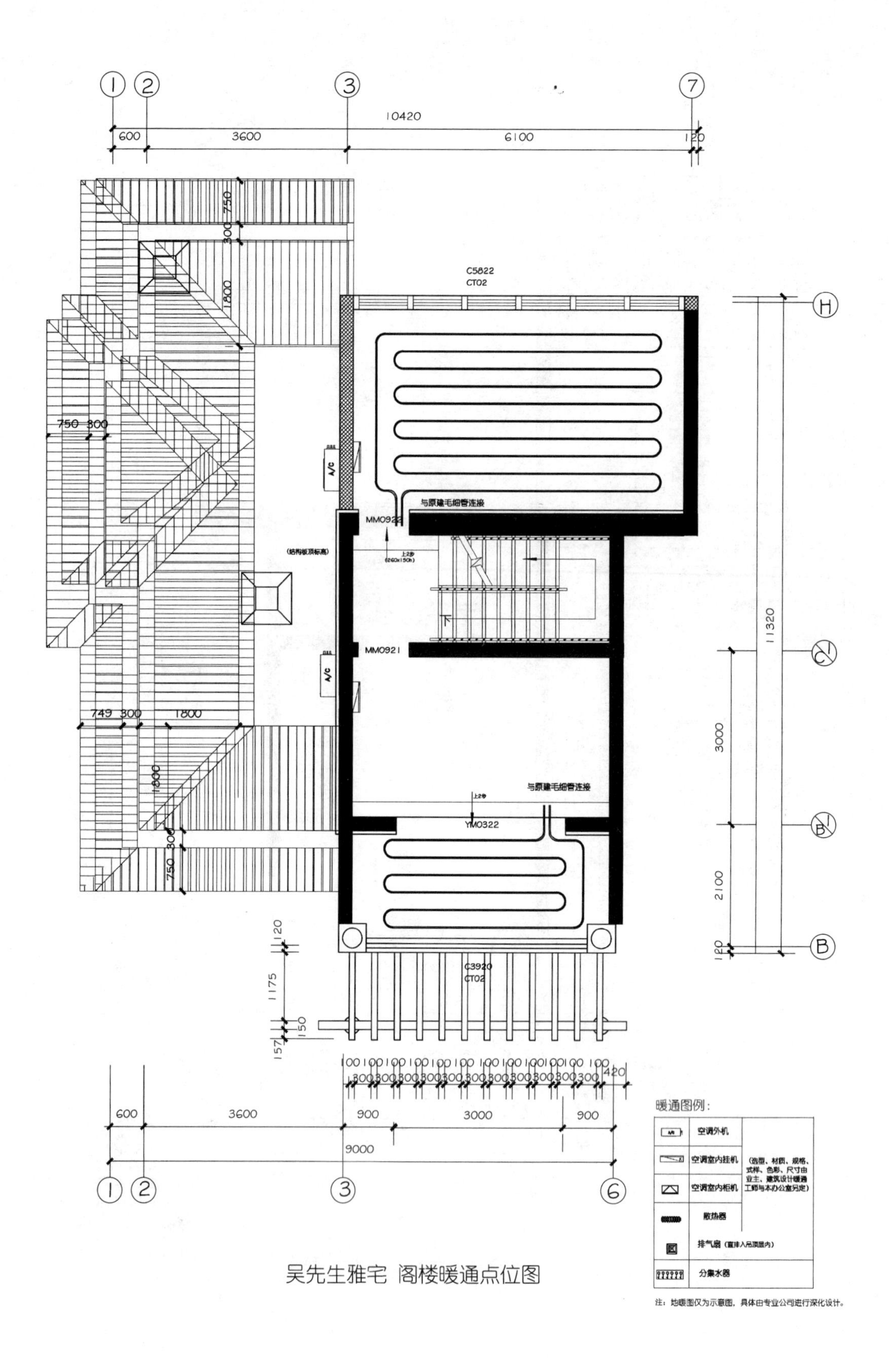

吴先生雅宅 阁楼暖通点位图

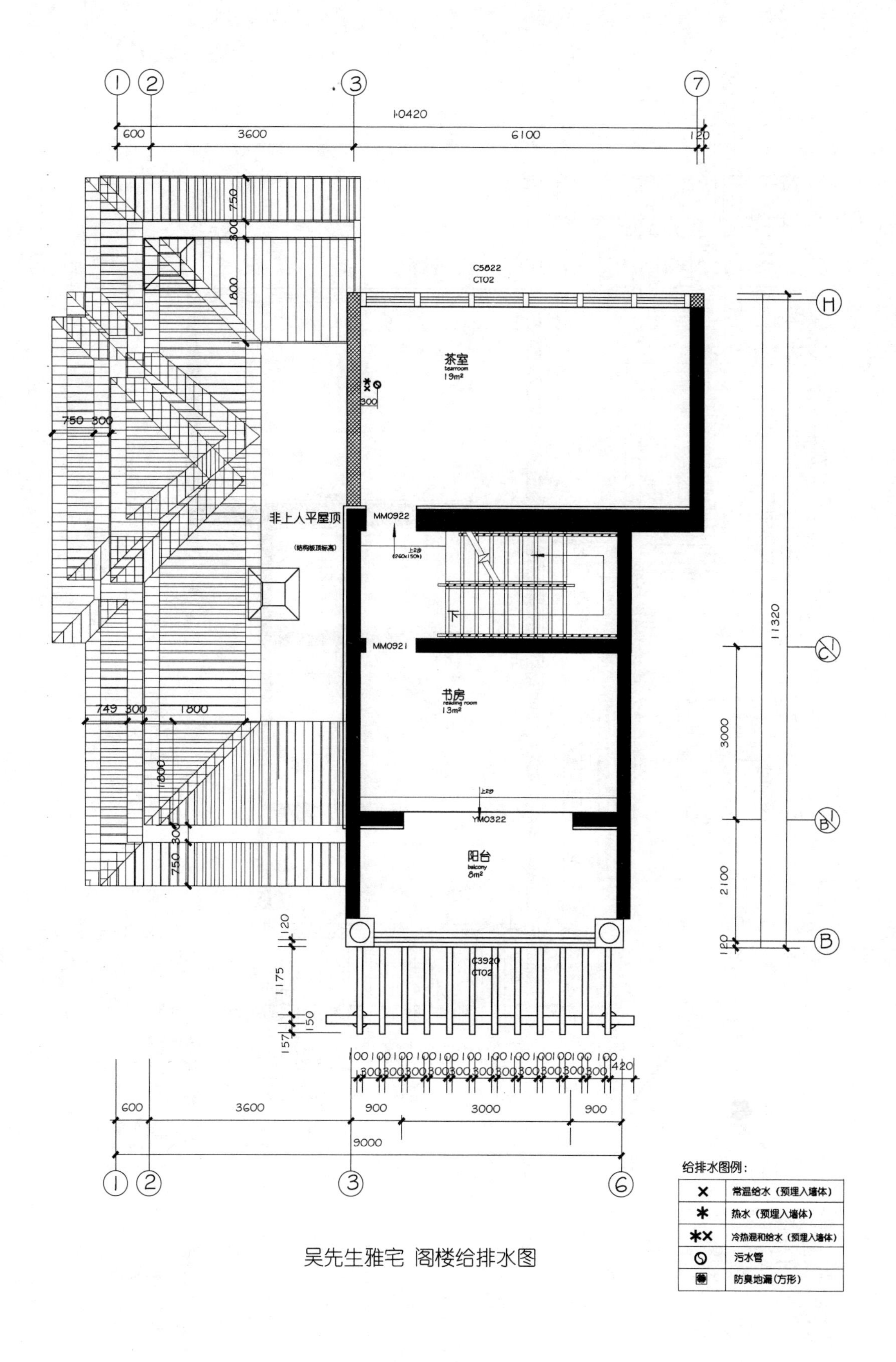

吴先生雅宅 阁楼给排水图

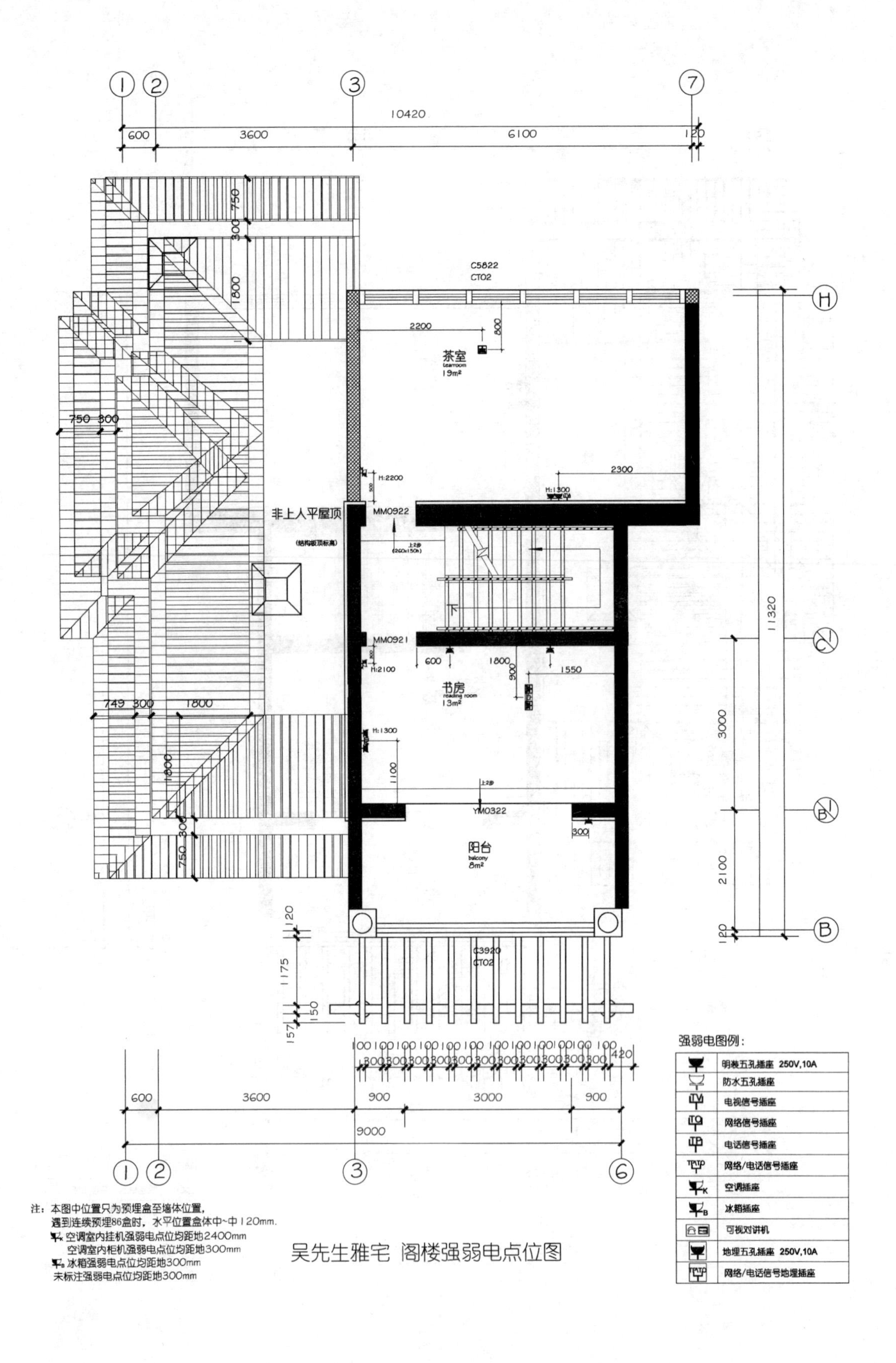

10420
600
3600
6100
120
C5822
CT02
2200
800
茶室
tearoom
19m²
2300
H:2200
H:1300
非上人平屋顶
(结构板顶标高)
MM0922
上2步
(260x150h)
下
MM0921
H:2100
600
1800
900
1550
书房
reading room
13m²
H:1300
1100
上2步
YM0322
300
阳台
balcony
8m²
C3920
CT02
750 300
749 300 1800
750
300
1800
1800
300
750
11320
3000
2100
120
1175
150
157
420
600
3600
900
3000
900
9000
强弱电图例:
明装五孔插座 250V,10A
防水五孔插座
电视信号插座
网络信号插座
电话信号插座
网络/电话信号插座
空调插座
冰箱插座
可视对讲机
地埋五孔插座 250V,10A
网络/电话信号地埋插座
注：本图中位置只为预埋盒至墙体位置,
遇到连续预埋86盒时，水平位置盒体中~中120mm.
空调室内挂机强弱电点位均距地2400mm
空调室内柜机强弱电点位均距地300mm
冰箱强弱电点位均距地300mm
未标注强弱电点位均距地300mm
吴先生雅宅 阁楼强弱电点位图

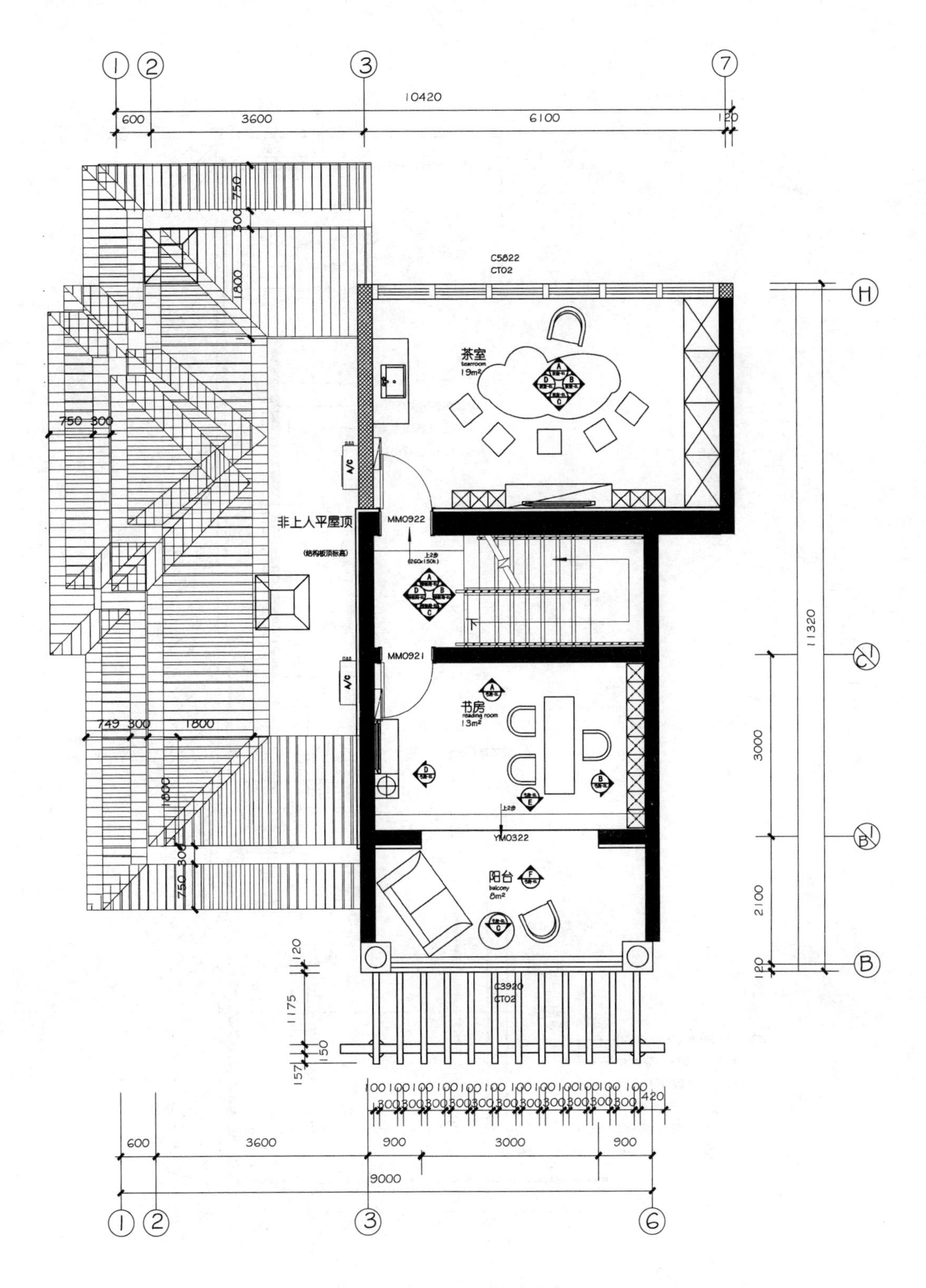

吴先生雅宅 阁楼立面索引图

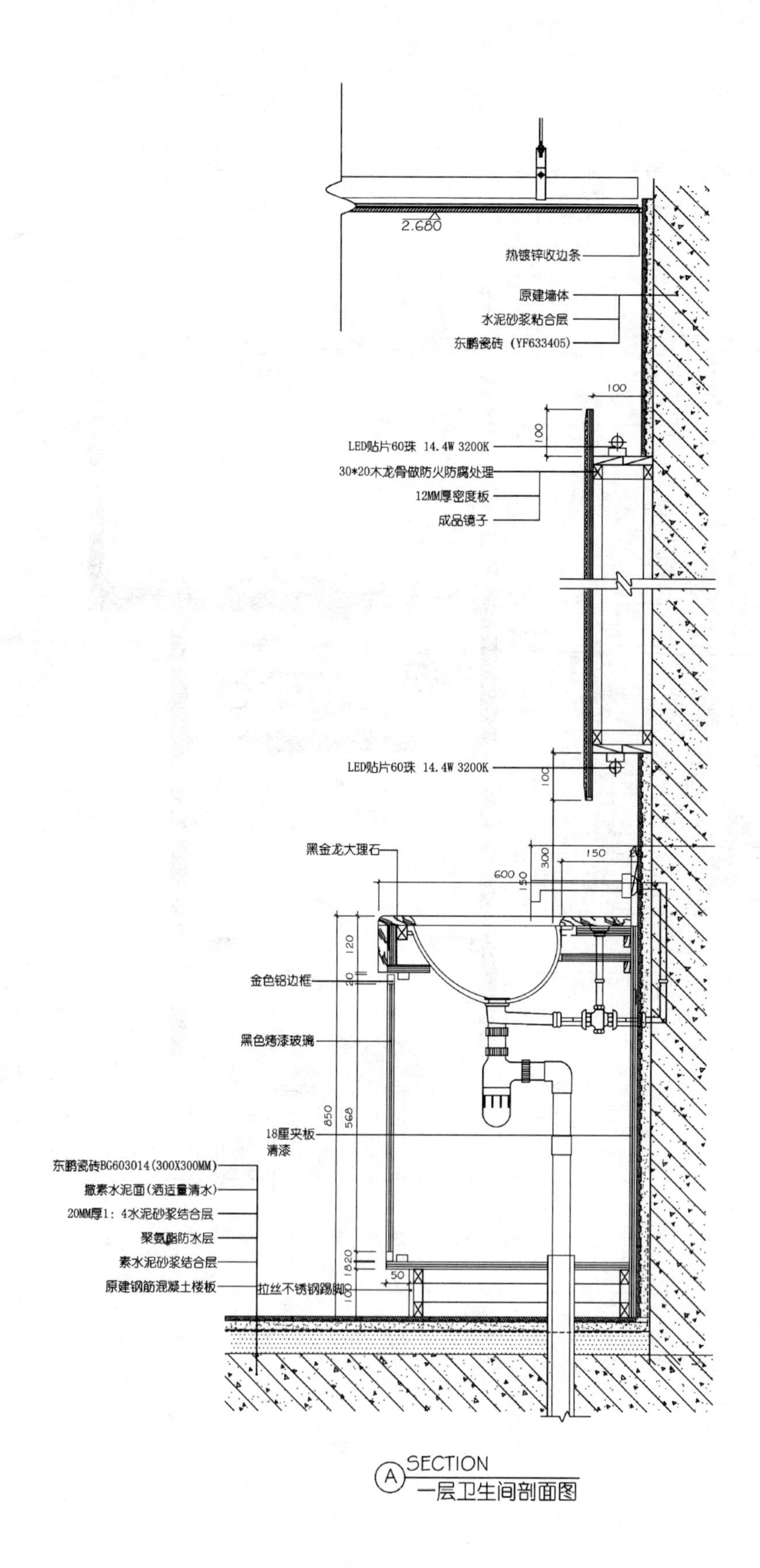

A SECTION
一层卫生间剖面图

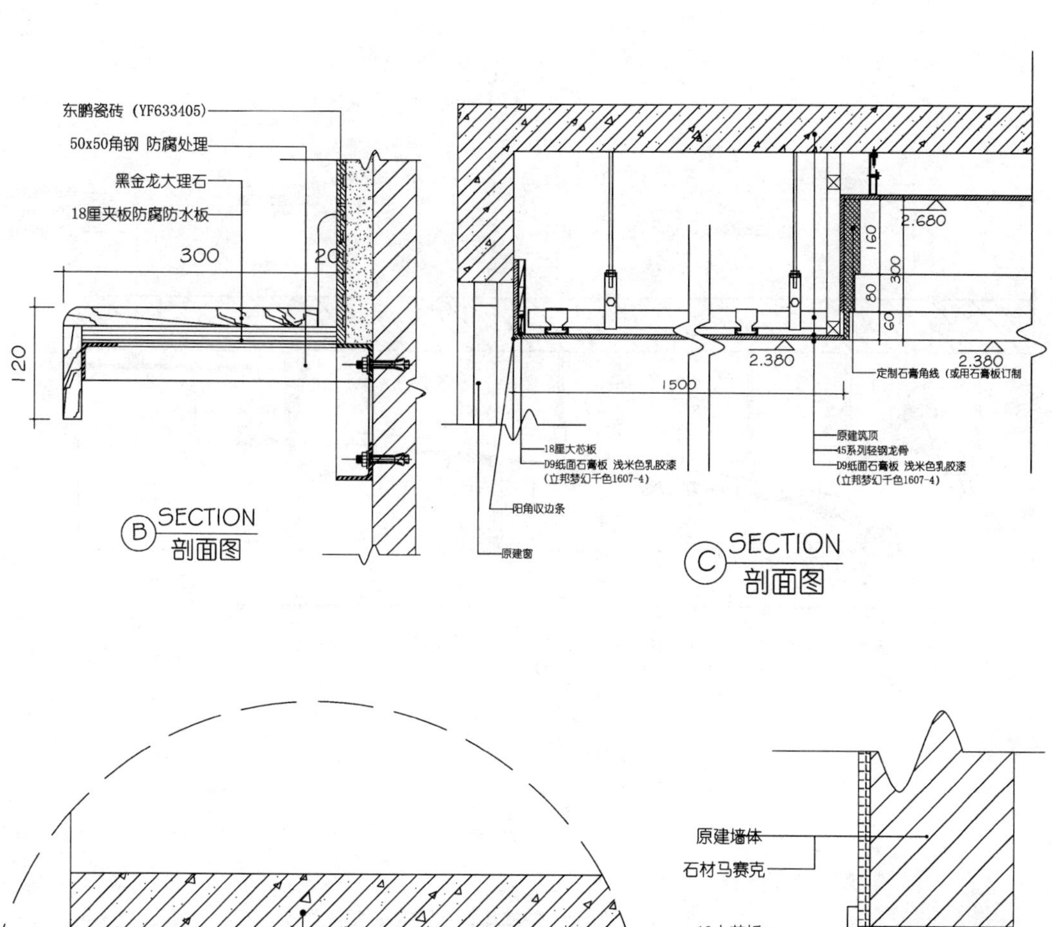
东鹏瓷砖（YF633405）
50x50角钢 防腐处理
黑金龙大理石
18厘夹板防腐防水板
300
20
120
B SECTION
剖面图
2.680
160
300
80
60
2.380
2.380
定制石膏角线（或用石膏板订制）
1500
18厘大芯板
D9纸面石膏板 浅米色乳胶漆
(立邦梦幻千色1607-4)
阳角收边条
原建窗
原建筑顶
45系列轻钢龙骨
D9纸面石膏板 浅米色乳胶漆
(立邦梦幻千色1607-4)
C SECTION
剖面图

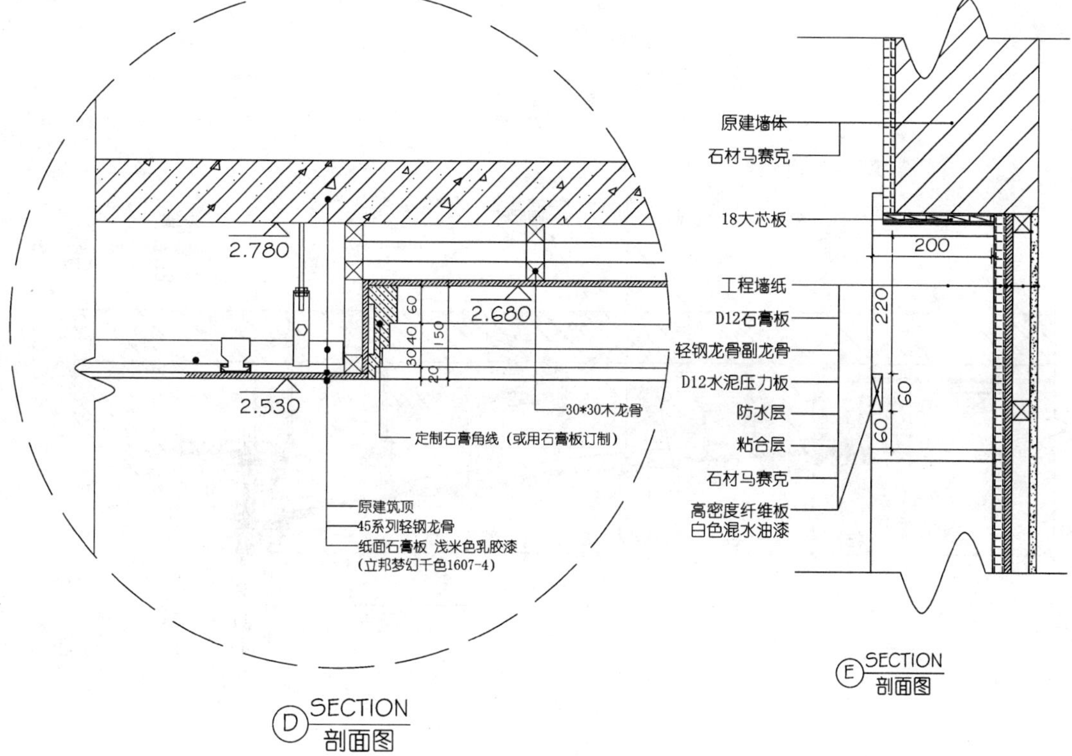
2.780
2.680
60
40
30
20
150
2.530
30*30木龙骨
定制石膏角线（或用石膏板订制）
原建筑顶
45系列轻钢龙骨
纸面石膏板 浅米色乳胶漆
(立邦梦幻千色1607-4)
D SECTION
剖面图
原建墙体
石材马赛克
18大芯板
200
工程墙纸
220
D12石膏板
轻钢龙骨副龙骨
D12水泥压力板
60
60
防水层
粘合层
石材马赛克
高密度纤维板
白色混水油漆
E SECTION
剖面图

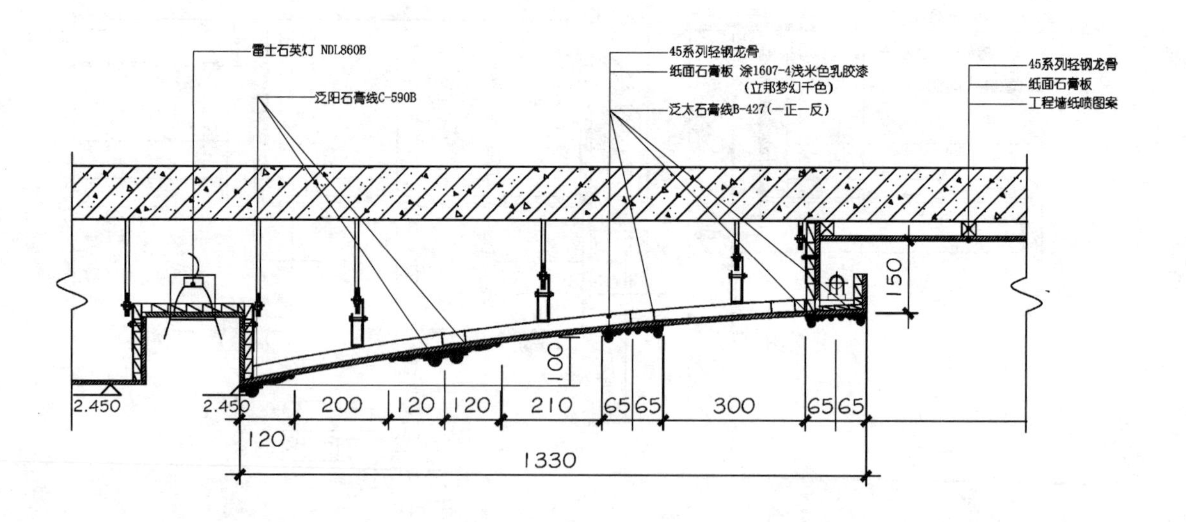

雷士石英灯 NDL860B
泛阳石膏线C-590B
45系列轻钢龙骨
纸面石膏板 涂1607-4浅米色乳胶漆
(立邦梦幻千色)
泛太石膏线B-427(一正一反)
45系列轻钢龙骨
纸面石膏板
工程墙纸喷图案
150
100
2.450
2.450
200
120
120
210
65
65
300
65
65
120
1330

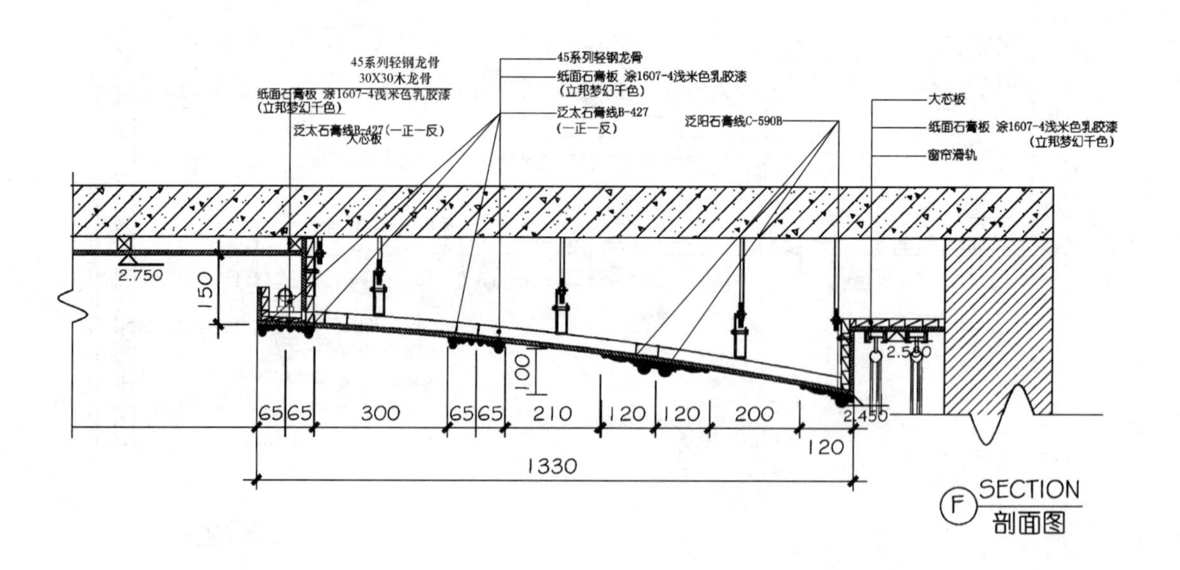

45系列轻钢龙骨
30X30木龙骨
纸面石膏板 涂1607-4浅米色乳胶漆
(立邦梦幻千色)
泛太石膏线B-427(一正一反)
大芯板
45系列轻钢龙骨
纸面石膏板 涂1607-4浅米色乳胶漆
(立邦梦幻千色)
泛太石膏线B-427
(一正一反)
泛阳石膏线C-590B
大芯板
纸面石膏板 涂1607-4浅米色乳胶漆
(立邦梦幻千色)
窗帘滑轨
2.750
150
100
2.550
2.450
65
65
300
65
65
210
120
120
200
120
1330

SECTION
剖面图

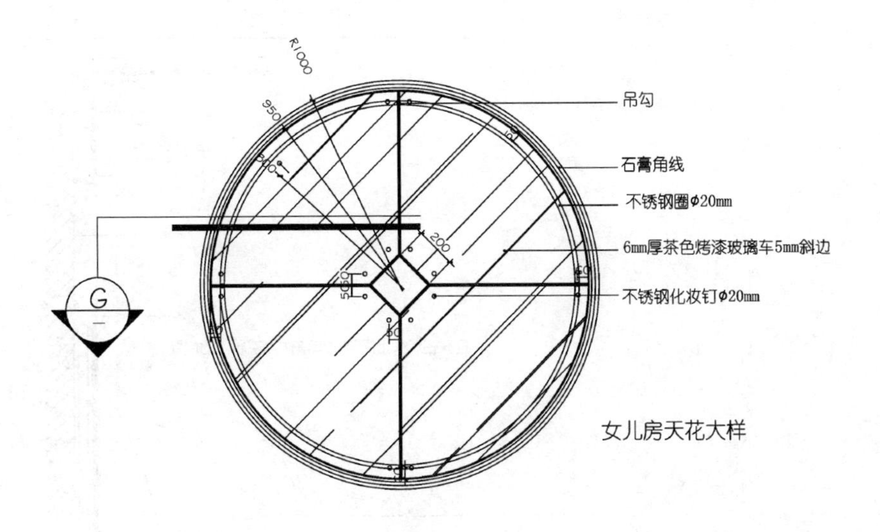
R1000
950
吊勾
石膏角线
不锈钢圈φ20mm
200
6mm厚茶色烤漆玻璃车5mm斜边
不锈钢化妆钉φ20mm
G
女儿房天花大样

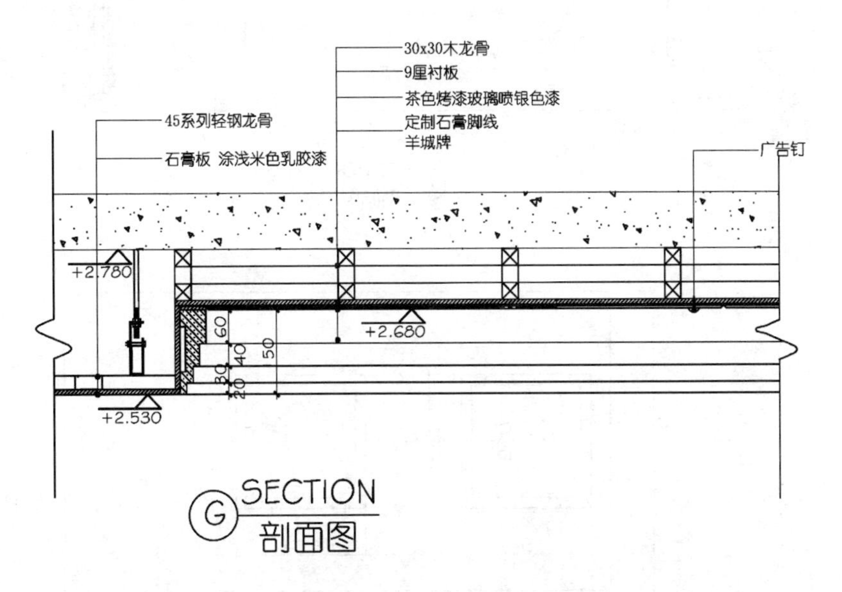
30x30木龙骨
9厘衬板
茶色烤漆玻璃喷银色漆
45系列轻钢龙骨
定制石膏脚线
羊城牌
广告钉
石膏板 涂浅米色乳胶漆
+2.780
+2.680
60
40
50
30
20
+2.530
G SECTION
剖面图

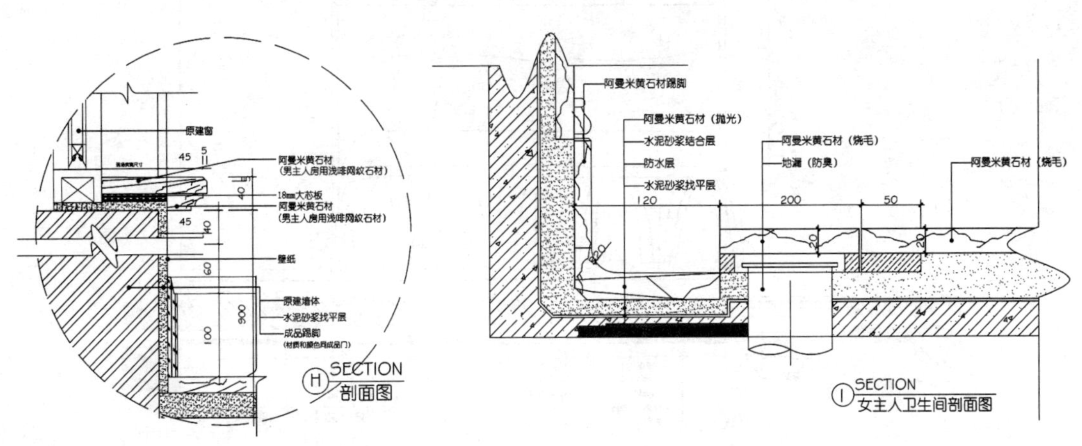
原建窗
45
5
阿曼米黄石材
(男主人房用浅啡网纹石材)
18mm大芯板
阿曼米黄石材
(男主人房用浅啡网纹石材)
40
45
140
壁纸
60
原建墙体
水泥砂浆找平层
成品踢脚
(材质和颜色同成品门)
900
100
H SECTION
剖面图
阿曼米黄石材踢脚
阿曼米黄石材（抛光）
水泥砂浆结合层
防水层
水泥砂浆找平层
阿曼米黄石材（烧毛）
地漏（防臭）
阿曼米黄石材（烧毛）
120
200
50
20
20
I SECTION
女主人卫生间剖面图

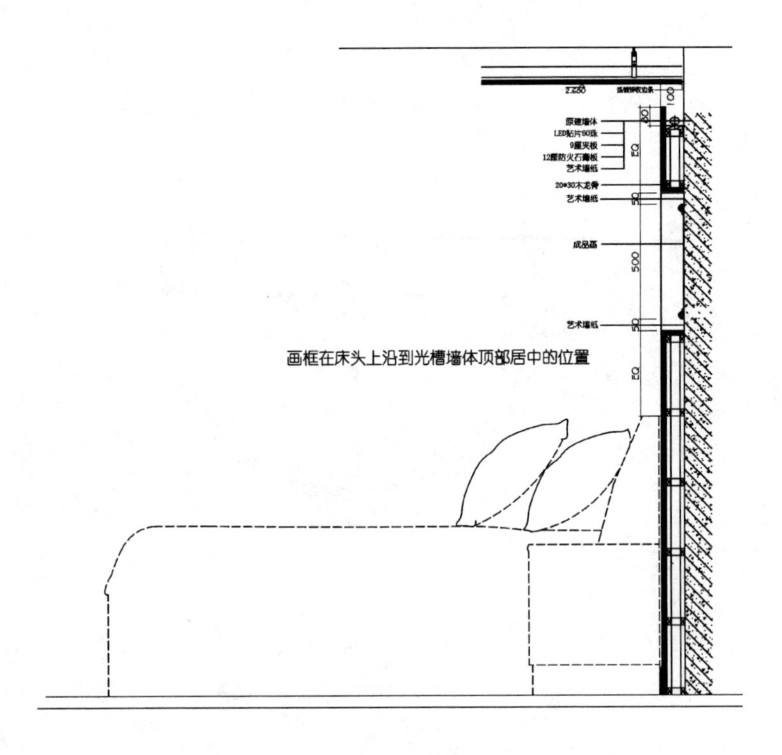

SECTION
剖面图

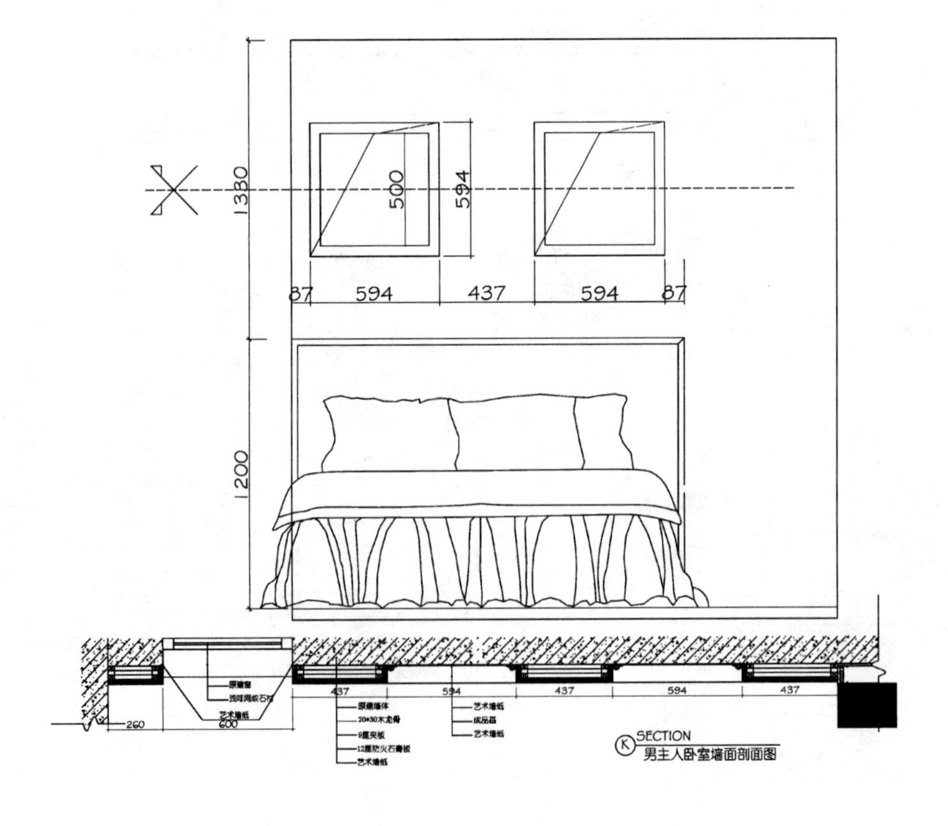

SECTION
男主人卧室墙面剖面图

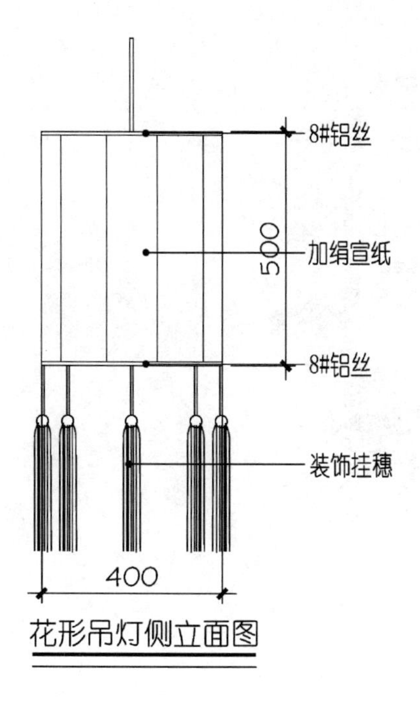

花形吊灯侧立面图

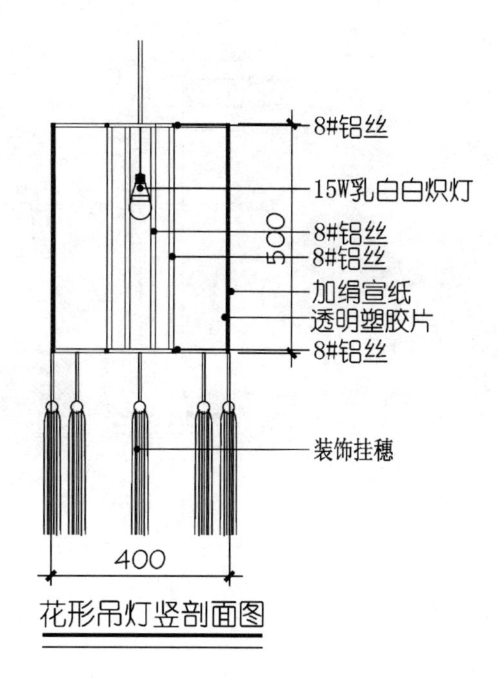

花形吊灯竖剖面图

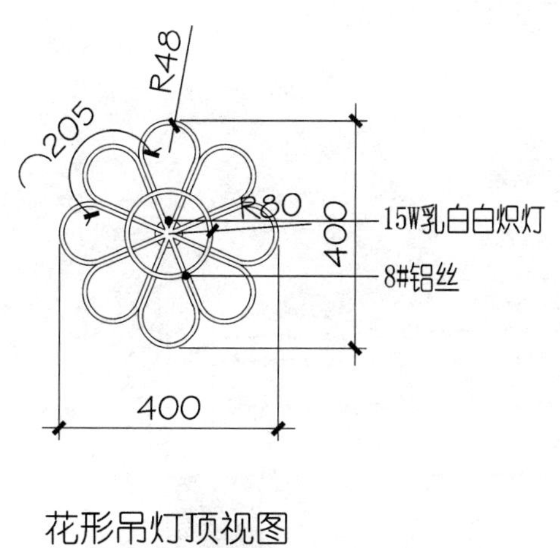

花形吊灯顶视图

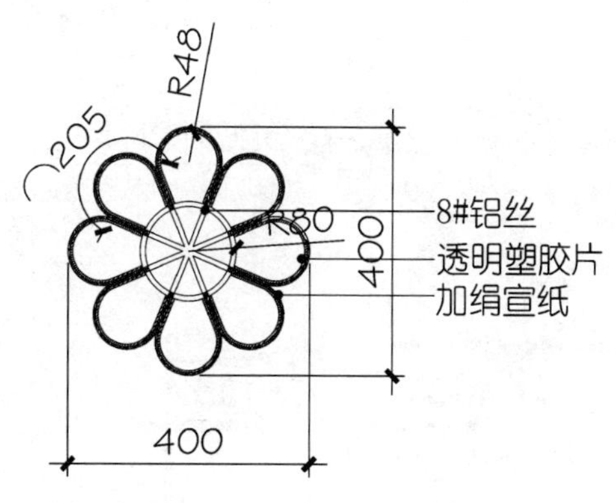

花形吊灯横剖面图

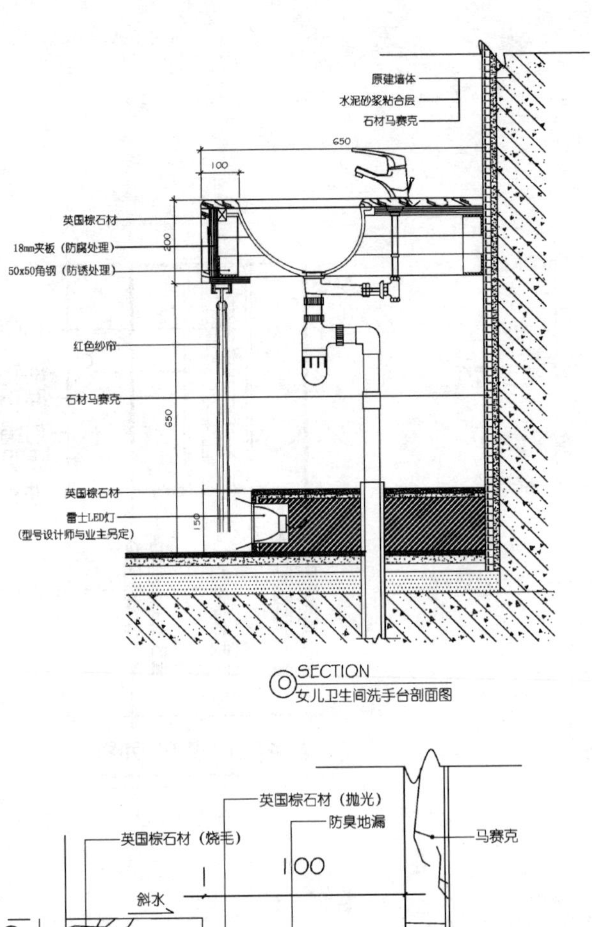

SECTION
女儿卫生间洗手台剖面图

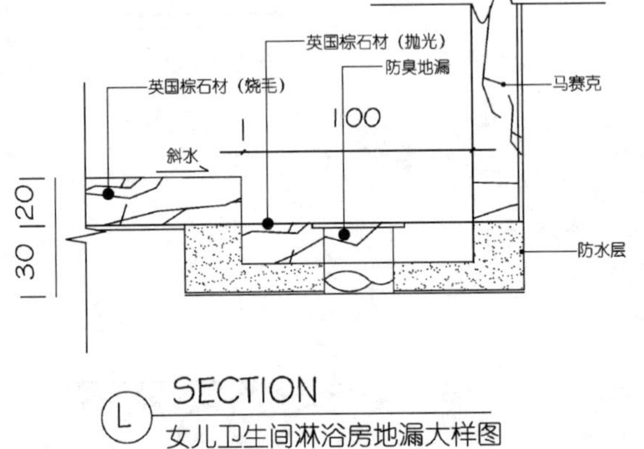

SECTION
女儿卫生间淋浴房地漏大样图

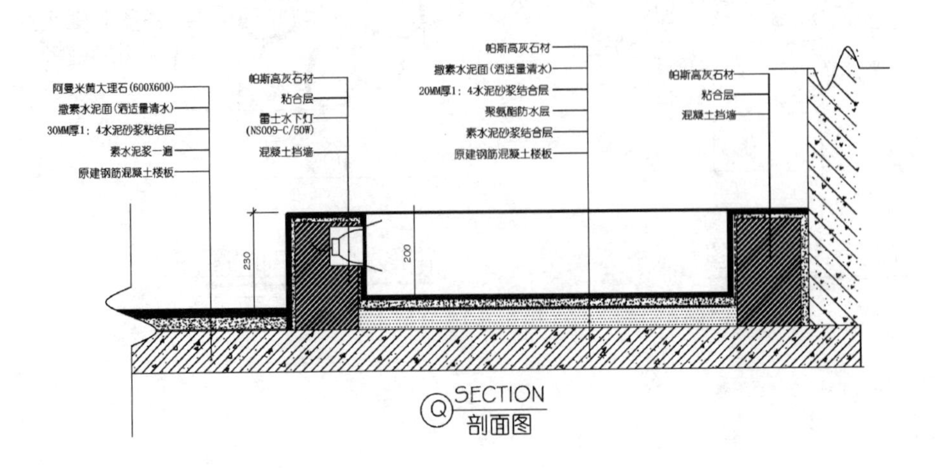

SECTION
剖面图

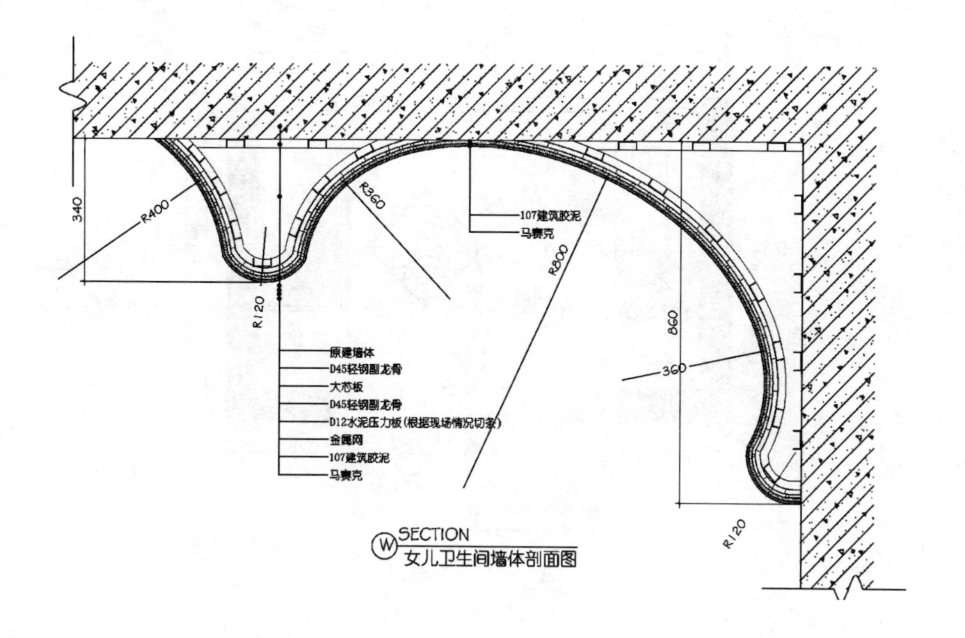

W SECTION 女儿卫生间墙体剖面图

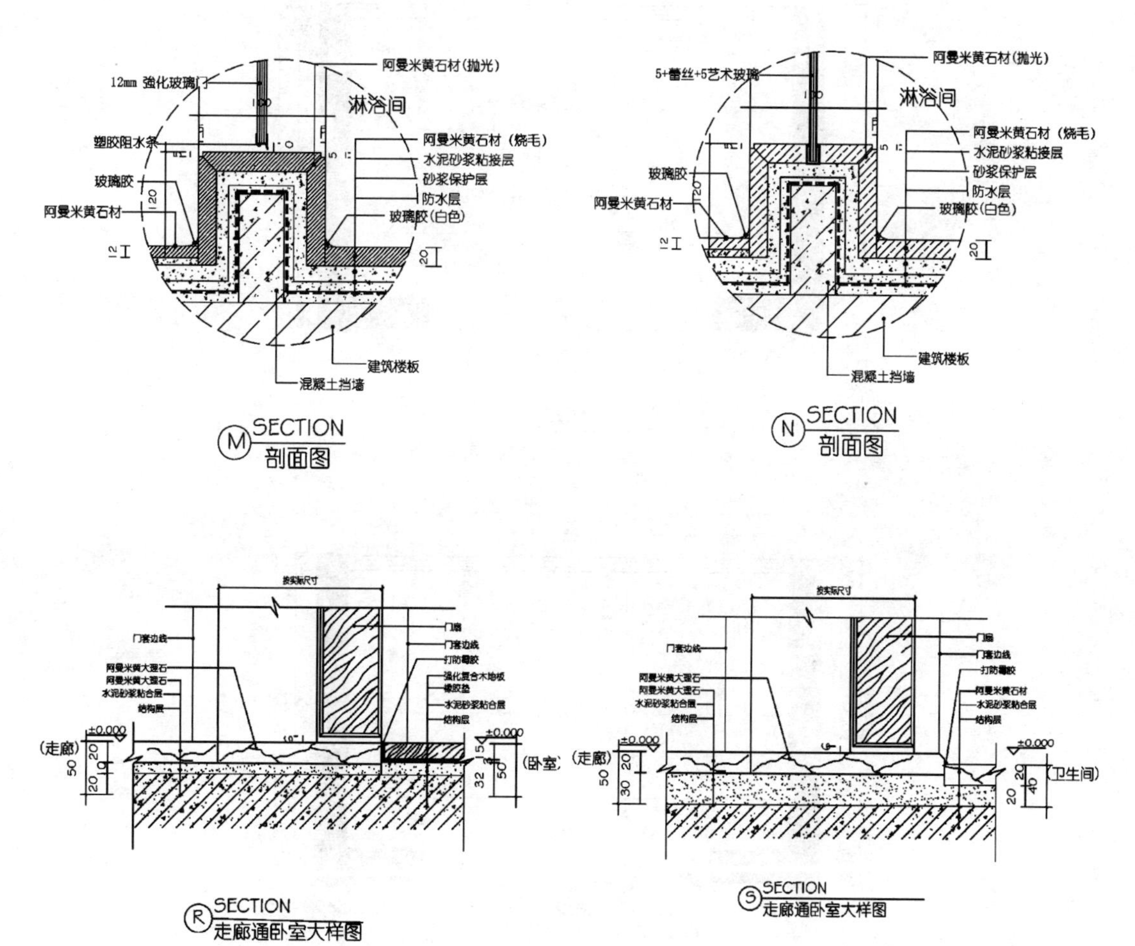

M SECTION 剖面图

N SECTION 剖面图

R SECTION 走廊通卧室大样图

S SECTION 走廊通卧室大样图

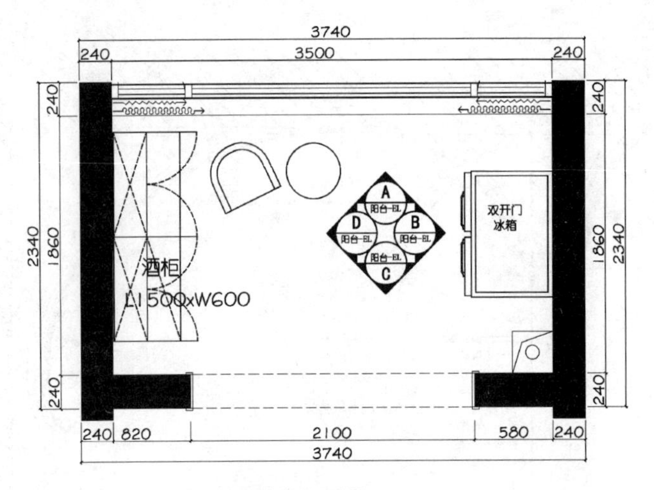

餐厅阳台平面布置图

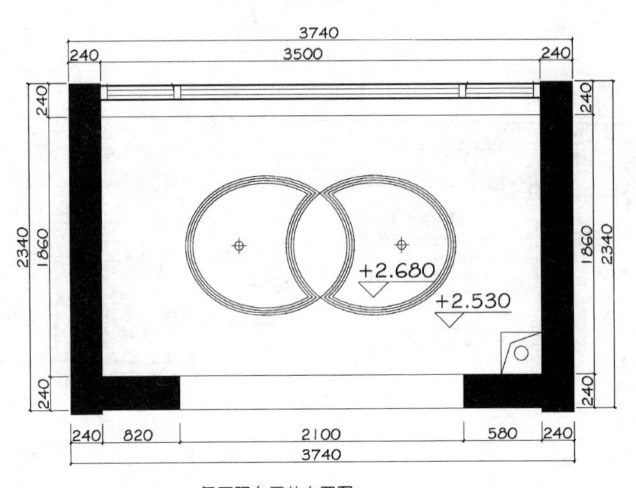

餐厅阳台天花布置图

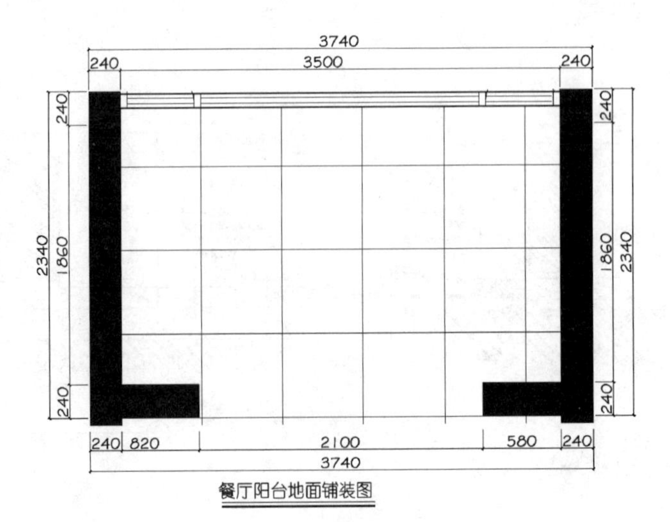

餐厅阳台地面铺装图

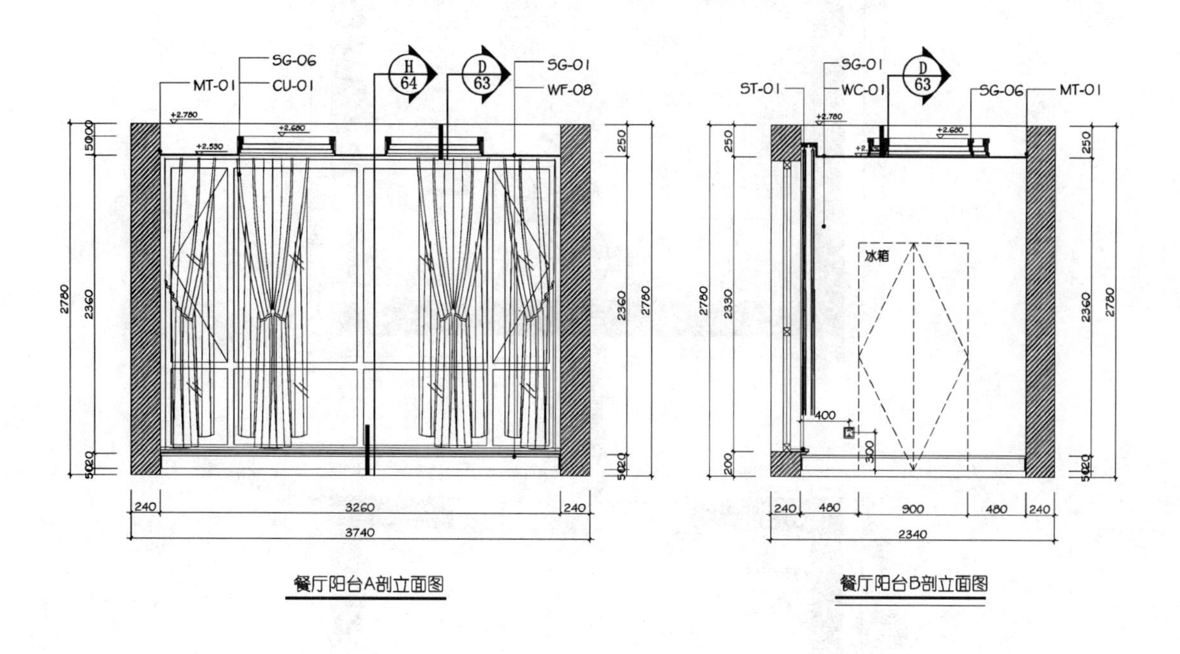

餐厅阳台A剖立面图

餐厅阳台B剖立面图

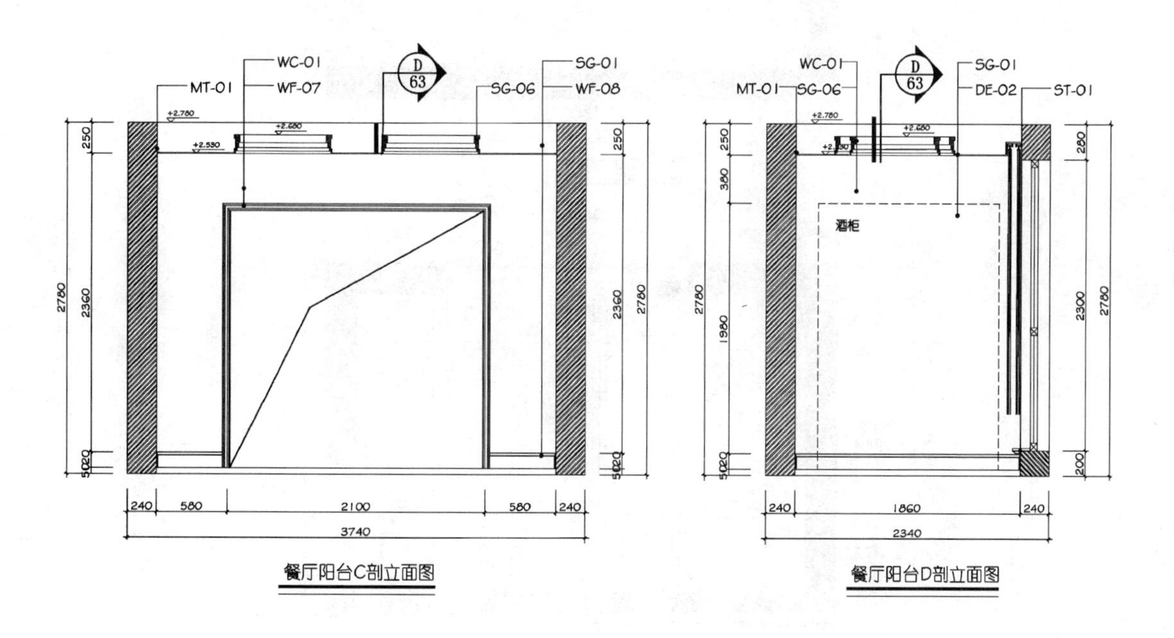

餐厅阳台C剖立面图

餐厅阳台D剖立面图

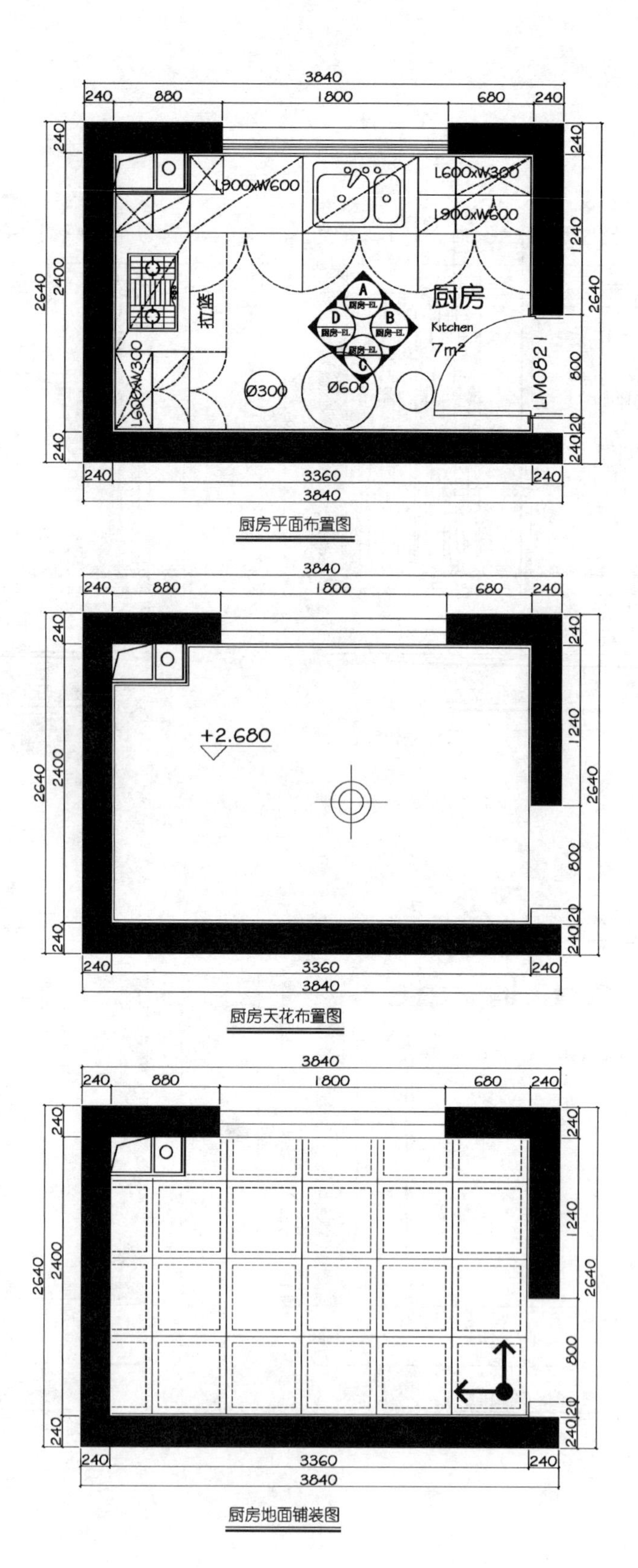

厨房平面布置图

厨房天花布置图

厨房地面铺装图

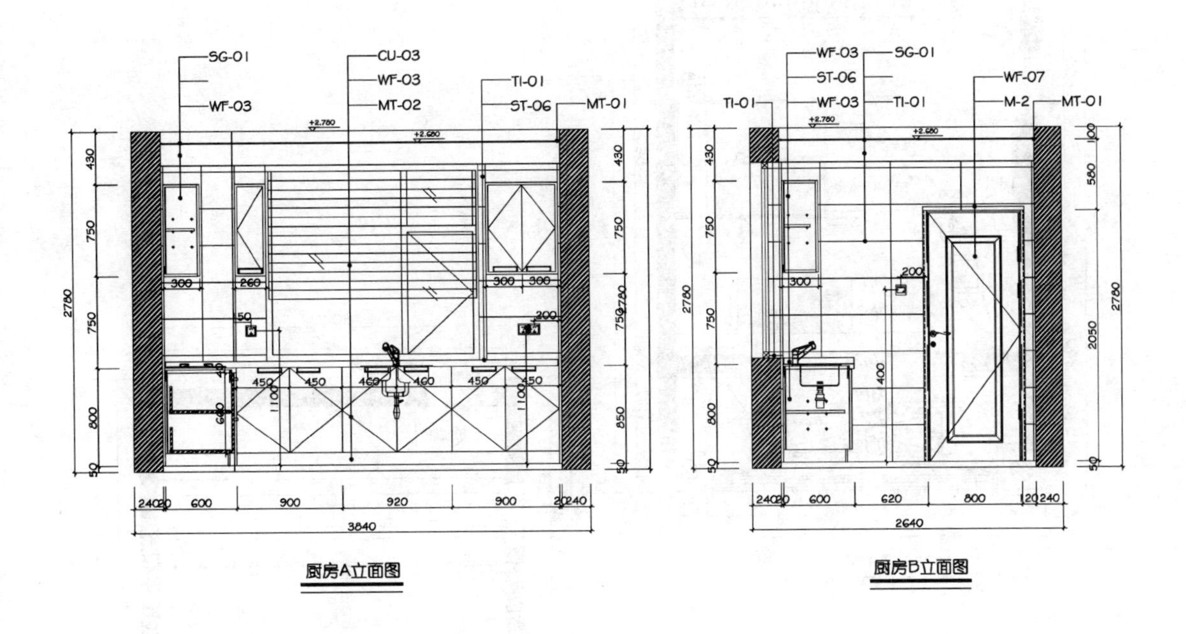

厨房A立面图

厨房B立面图

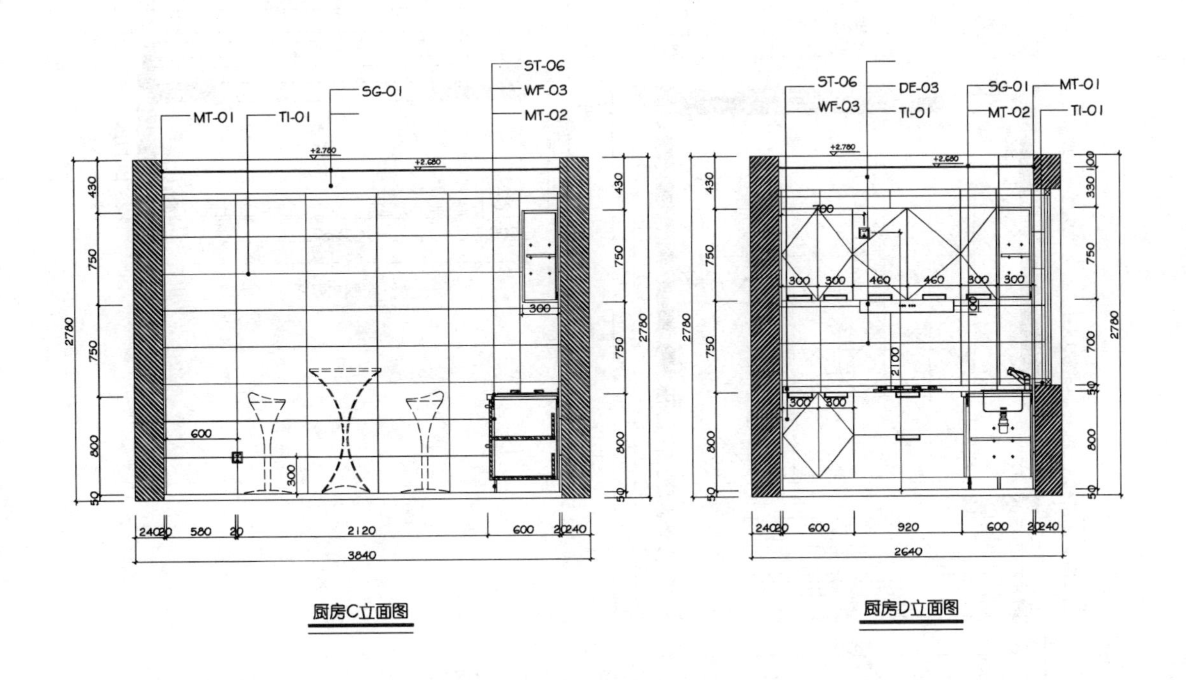

厨房C立面图

厨房D立面图

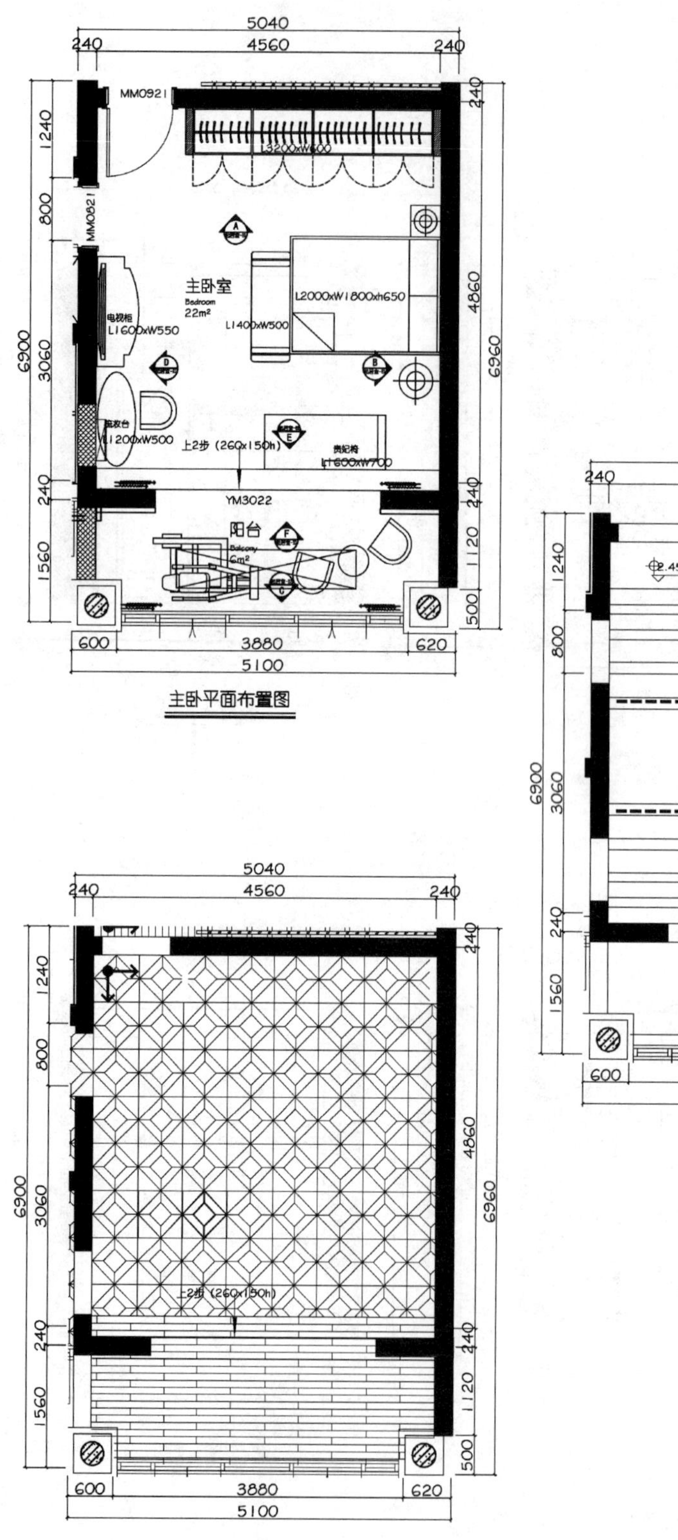

主卧平面布置图

主卧地面铺装图

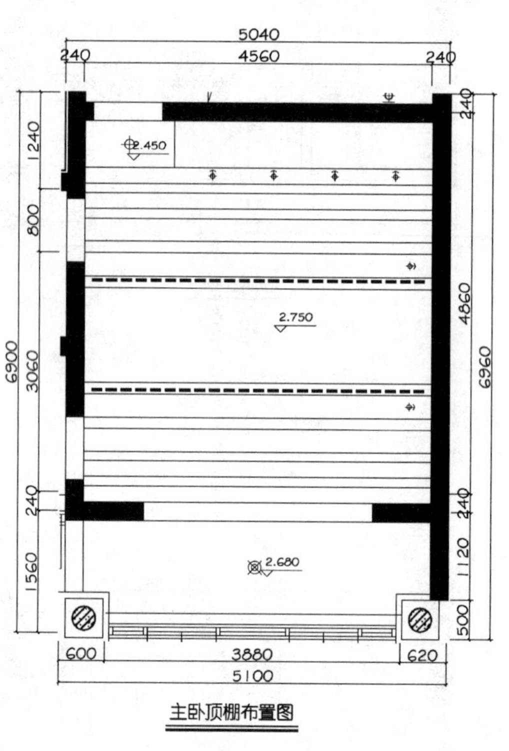

主卧顶棚布置图

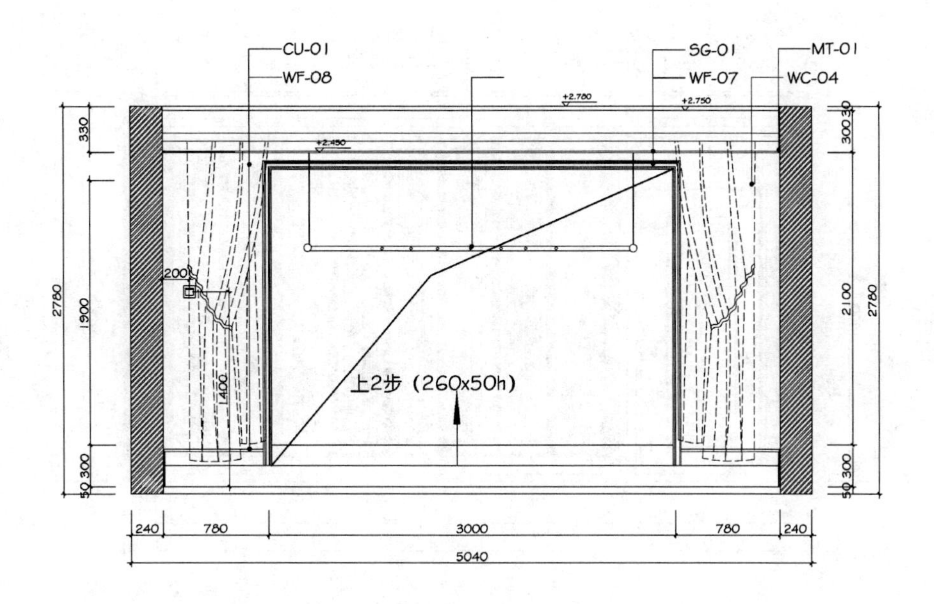

女主人卧室E立面图

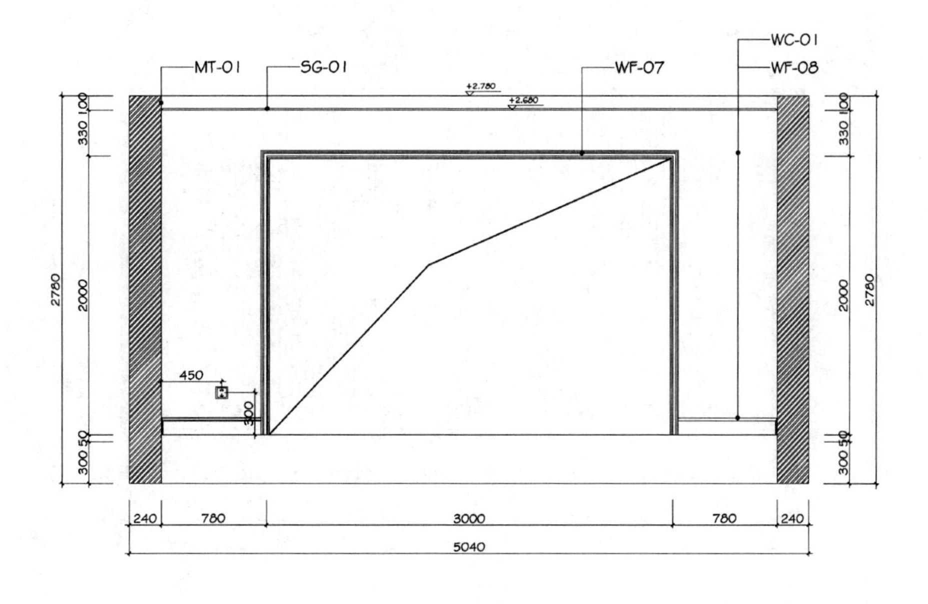

女主人卧室F立面图

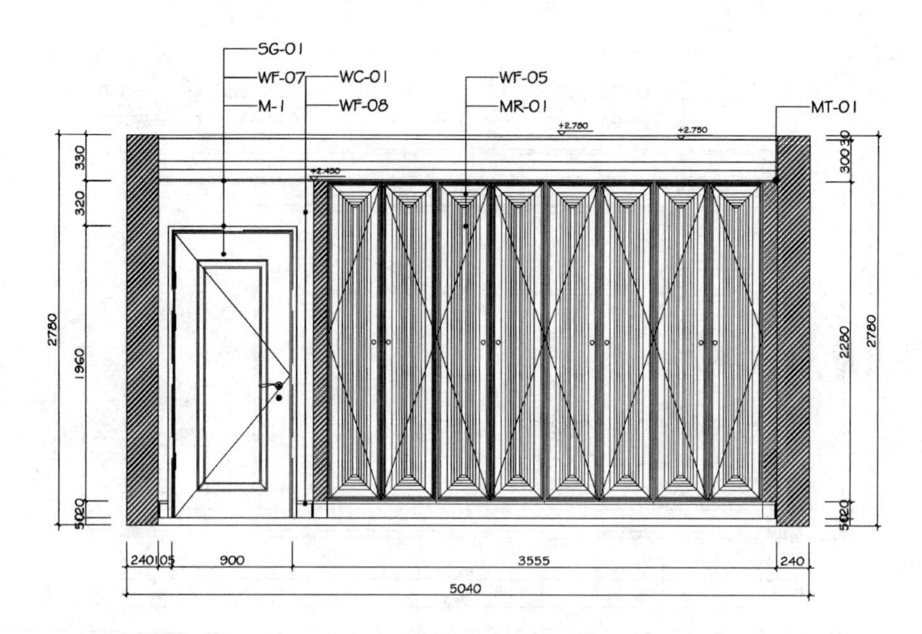

女主人卧室A剖立面图

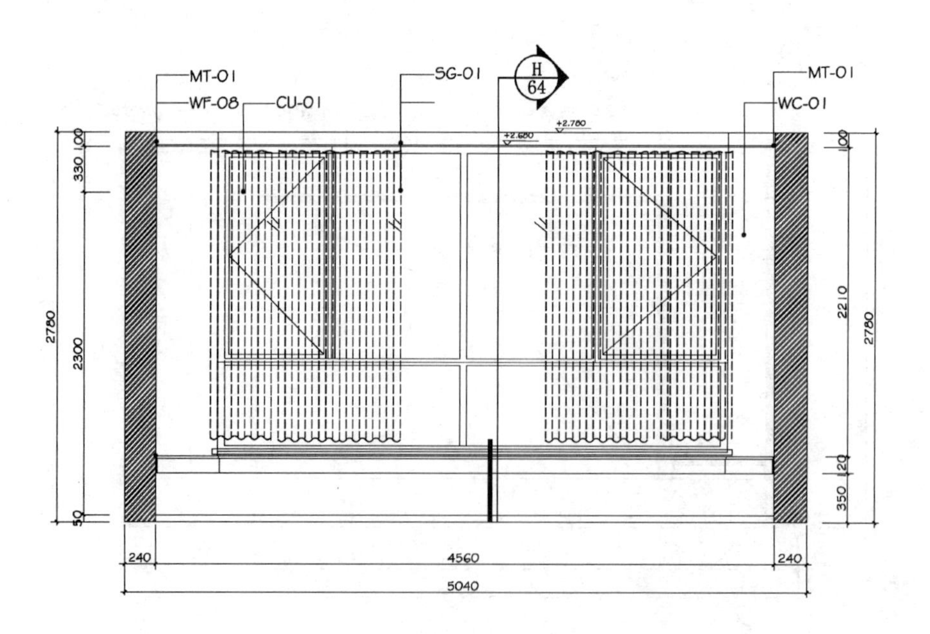

女主人卧室C剖立面图

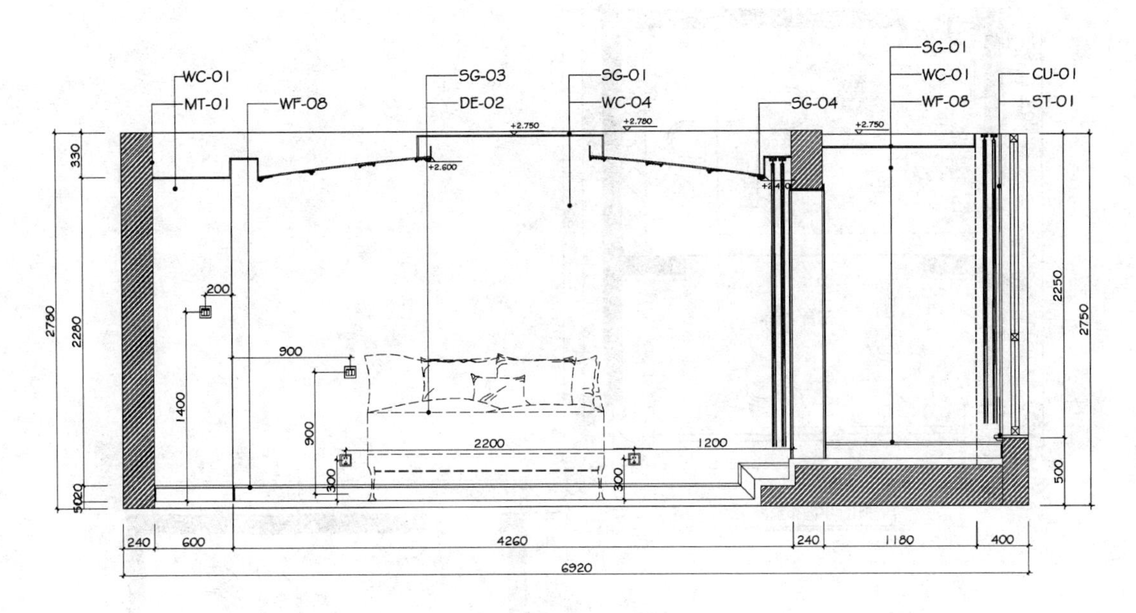

女主人卧室B剖立面图

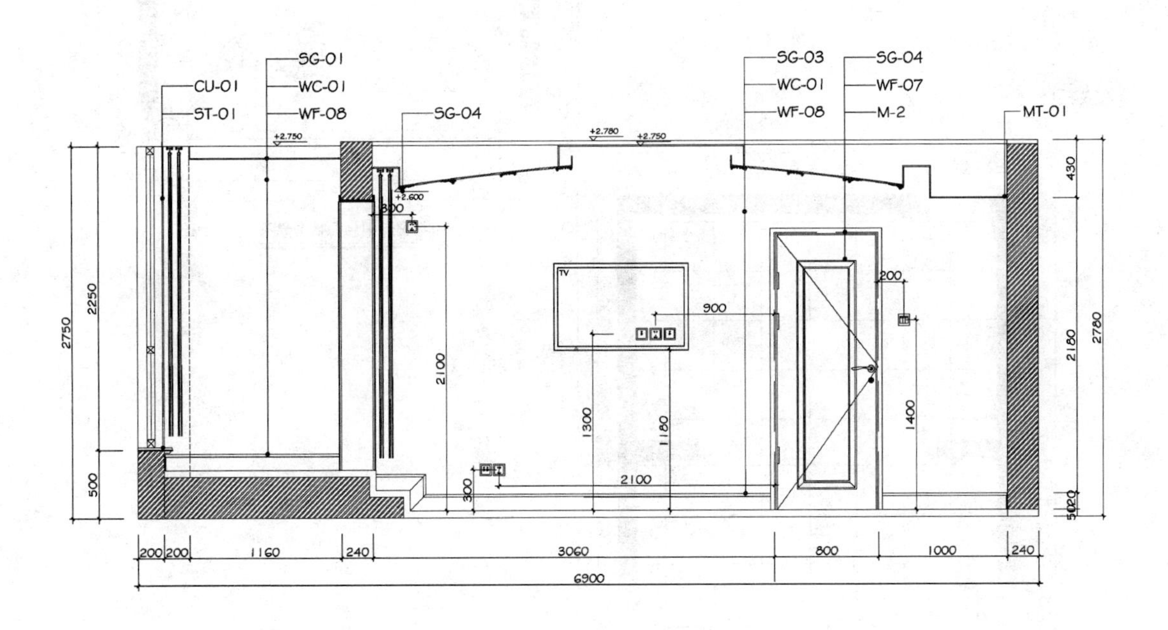

女主人卧室D剖立面图

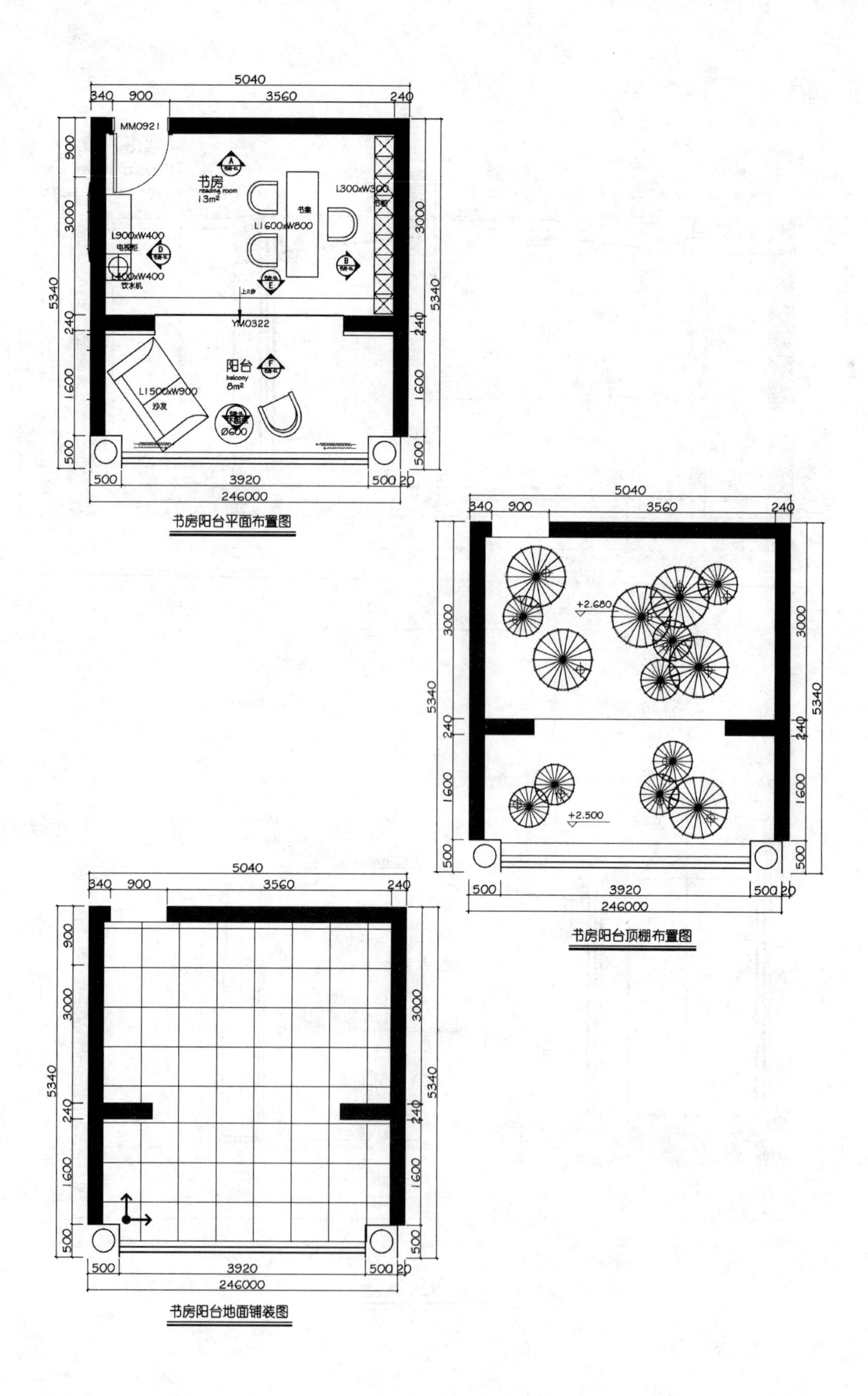

书房阳台平面布置图

书房阳台顶棚布置图

书房阳台地面铺装图

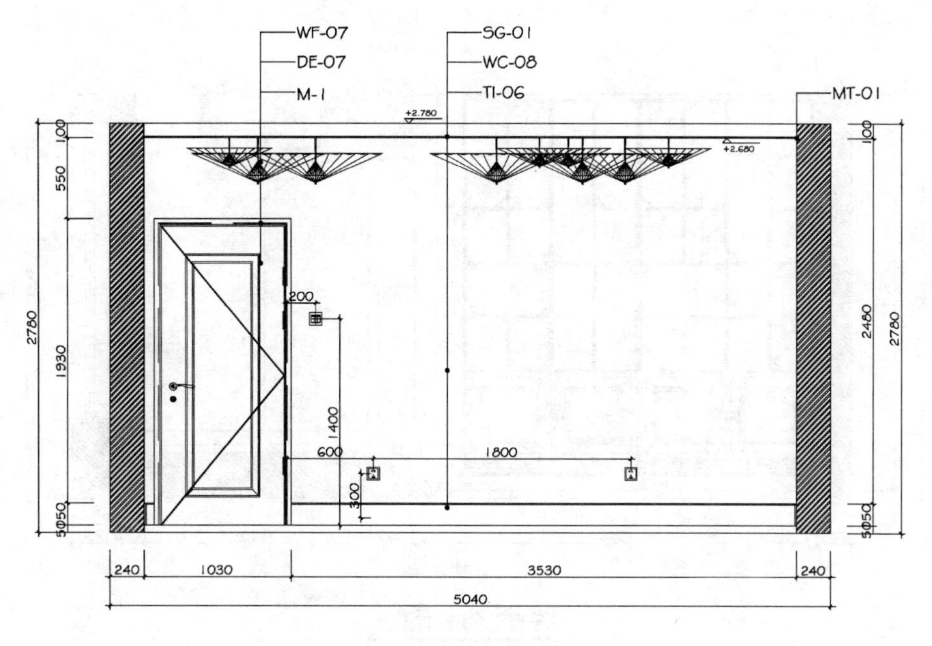

书房阳台A剖立面图

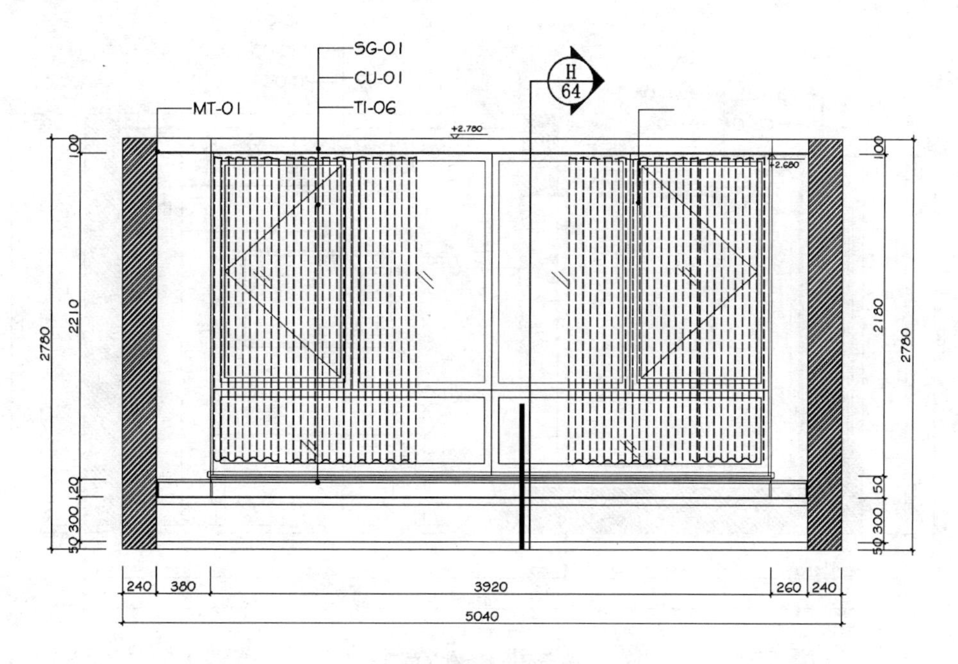

书房阳台C剖立面图

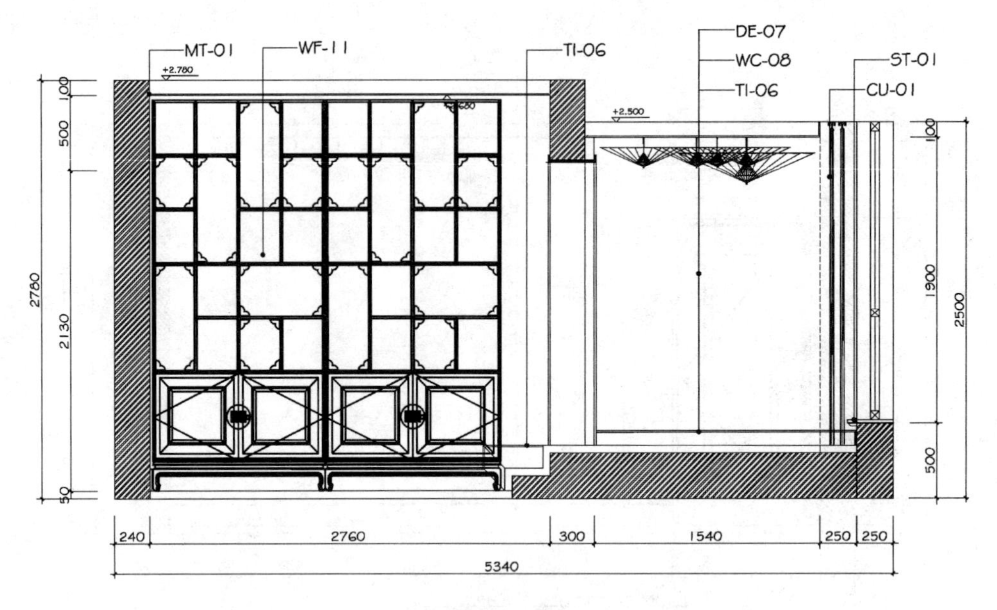

书房阳台B剖立面图

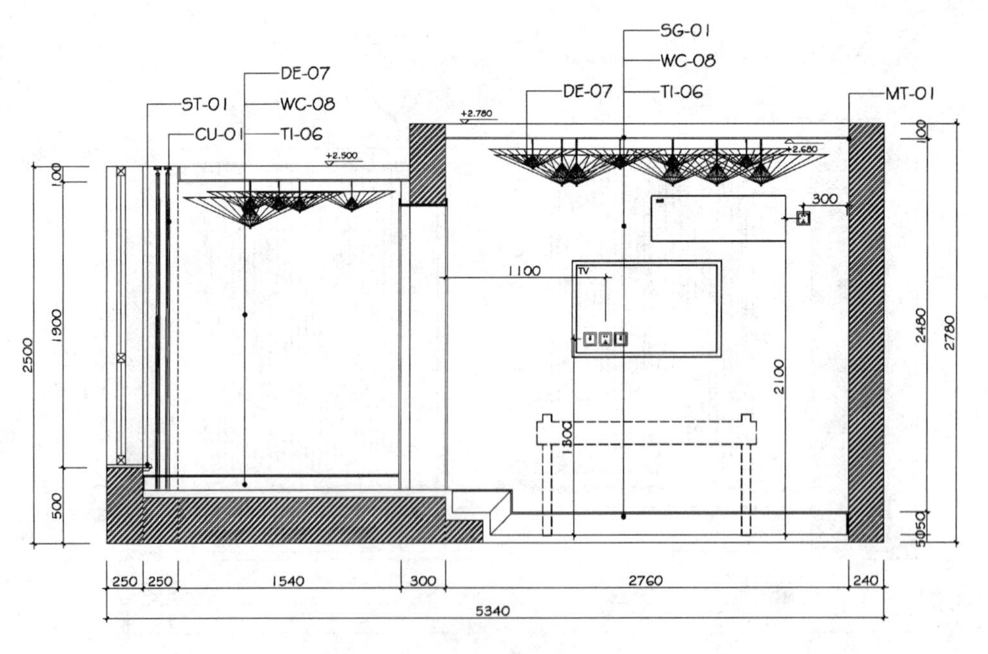

书房阳台D剖立面图

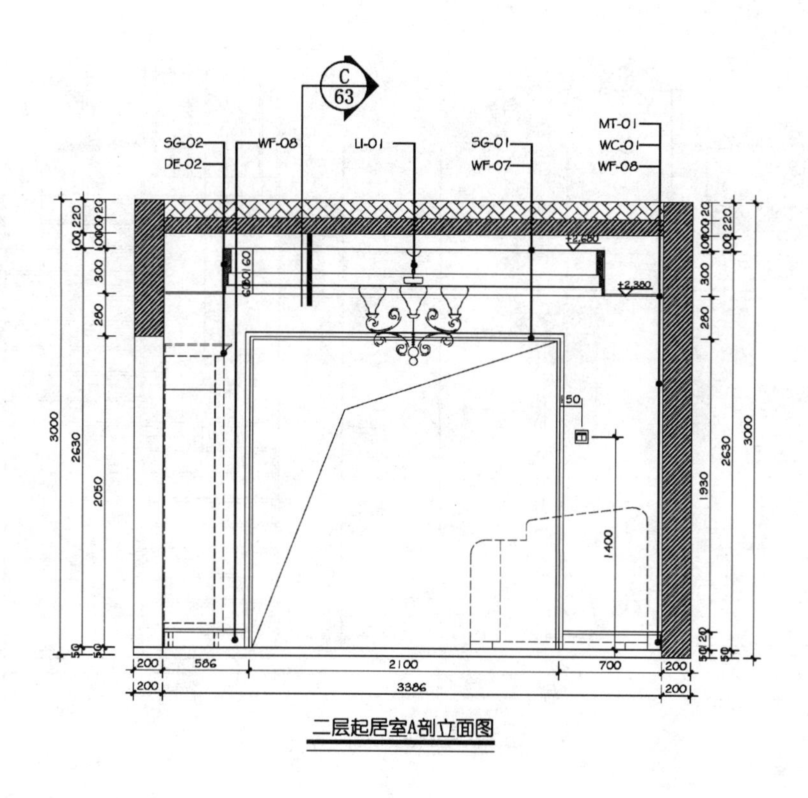

二层起居室A剖立面图

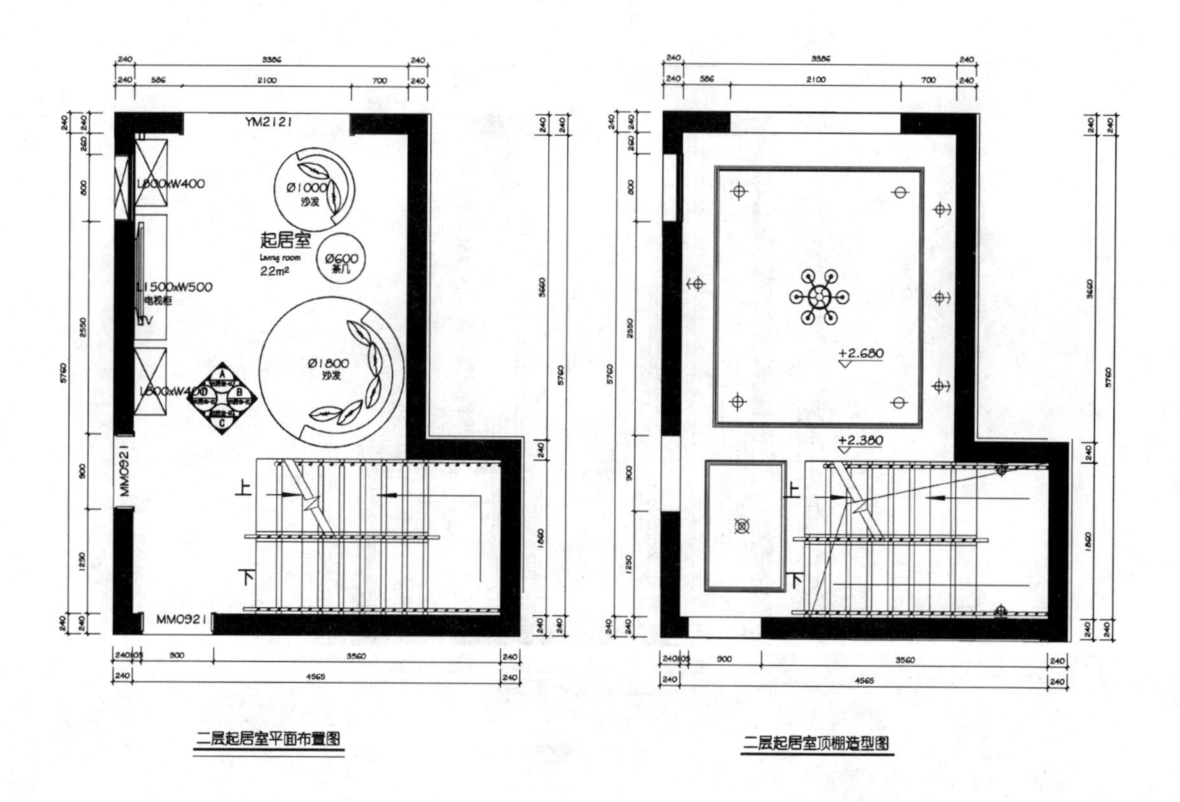

二层起居室平面布置图

二层起居室顶棚造型图

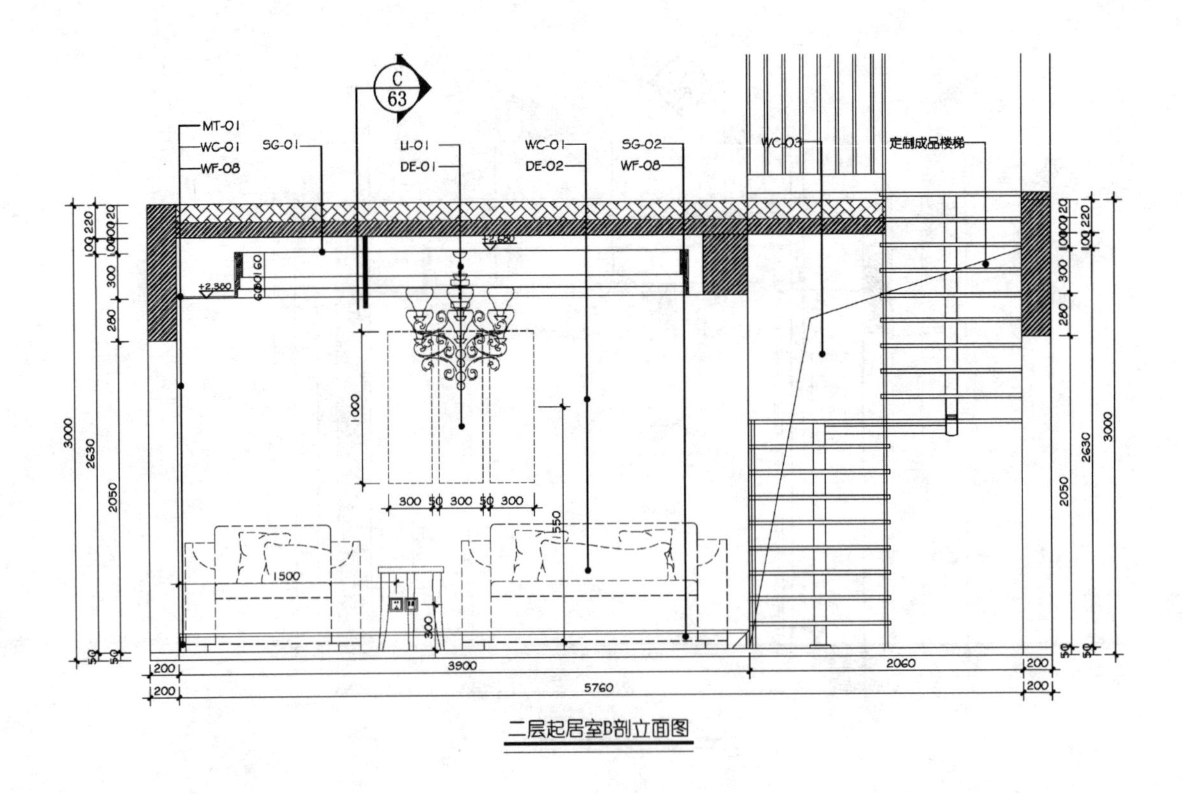

二层起居室B剖立面图

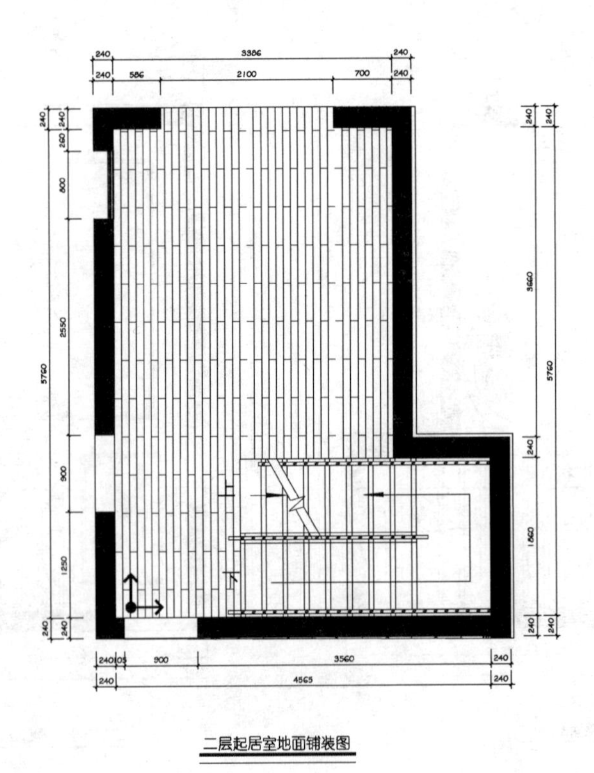

二层起居室地面铺装图

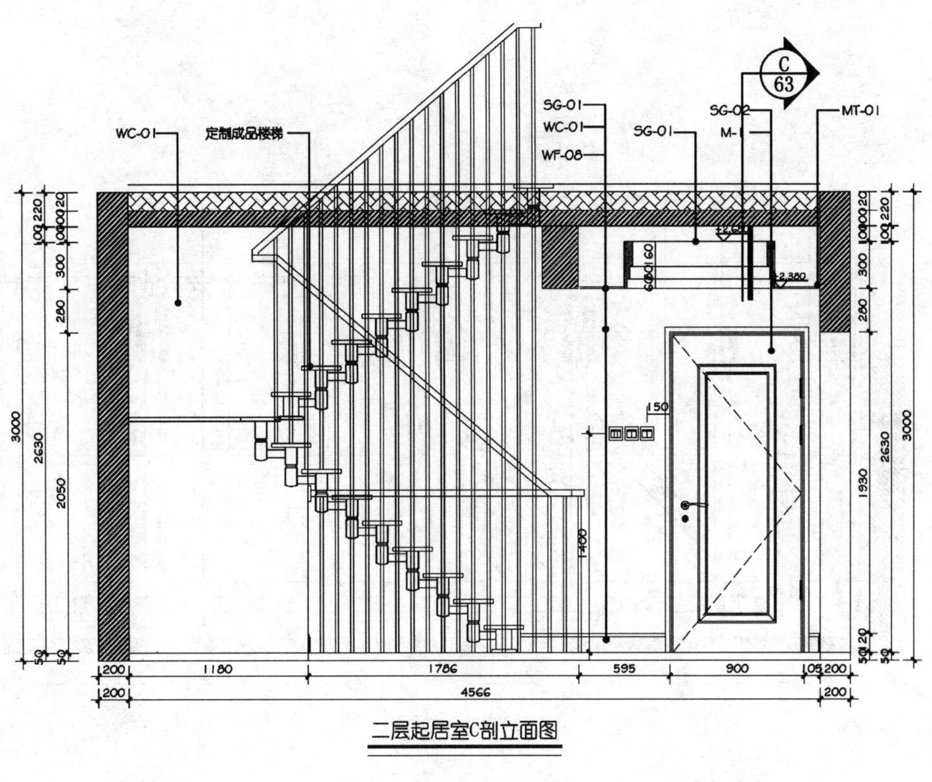

二层起居室C剖立面图

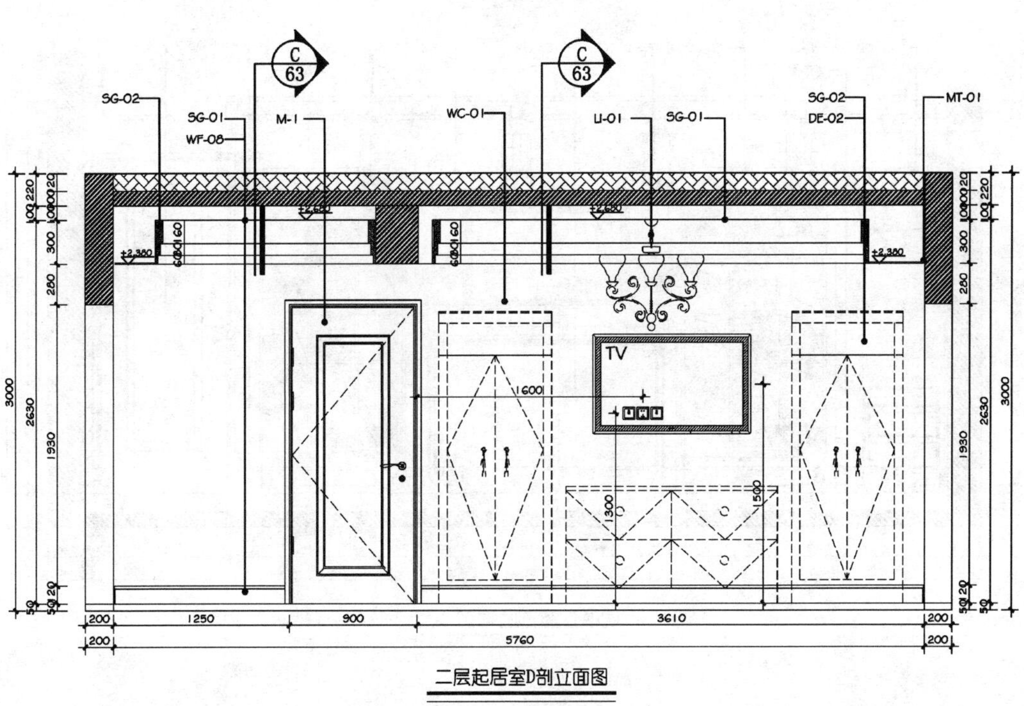

二层起居室D剖立面图

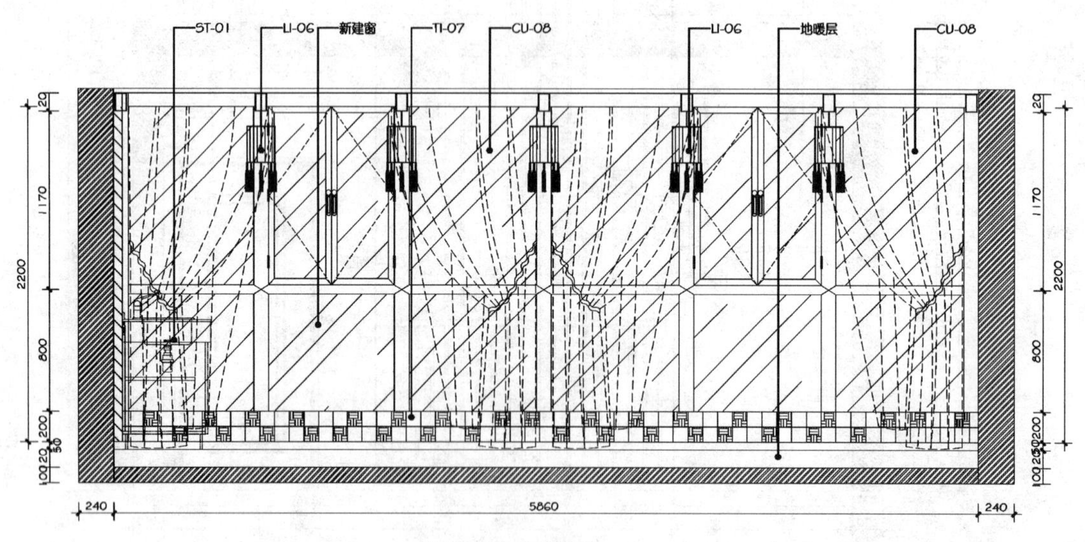

阁楼茶室A剖立面图

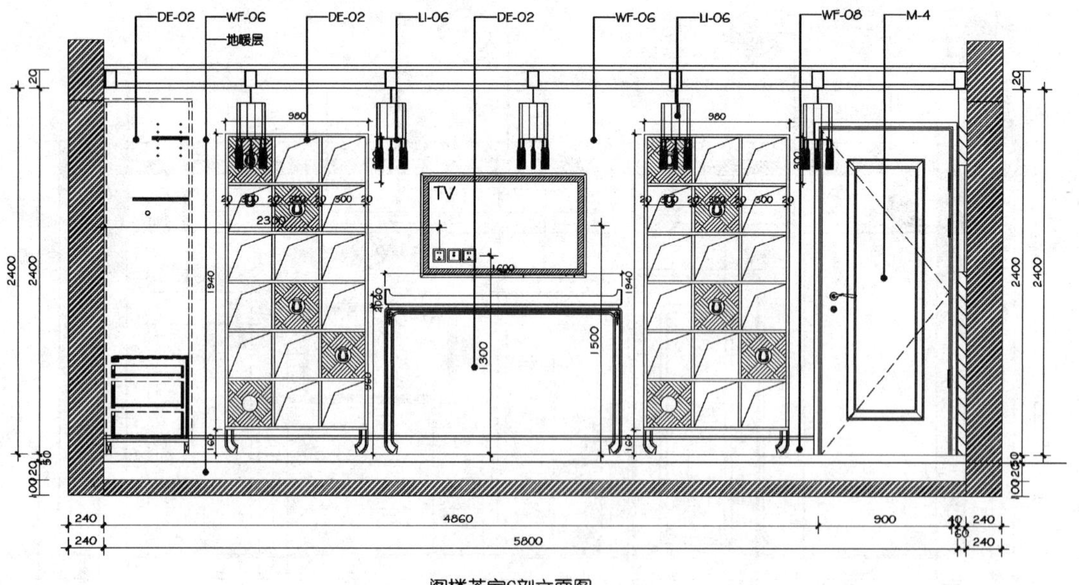

阁楼茶室C剖立面图

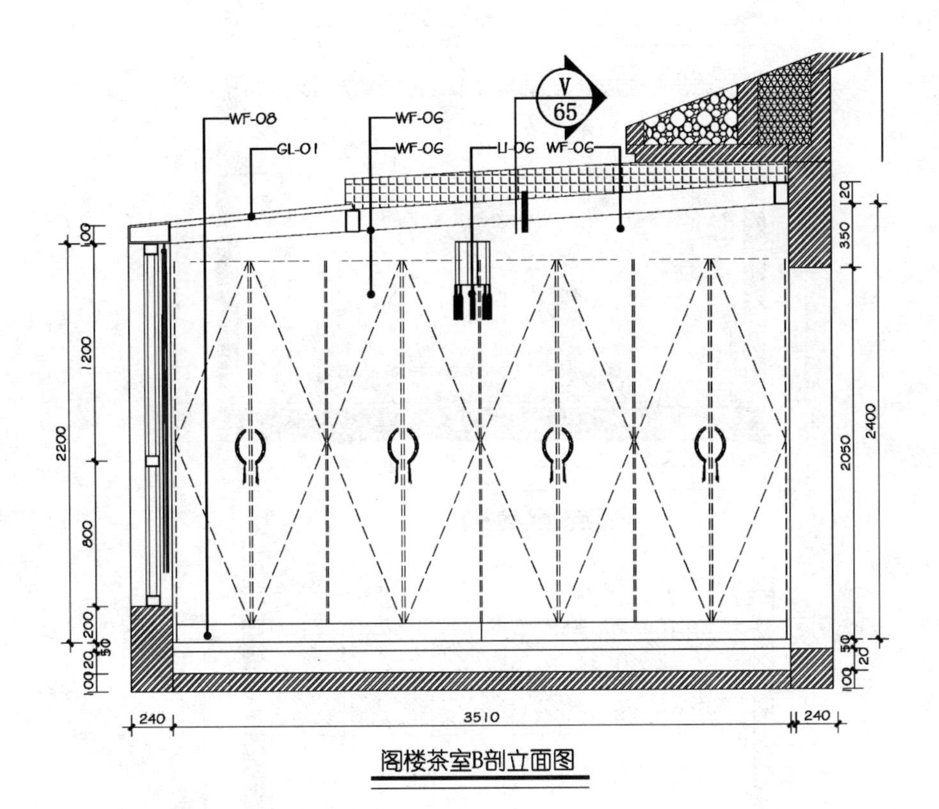

阁楼茶室B剖立面图

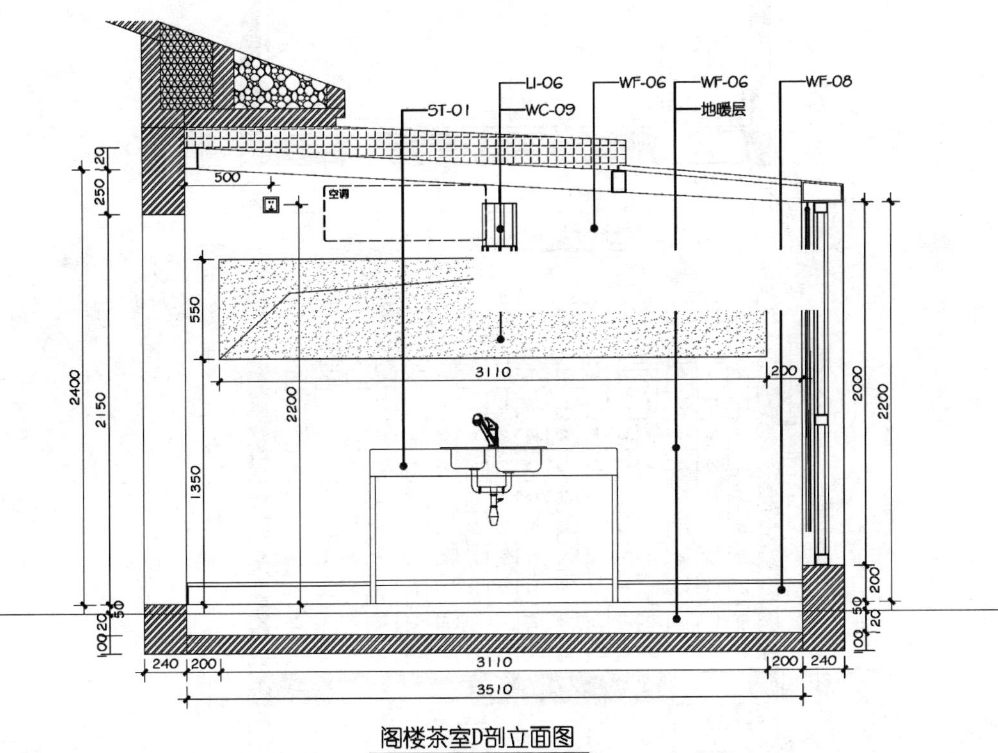

阁楼茶室D剖立面图

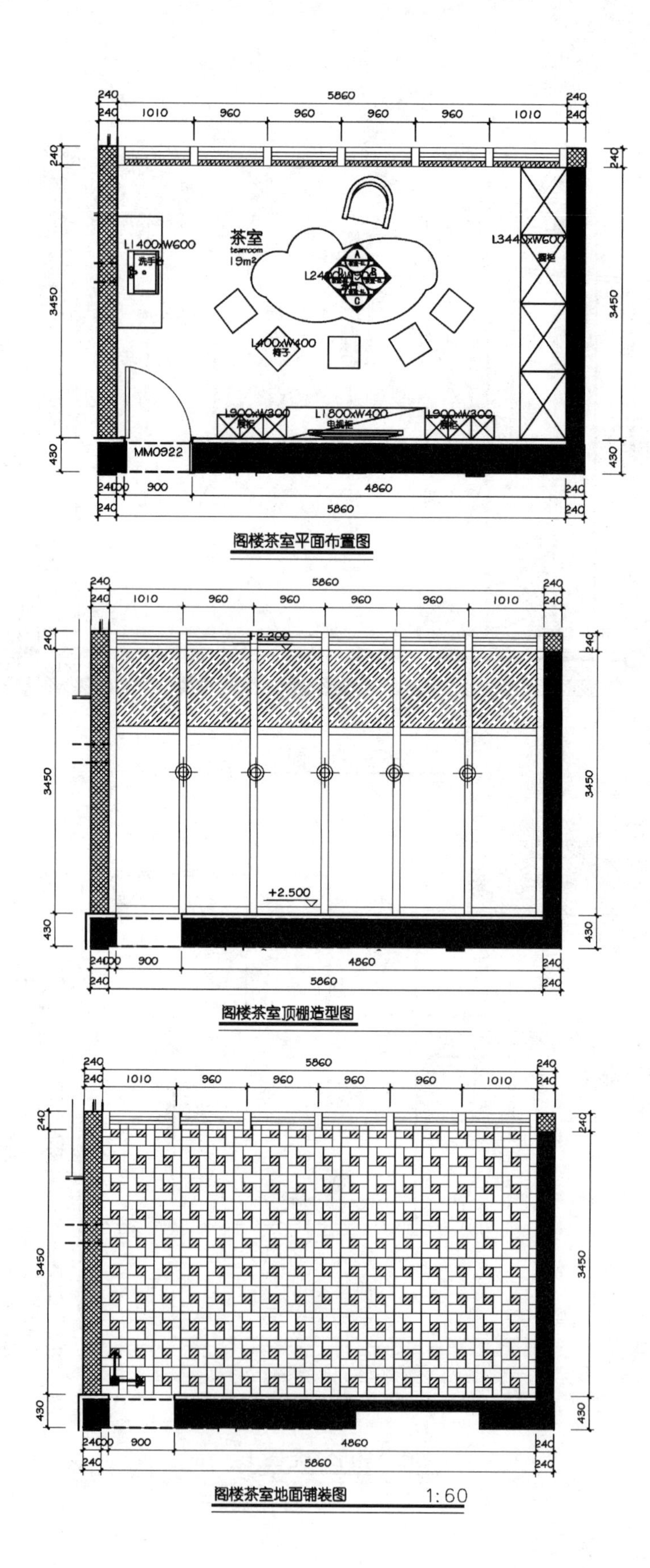

阁楼茶室平面布置图

阁楼茶室顶棚造型图

阁楼茶室地面铺装图

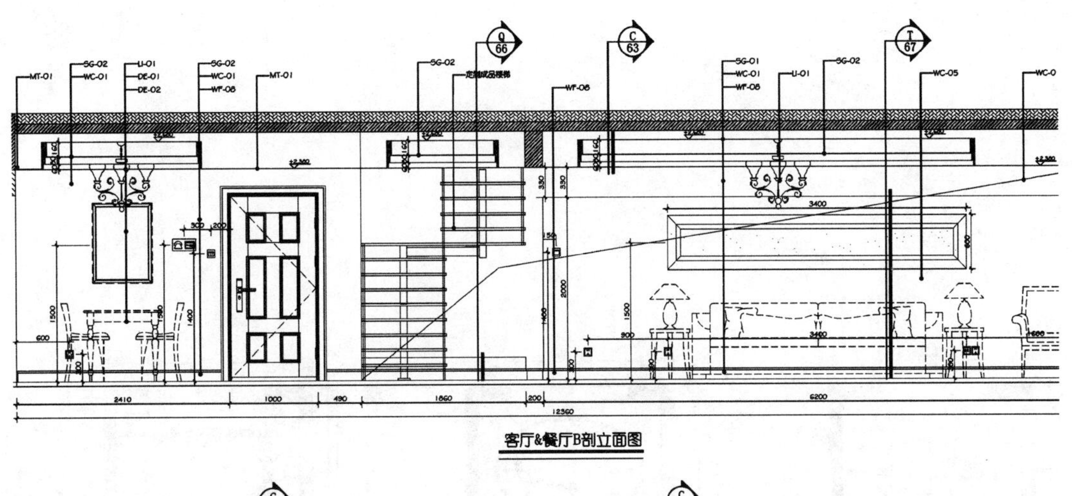

客厅&餐厅B剖立面图

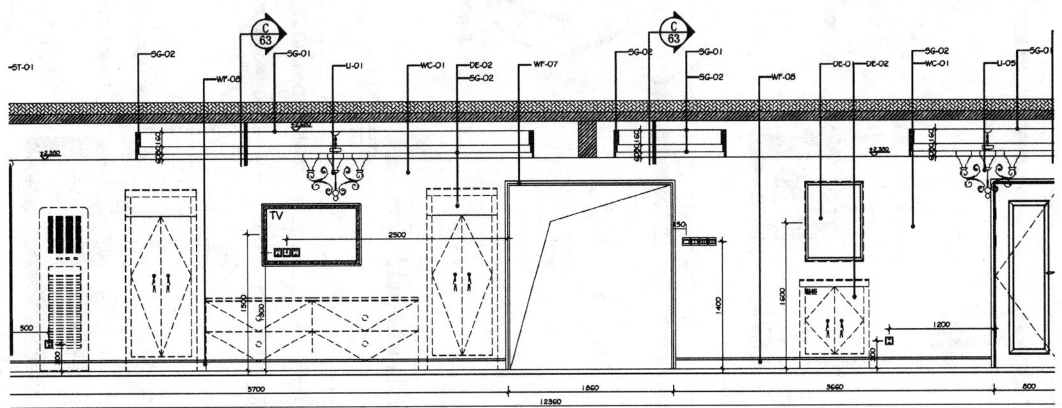

客厅&餐厅D剖立面图

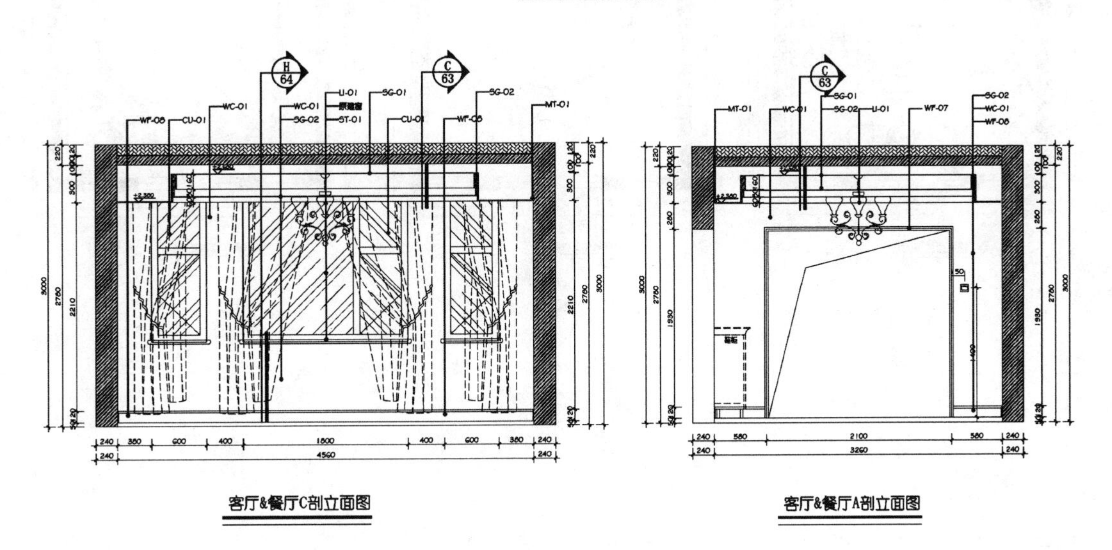

客厅&餐厅C剖立面图

客厅&餐厅A剖立面图

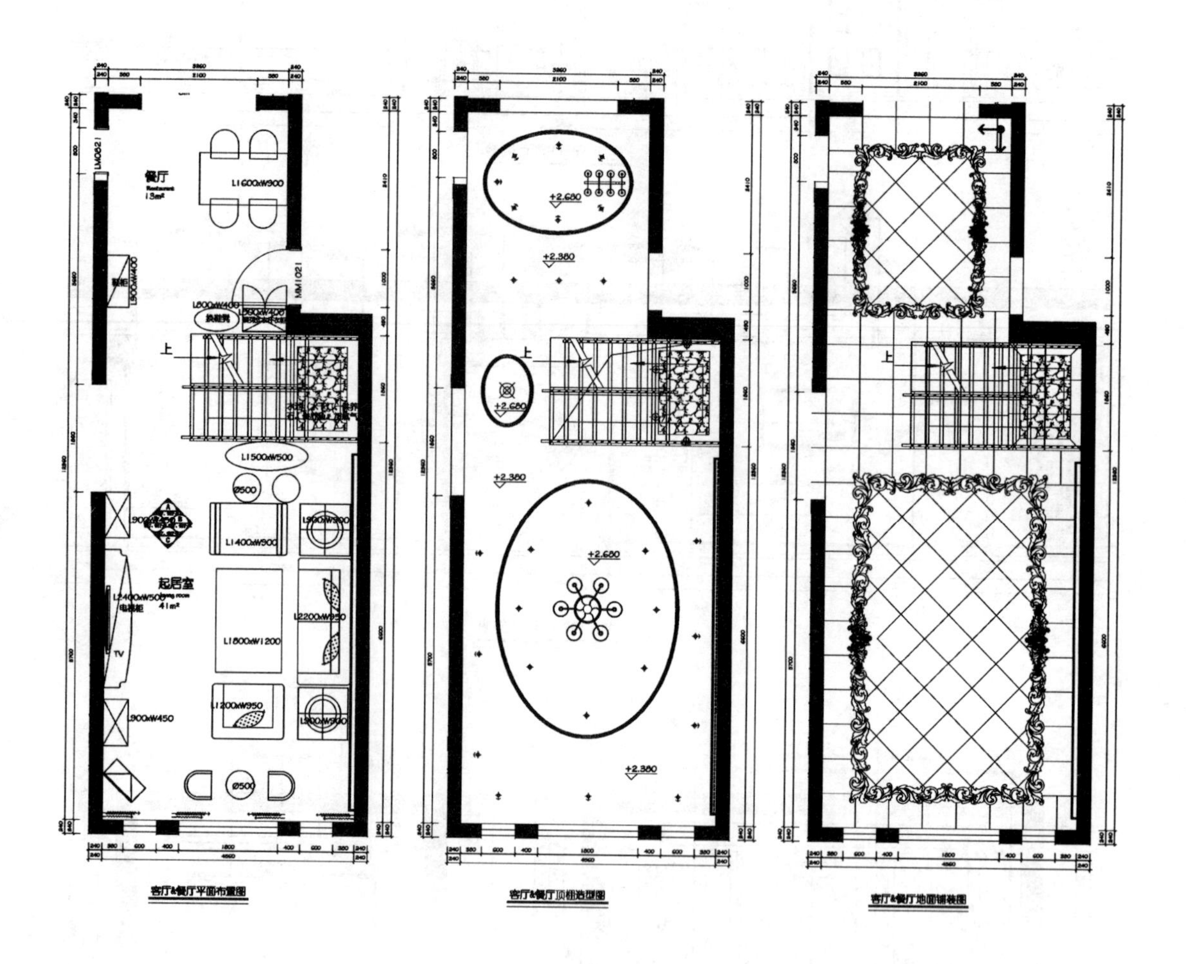

客厅&餐厅平面布置图

客厅&餐厅顶棚造型图

客厅&餐厅地面铺装图

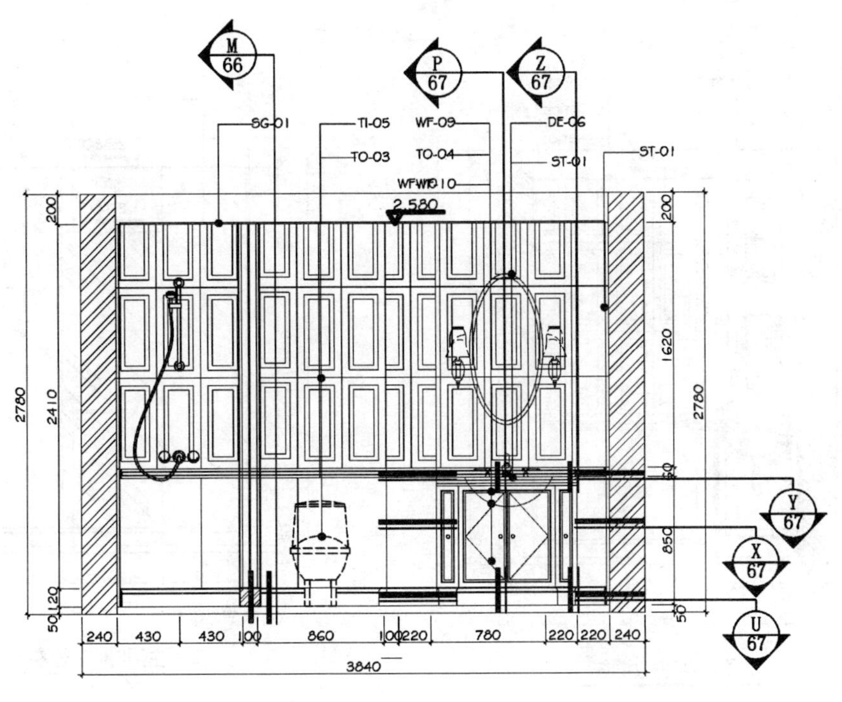

二层主卫A剖立面图

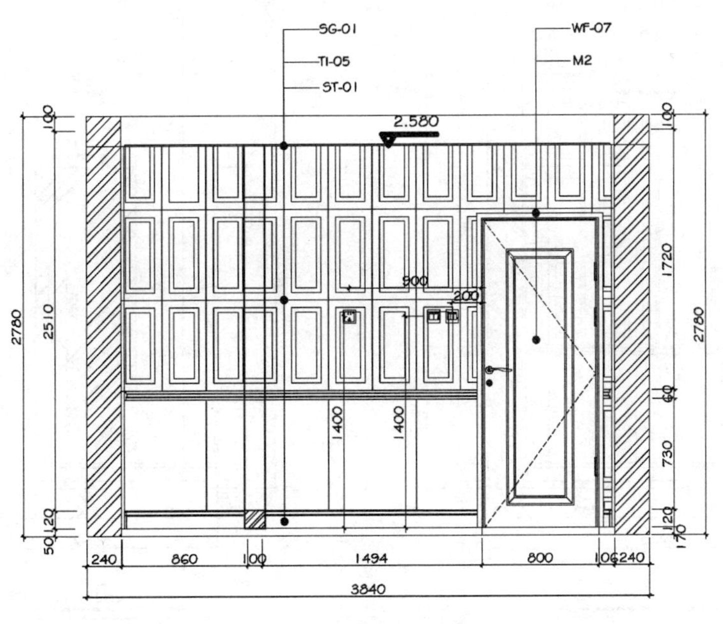

二层主卫C剖立面图

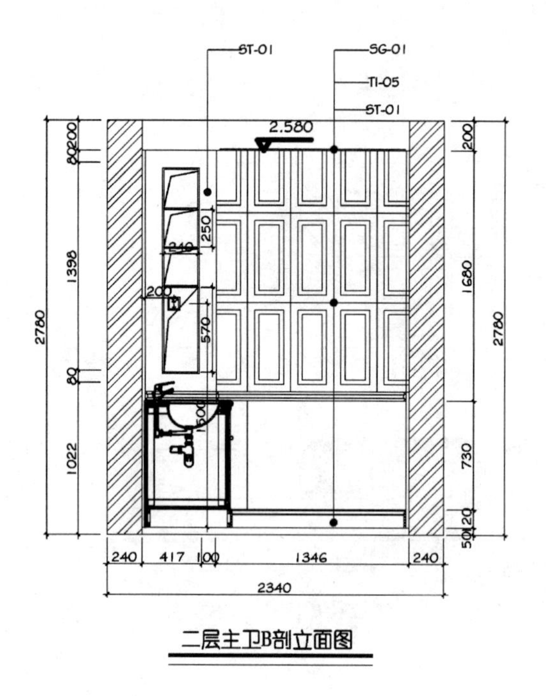

二层主卫B剖立面图

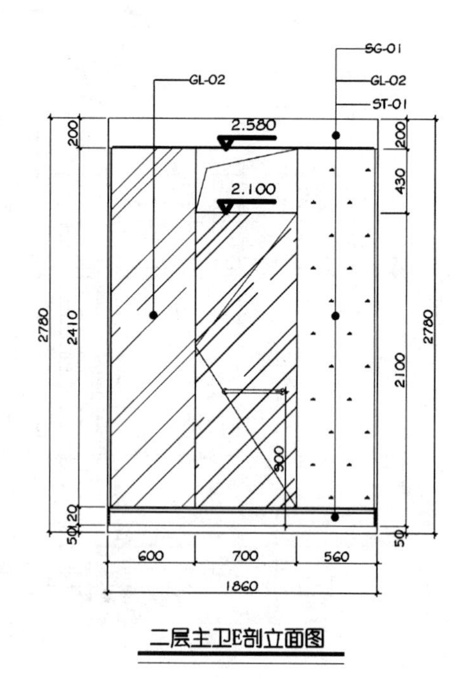

二层主卫E剖立面图

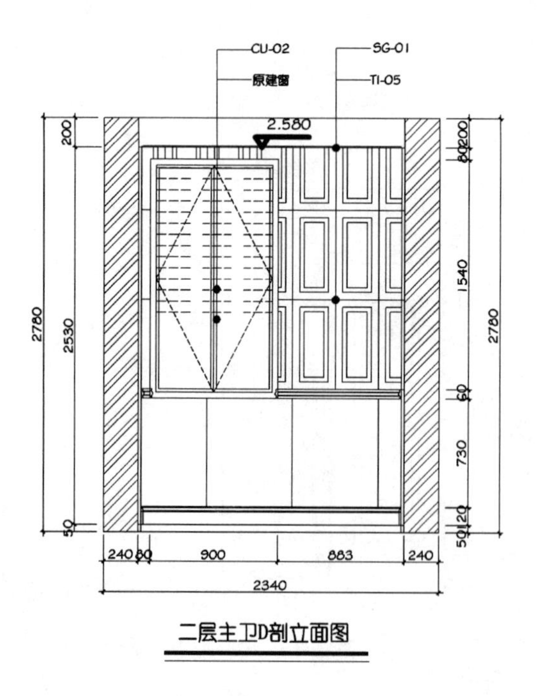

二层主卫D剖立面图

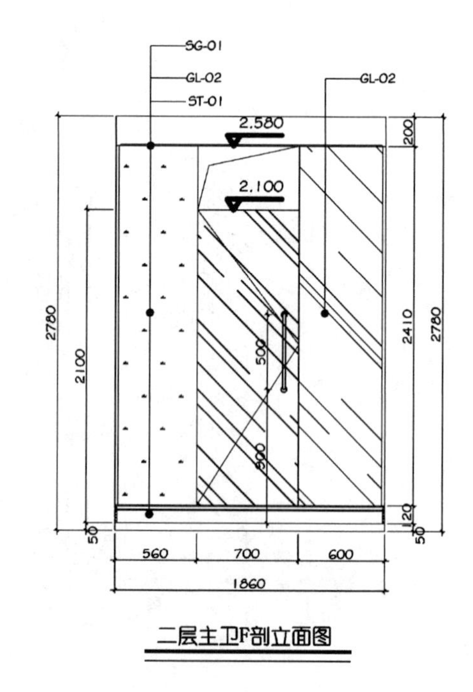

二层主卫F剖立面图

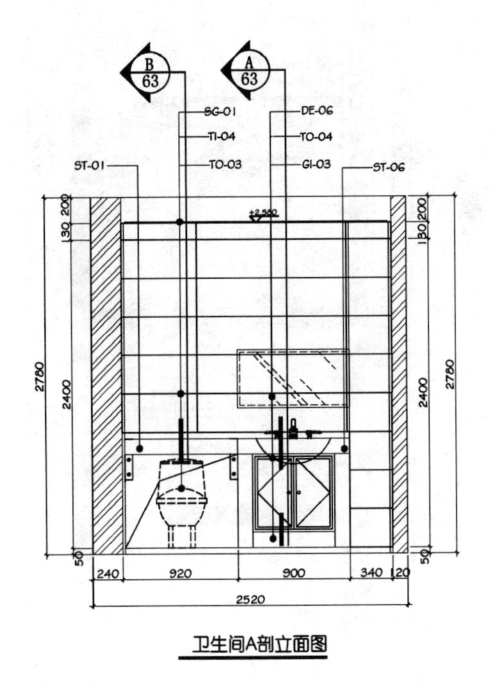

卫生间A剖立面图

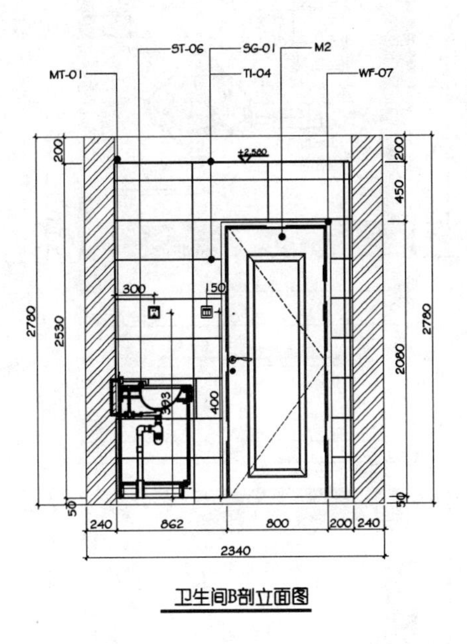

卫生间B剖立面图

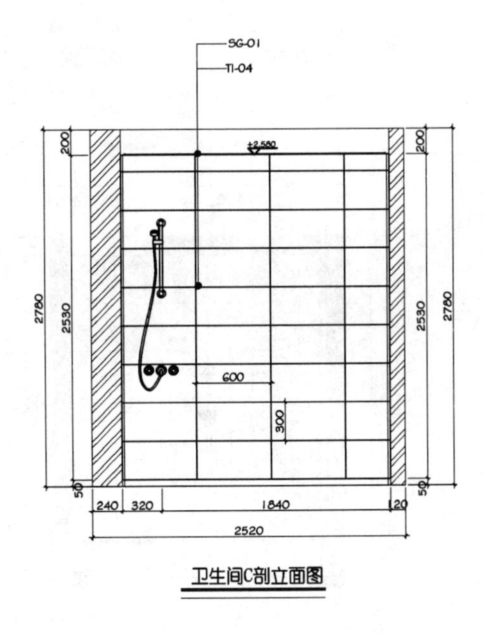

卫生间C剖立面图

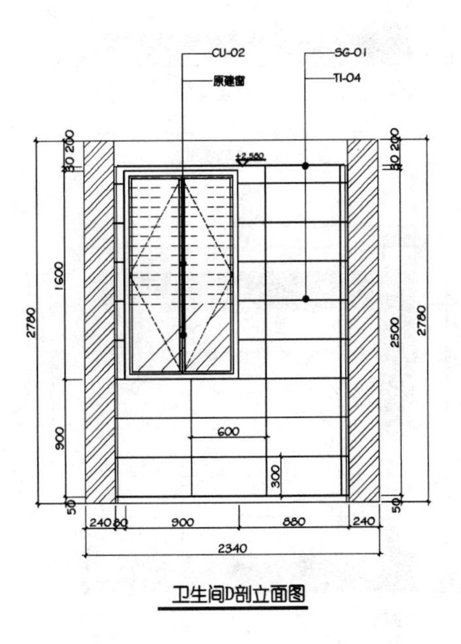

卫生间D剖立面图

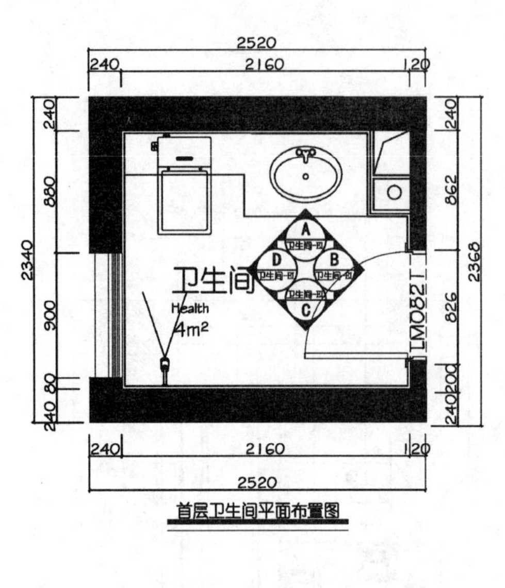

首层卫生间平面布置图

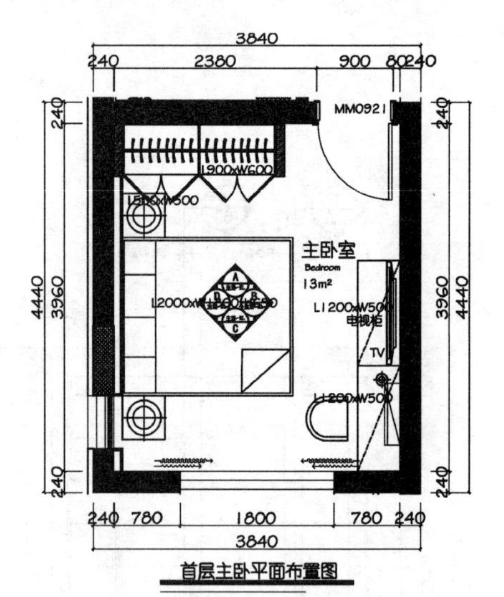

首层主卧平面布置图

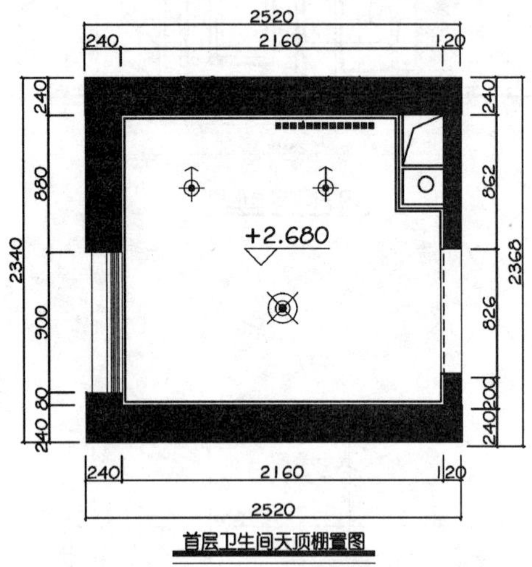

首层卫生间天顶棚置图

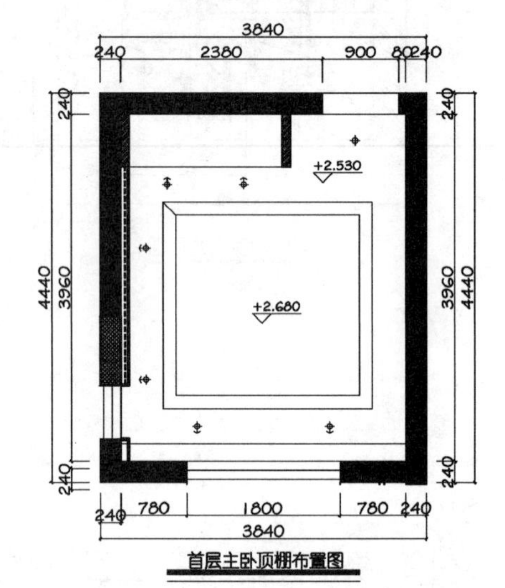

首层主卧顶棚布置图

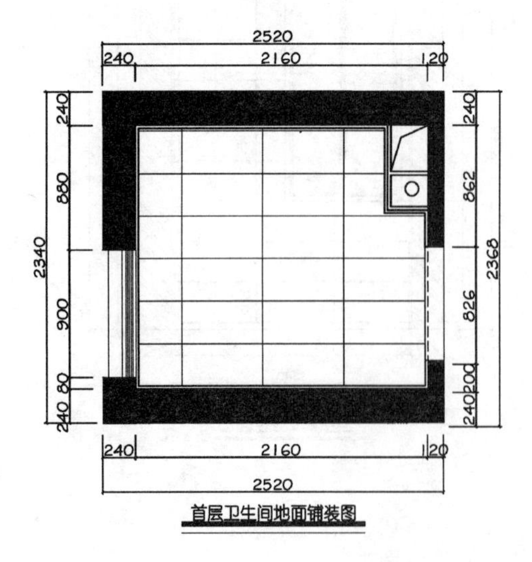
首层卫生间地面铺装图

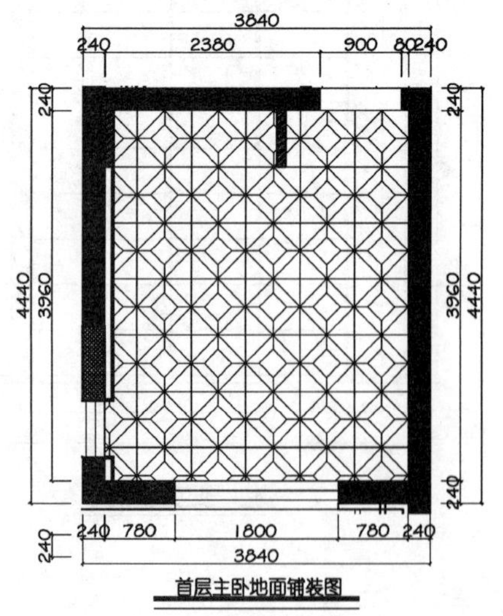
首层主卧地面铺装图

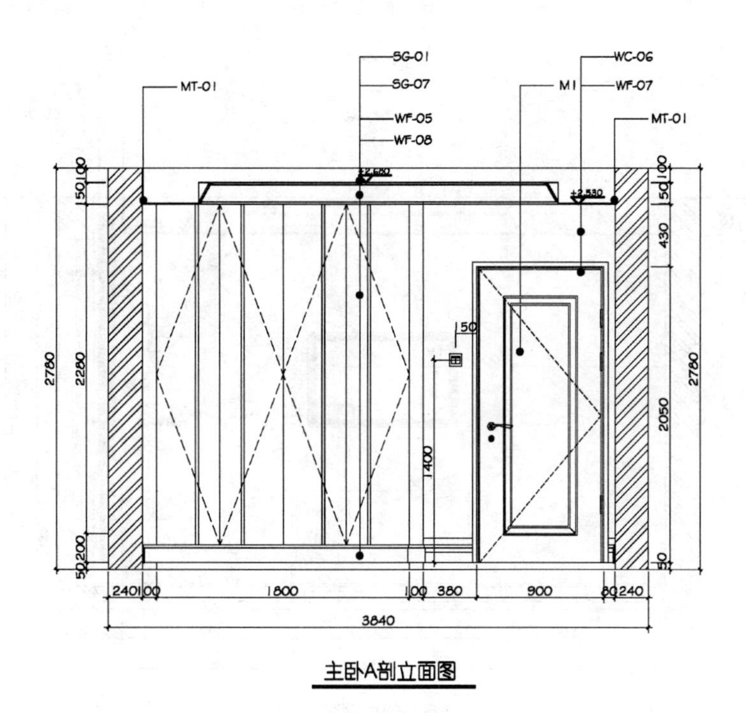

主卧A剖立面图

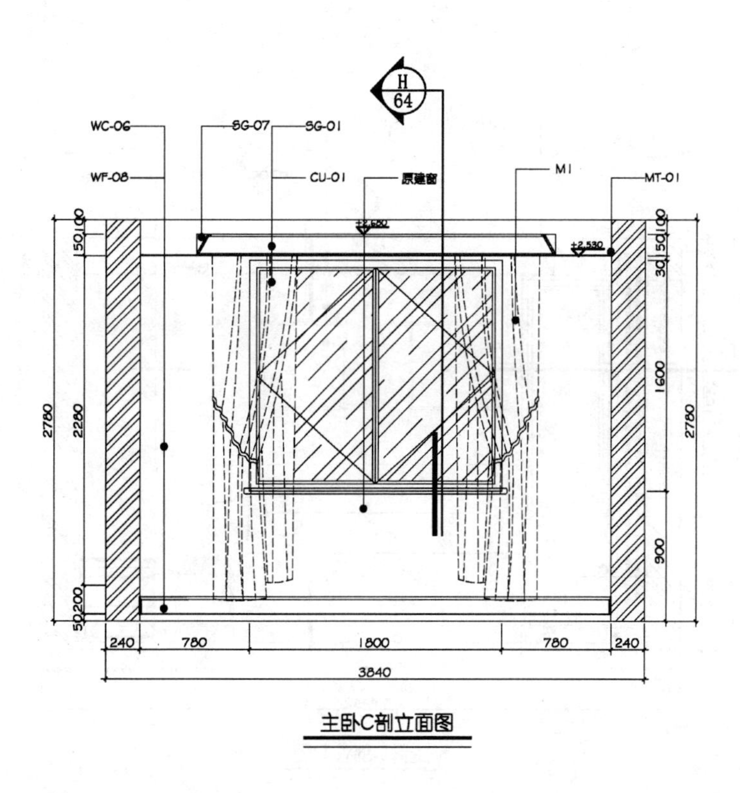

主卧C剖立面图

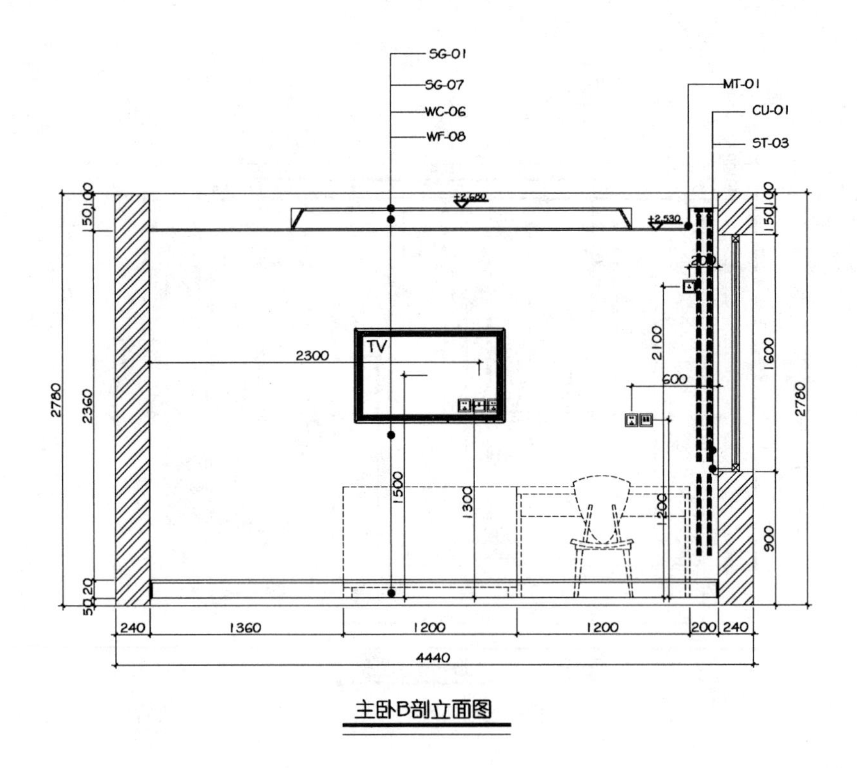

主卧B剖立面图

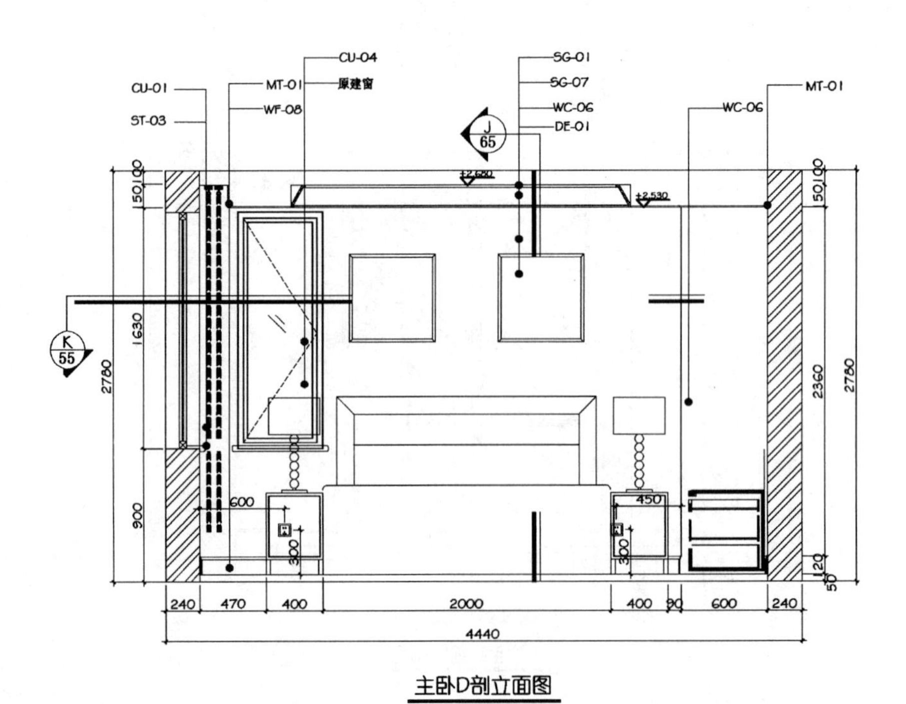

主卧D剖立面图

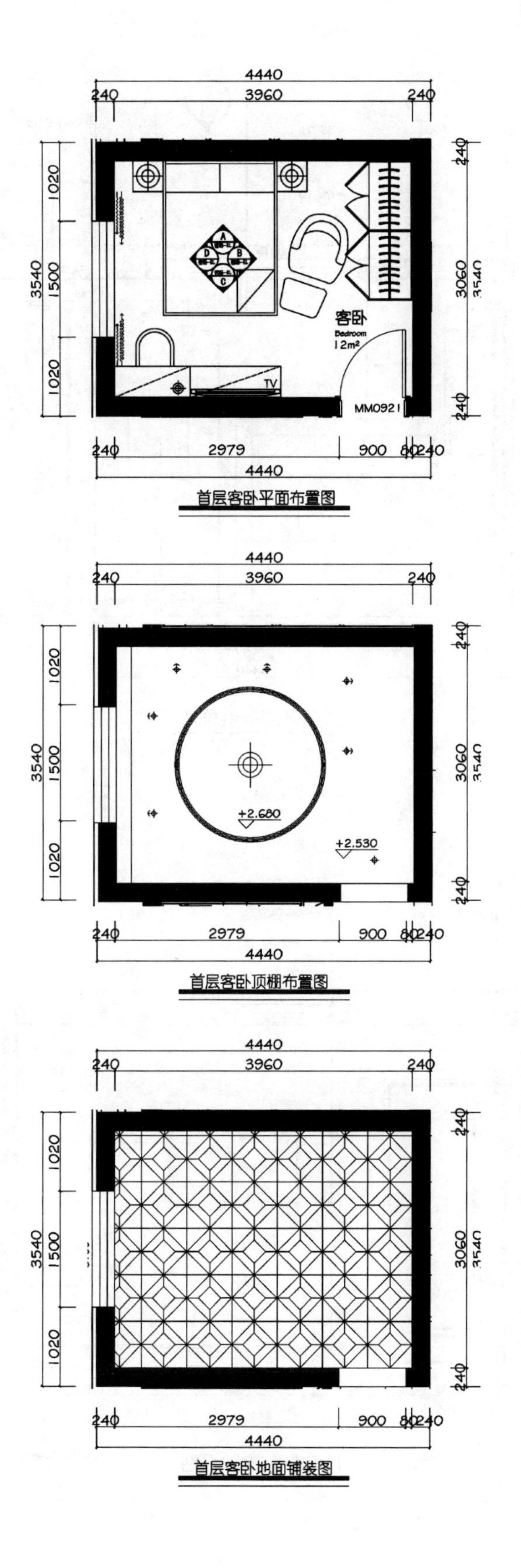
4440
240
3960
240
客卧
Bedroom
12m²
TV
MM0921
2979
900
80
首层客卧平面布置图
+2.680
+2.530
首层客卧顶棚布置图
首层客卧地面铺装图

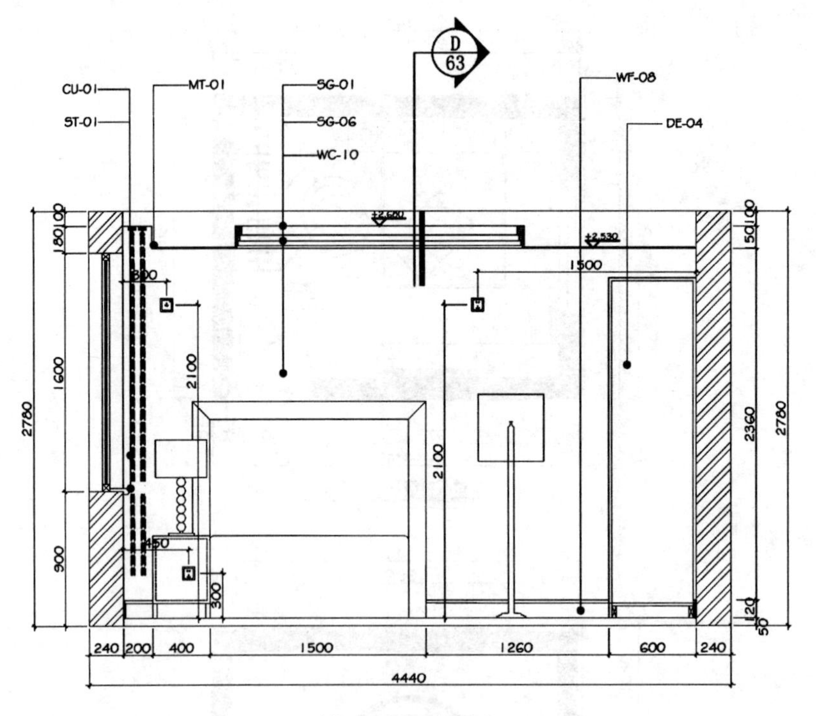

首层客卧A剖立面图

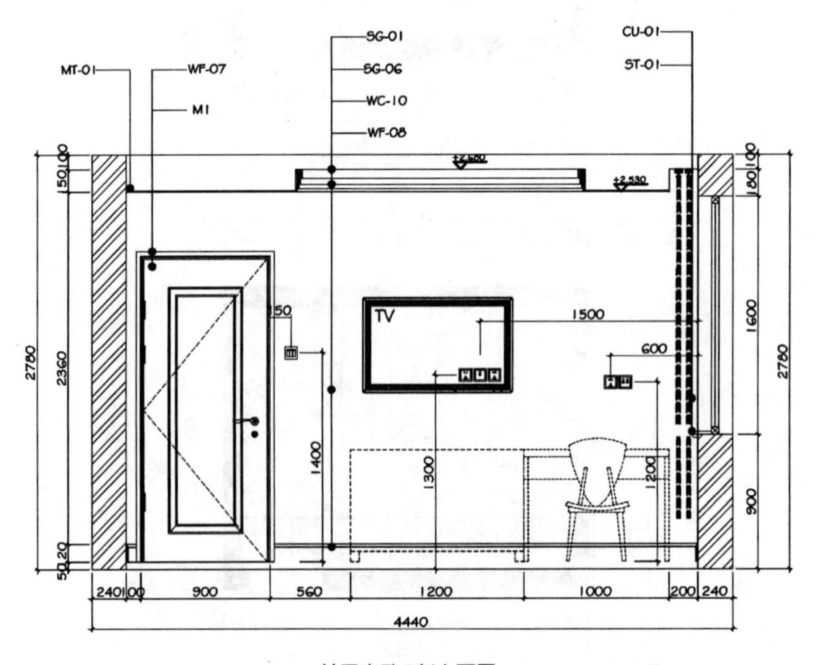

首层客卧C剖立面图

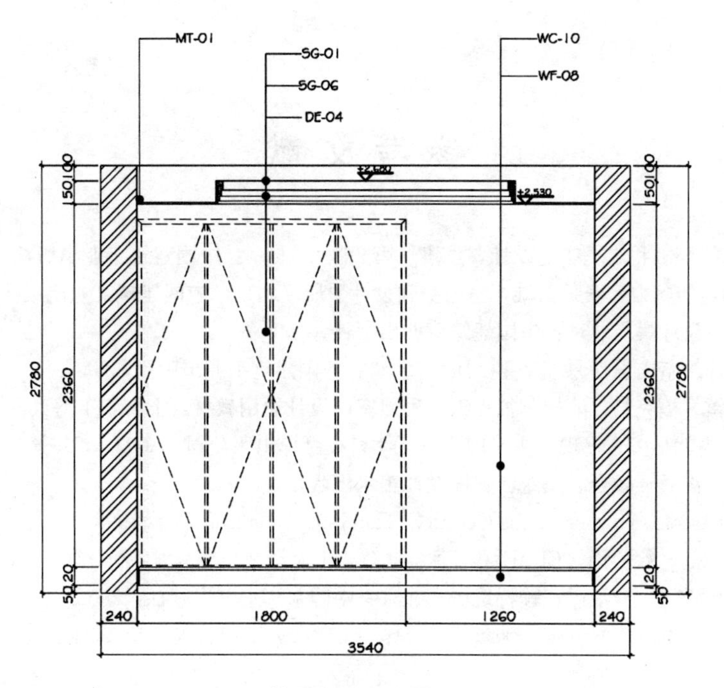

首层客卧B剖立面图

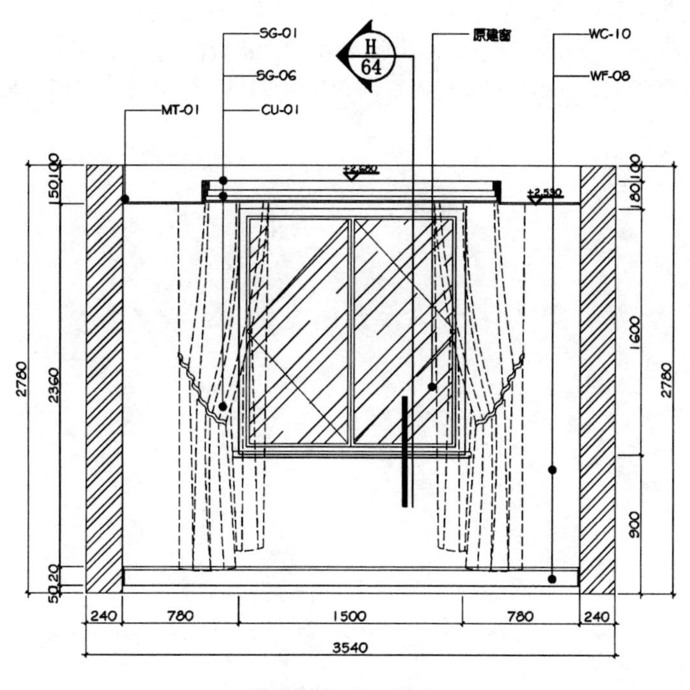

首层客卧D剖立面图

参考文献

1.（日）泷泽健儿，今田和成. 住宅设计要点集（第2版）. 北京：中国建筑工业出版社，2000.

2.（日）小原二郎，加藤力，安藤正雄，室内空间设计手册. 北京：中国建筑工业出版社，1999.

3. 苏丹. 住宅室内设计集. 北京：中国建筑工业出版社，1999.

4. 陆震伟，来增祥. 室内设计原理（第2版）. 北京：中国建筑工业出版社，2004.

5. 卢安·尼森，雷·福克纳，萨拉·福克纳. 美国室内设计通用教材. 上海：上海人民出版社，2004.

6. Lisa Skolnik，少就是多——现代主义回眸. 天津科技翻译出版公司，2002.

7. 任文东. 交流·沟通·融合. 黑龙江：黑龙江美术出版社，2004.

8. Anatxu Zaballbeascoa. Houses of the Century. Hamburg Gingko Press. 1998.

9.（法）ELLE编辑部，徐玲译. ELLE家居廊. 上海：上海译文出版社，2004.

10.（英）斯宾塞尔哈特，李蕾译，赖特筑居. 北京：中国水利水电出版社，2002.

11. Francis D. K. Ching. Interior Design Illustrated. New York. Van Nostrand Reinhold Company, 1987.

12. 中华人民共和国建筑工业行业标准. JG/T 184—2011. 住宅整体厨房. 北京：中国标准出版社，2012.

13. 中华人民共和国建筑工业行业标准. JG/T 183—2011. 住宅整体卫浴间. 北京：中国标准出版社，2012.

14. 周浩明. 可持续室内环境设计理论［M］. 北京：中国建筑工业出版社，2011.

15. 楼梯、栏杆、栏板（一）. 06J403-1［Z］. 北京：中国计划出版社，2006.

16. 中华人民共和国国家标准. GB 50034—2004. 建筑照明设计标准. 北京：中国标准出版社.

致　谢

经过紧张的编写，室内项目设计教材（居室类）终于得以出版，此时我们怀着愉悦的心情看到全国高等院校的设计学以及环境设计专业的同学们将有自己的一部实用的专业教材。

近年来，环境设计专业教育得到国内各相关院校的重视，发展迅速。现有教材已不适应本专业的飞速发展和社会的需求，为此，中国建筑学会室内设计分会组织编写这套系统教材是非常及时且具有前瞻性。

在此需要特别感谢为本教材的编写付出巨大努力的各位同仁，没有他们的帮助，此书不可能顺利完成。首先要感谢设计师张长江、张晶、裴晓军、戴国军所提供的大量资料。感谢设计师琚宾先生、任清泉先生、陈耀光先生、梁志天先生为本书附录二提供了精彩的设计案例，感谢“龚氏建筑设计有限公司”为本书附录三提供图纸。感谢赵鸣之、马南山、张娜、宿婕、孙珊、张艺婷、赵琳娜、石洪伟、高彦学、冷默、王双等同学精心绘制的范图。感谢研究生刘叶华、任军参与附录部分的排版工作。特别鸣谢“东山墅”、“龙湾别墅”提供相关资料。最后，对所有给予本书帮助的人以最真诚的感谢，希望此教材的出版能为本专业学生的学习提供有益的帮助。